KB138670

ENJOY

국내여행
시리즈

이번엔!

남해안

이번엔! 남해안

지은이 정양희
펴낸이 임상진
펴낸곳 (주)넥서스

초판 1쇄 발행 2012년 7월 30일
초판 2쇄 발행 2012년 8월 5일

2판 1쇄 발행 2013년 5월 30일
2판 6쇄 발행 2016년 9월 5일

3판 1쇄 발행 2017년 6월 20일
3판 3쇄 발행 2018년 8월 20일

출판신고 1992년 4월 3일 제311-2002-2호
10880 경기도 파주시 지목로 5
Tel (02)330-5500 Fax (02)330-5555

ISBN 979-11-6165-045-6 13980

본 책은 『ENJOY 전남 · 남해안』의 개정판입니다.

www.nexusbook.com

ENJOY

국내여행 시리즈

이번엔!
남해안

정양희 지음

넥서스BOOKS

전남 · 남해안 이렇게 여행하세요!

1. 일정은 이렇게 만들자.

남해안 여행이라고 하면 사람들은 일주라는 이야기부터 한다. 드라이브를 하듯 전체를 훑어보는 것도 방법이지만, 그보다는 각 여행지마다 천천히 둘러보며 참 즐거움을 느껴 보았으면 좋겠다.

깊은 숲, 너른 벌판, 낮은 담, 소곤소곤 재미있는 이야기를 나눌 수 있을 것 같은 아름다운 길, 그 속에 숨은 작은 마을, 남해안은 손 닿지 않은 황홀함이 있는 곳이다. 있는 그대로를 즐길 수 있는 마음을 가지고 점을 찍듯 여유 있게 돌아보자.

일정을 세울 때도 욕심 내서 모두 다 돌아보겠다는 계획보다는 꼭 가고 싶은 곳을 중심으로 물 흐르듯 길을 따라 가는 계획을 세우자. 욕심 내서 일정을 잡으면 이동하느라 대부분의 시간을 차 안에서만 보낼 수도 있으니, 효율적인 여행 계획을 세우도록 하자.

2. 예산은 이렇게 세우자.

여행 일정을 세우고, 예산을 잡을 때 많은 영향을 주는 것은 바로 숙박이다. 남해안의 숙박은 아주 저렴한 캠핑장(1가구 2만 원)부터 특별한 경험이 되는 템플 스테이(1인 2만 원), 가격 대비 훌륭한 자연 휴양림(5만 원 내외), 아기자기한 펜션(25~20만 원), 최고급 리조트와 호텔(50만 원 내외)까지 다양하다. 그때그때 상황에 맞게 숙박을 정하자.

훌륭한 캠핑장에서 별을 보며 밤을 보내는 것도 좋고, 경건한 사찰의 밤도, 울창한 숲으로 둘러싸인 자연 휴양림에서의 청명한 하룻밤도, 편리하고 깔끔한 펜션도, 최신식 최고급 리조트에서의 밤도 모두 멋진 경험이 될 것이다.

하지만 캠핑 용품도 없고, 종교적인 이유로 사찰에 머물기가 불편하거나, 리조트나 호텔에 묵기에는 비용이 부담스러워서 굳이 펜션만을 고집한다면, 기왕이면 어디에나 있는 펜션보다는 유서 깊은 한옥이나, 너른 숲을 끼고 있는 시설이 잘된 자연 휴양림을 이용해 보자.

3. 남도의 별미! 꼭 맛보자.

적어도 한 끼는 돈과 시간을 투자해서 그 지역 최고의 별미를 찾아 유서 깊은 곳에서 맛보도록 하자. 그 지역 특산물을 기본으로 만드는 음식이라 색다르고, 오랫동안 그 음식을 만들어서 남다르다. 남해안 음식 하면 특유의 젓갈 냄새 때문에 싫다고 하는 사람도 있지만, 이름난 집의 음식은 어느 입맛에나 보편적으로 맞는 편이다. 여행지 고유의 음식을 맛보는 것은 여행 중 또 하나의 좋은 기억이 될 것이다.

정양희

여행 일정 짜기

여행을 떠나기 전, 일정을 짜고 여행을 준비하는 데 필요한 정보다.
전남과 남해안을 좀 더 효율적으로 돌아볼 수 있는 일정을 소개한다.

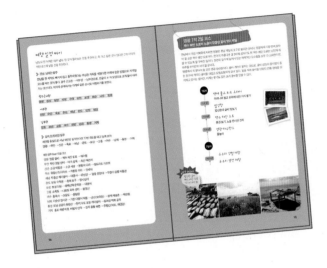

추천 코스

여행 전문가가 추천하는 전남 · 남해안 여행의 베스트 코스를 보면서,
자신에게 맞는 여행 일정을 세워 보자. 각 도시별로 일정을 소개한다.

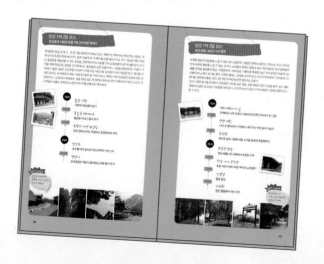

테마 여행

전남 · 남해안을 새롭게 즐길 수 있는 테마별 정보를 담았다.
각각의 테마 주제에 맞는 여행지를 추천한다.

지역 여행 – 관광

전남 · 남해안의 구석구석 가 볼 만한 곳을 모두 소개한다.
여행자라면 꼭 가 봐야 할 핵심 정보들을 지도와 함께 꼼꼼하게 담았다.

지역 여행 – 식당과 숙박

여행에서 절대 빠질 수 없는 식도락 베스트 핫 플레이스와
숙박하기에 좋은 곳을 소개한다.

별책 부록 – 휴대용 여행 지도

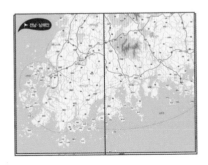

Map Tour

각 지역별 지도가 담겨 있으며,
간단하게 손에 들고 다니며 볼 수 있다.

Notice! 전남·남해안의 최신 정보를 정확하고 자세하게 담고자 하였으나 시시각각 변화하는
전남·남해안의 특성상 현지 사정에 의해 정보가 달라질 수 있음을 사전에 알려 드립니다.

CONTENTS

추천 코스

테마 여행

지역 여행

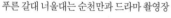

별책 부록

휴대용 여행 지도

여행 전문가가 추천하는 전남 · 남해안 여행의 베스트 코스를 소개한다!
남해안 여러 지역을 빠짐없이 둘러보는 종주 여행부터
77번 국도를 따라서 달리는 해안 일주 여행까지
가장 효율적인 동선으로 짜여진 코스는 물론이고,
25개 도시별 코스도 꼼꼼하게 준비되어 있어
취향별로 골라서 자신만의 일정을 세울 수 있다!

추천 코스

여행 일정 짜기

남해안의 한 지역은 매우 넓다. 한 곳씩 둘러보는 것을 추천하고, 꼭 가고 싶은 곳이 있다면 2개 지역까지만 코스에 함께 넣을 것을 추천한다.

남해안 일주

남해안을 한 지역도 빠지지 않고 종주하겠다는 야심찬 계획을 세웠다면 아래와 같은 방법으로 지역별 코스를 짜는 것이 좋다. 광주 근교권 → 서부권 → 남부권으로, 한글의 ㄹ 자 모양으로 크게 돌아 내려가는 코스이다. 각각의 권역에서는 아래와 같은 순서로 여행하기를 권한다.

광주 근교권

영광 → 장성 → 담양 → 곡성 → 구례 → 순천 → 보성 → 화순 → 나주 → 함평

서부권

신안 → 무안 → 목포 → 진도 → 해남 → 완도 → 강진 → 영암

남부권

장흥 → 보성 → 고흥 → 여수 → 광양 → 남해 → 통영 → 거제

실속 있는 해안 일주

해안을 중심으로 서남 해안만 일주한다면 77번 국도를 타고 달려 보자.

영광 → 무안 → 신안 → 목포 → 해남 → 완도 → 보성 → 고흥 → 여수 → 남해 → 통영 → 거제

해안 일주 Best 15일 코스
영광 영광 굴비 → 백수 해안 도로 → 해수찜
무안 무안 갯벌 랜드 → 낙지 골목 → 회산 백련지
신안 소금 박물관 → 소금 세상 → 짱뚱어 다리 → 엘도라도 리조트
목포 유달산 드라이브 → 개항장 거리 → 갓바위
해남 두륜산 케이블카 → 대흥사 → 유선관 → 땅끝 전망대 → 우항리 공룡 박물관
완도 완도 수목원 → 청해 포구 → 명사십리
보성 보성 다원 → 태백산맥 문학관 → 대원사
고흥 소록도 → 나로도 우주 센터 → 팔영산
여수 흥국사 → 오동도 → 향일암
남해 이순신 영사관 → 가천 다랭이 마을 → 금산(보리암) → 원예 예술촌 → 죽방렴
통영 도남 관광지 유람선 → 한려수도 조망 케이블카 → 동피랑 벽화 골목
거제 홍포 해변 비경, 바람의 언덕 → 진주 몽돌 해변 → 유람선(외도, 해금강)

영광 1박 2일 코스
백수 해안 도로의 노을과 짭짤한 굴비

전남에서 가장 서북쪽에 자리한 영광은 호남 제일의 포구로 불리던 곳이다. 영광에서 가장 먼저 찾아야 할 곳은 백수 해안 도로이다. 한국의 아름다운 길 9위에 꼽히기도 한 백수 해안 도로는 낭만에 취할 수 있도록 잘 꾸며진 길이다. 길가에 늘어서 있는 매력적인 요소들을 모두 다 소화하려면, 하루를 부지런히 움직여야 한다.

영광에서 꼭 가 봐야 할 곳은 영광 법성항이다. 굴비 거리라 불리는 곳으로, 굴비 상점과 음식점이 좁은 항구에 저마다 굴비를 내걸고 오밀조밀하게 모여 있다. 불을 지펴 굴비를 만들던 전통 형태를 유지하고 있지는 않지만, 이제는 찾기도 힘든 보리굴비를 맛볼 수 있다.

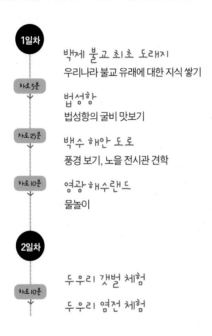

1일차

백제 불교 최초 도래지
우리나라 불교 유래에 대한 지식 쌓기

차로 5분

법성항
법성항의 굴비 맛보기

차로 25분

백수 해안 도로
풍경 보기, 노을 전시관 견학

차로 10분

영광해수랜드
물놀이

2일차

두우리 갯벌 체험

차로 10분

두우리 염전 체험

HOT point
법성항 굴비
백수 해안 도로
석구미 해수찜

장성 1박 2일 코스
장성호의 시원한 물줄기와 고즈넉한 백양사

장성군은 전남 22개 시·군 중 가장 북쪽에 자리하고 있다. 백양사는 백제 무왕 때 창건된 고찰로, 우리나라 5대 총림 중 하나이다. 또한 가을에 꼭 가 봐야 할 단풍 명소이기도 하다. 홍길동 테마 파크는 홍길동을 재발견할 수 있는 곳으로, 전문적인 역사 자료를 가지고 홍길동의 생가와 활빈당의 근거지를 재현하였으며, 홍길동 전시관에서는 홍길동이 실존 인물이라는 사실을 뒷받침하는 자료가 가득하다. 필암 서원은 김인후를 추모하기 위해 지은 사당으로 선비들이 모여 학문을 닦고, 제사를 지내던 곳이다. 국내에 몇 안 되는 서원이라 들러 볼 가치가 있다. 축령산 자연 휴양림은 장성의 대표 관광지이다. 1,200여m²에 달하는 숲을 50년 정도 된 편백나무와 삼나무가 빼곡하게 채우고 있다. 이 나무들이 내뿜는 촉촉하고 시원한 에너지를 온몸으로 받아 보자.

 1일차

필암 서원
서원에 대해 알아보기

 차로 12분

홍길동 테마파크
홍길동 이야기 들어 보기

 차로 35분

축령산 자연 휴양림
금곡 영화 단지도 구경하고 휴양림에서 숙박

2일차

장성호
호수를 따라 늘어선 데크 산책과 수상 스키

 차로 30분

백양사
5대 총림인 백양사 둘러보고 산채 정식 먹기

HOT point

홍길동 테마파크
축령산 자연 휴양림
장성호, 백양사

담양 1박 2일 코스
아름다운 숲과 정원 그리고 가사 문학

초록빛 정원의 다양함을 느낄 수 있는 곳이 담양이다. 담양은 문학과 정원의 고장으로, 조선 시대 양반의 여유와 풍류를 느낄 수 있는 곳이다. 소쇄원과 명옥헌 원림과 같은 개인 정원은 조선 양반들의 생활 공간을 풍요롭게 했고, 식영정에서 내려다보는 아름다운 풍광은 조선 가사 문학의 대표작 〈성산별곡〉의 소재가 되기도 했다. 아름다운 정원에서 좋은 시가 나온 것은 어쩌면 당연한 일인지도 모른다.

조선 시대에 홍수를 방지하기 위해 쌓은 나무를 심은 제방, 관방 제림은 깊은 녹음을 뿜어내고, 메타세쿼이아 길은 시원한 그늘을 제공한다. 또한 죽녹원의 댓잎 사이로 뿜어져 나오는 청명한 기운을 온몸으로 느낄 수 있다.

1일차

메타세쿼이아 길
산책하고 나무 아래서 시원하게 간단한 잔치국수 한 그릇

차로 8분

관방 제림
나이 든 할아버지 나무들이 내어 주는 푸른 숲 속 거닐기

도보 5분

죽녹원
대나무 숲 속에서 시원한 바람 소리 들으며 죽림욕하기

2일차

명옥헌 원림
멋진 배롱나무 아래에서 조용한 사색

차로 15분

한국 가사 문학관
푸른 자연 아래서 불렀던 우리 노래 알기

도보 5분

식영정
풍광 감상

차로 2분

소쇄원
민간 정원에서 쉬어 가기

HOT point
메타세쿼이아 길
관방 제림
죽녹원, 소쇄원

곡성 1박 2일 코스
기적 소리 들리는 섬진강변 기차 마을

곡성 하면 먼저 생각나는 것은 향수 어린 기차이다. 기대에 보답이라도 하듯 곡성 기차 마을은 잘 꾸며져 있다. 기차를 테마로 한 공원으로 증기선, 레일바이크 외에도 놀이기구와 천적 곤충관, 장미 공원, 음악 분수, 동물 농장과 영화 촬영소가 있다. 여름에는 도림사 계곡에서 더위를 식히는 것도 좋다. 국도 17번을 타고 섬진강변에 늘어선 곡성의 또 다른 즐거움도 찾아보자. 더위를 날려 주고, 물살에 몸을 맡기는 래프팅도 좋고, 천체 망원경으로 보는 별자리도 환상적이다. 국도를 따라 계속 달리면 압록 유원지에 도착하는데, 참게와 은어로 든든히 배를 채울 수 있다.

1일차

도림사
도림사에서 시인 되기

차로 10분

섬진강 기차 마을
기차도 보고 영화 촬영장에서 아련한 향수에도 젖어 보기

차로 10분

레일바이크
레일바이크 타고 섬진강변 달리기

차로 15분

압록 유원지
참게탕으로 허기진 배 채우기

차로 15분

곡강 섬진강 천문대
최첨단 망원경으로 천문 관측하기(야간)

2일차
시원하게 섬진강 래프팅

HOT point
도림사
기차 마을
레일바이크
섬진강 천문대

구례 1박 2일 코스
촉촉한 산수유 마을과 단풍이 아름다운 피아골

구례라는 지명보다 유명한 산수유 마을, 화엄사, 피아골, 지리산 등이 모두 구례 안에 있다. 그만큼 우리에게 익숙한 관광지가 많은 곳이다. 봄이면 산수유가 지천으로 흐드러져 마치 영화 속의 한 장면 속에 들어와 있는 듯한 착각을 일으킨다. 하동으로 이어지는 섬진강 벚꽃길, 웅장함으로 무장한 화엄사, 지리산 반달가슴곰을 지키기 위해 애쓰는 연구 기관에서 체험을 진행해 주는 지리산 반달가슴곰 생태 체험관, 산과 산 사이를 흐르는 멋진 계곡, 계곡에 우거진 울창한 나무와 아름다운 단풍잎 등 볼거리가 다양하다. 이곳의 관광 명소는 단순히 유명한 곳이라기보다 전국적으로 1등을 할 만한 곳들이다. 한 번 가면 두 번, 세 번 찾게 되고 다시 계절이 바뀌면 또 찾게 된다.

1일차

구례 산수유 마을
노랗게 물든 구례 산수유 마을 구석구석 돌아보기

차로 10분

지리산 온천 랜드
느긋하게 온천 즐기기

2일차

화엄사
웅장한 대사찰 돌아보기

차로 5분

국립공원관리공단 종복기술원
반달곰 만나기

차로 20분

운조루
인심 좋은 부잣집

곡선재
작은 물길과 멋진 연못 감상하기

HOT point
구례 산수유 마을
화엄사, 국립공원
관리공단 종복기술원

19

순천 1박 2일 코스
푸른 갈대 너울대는 순천만과 드라마촬영장

순천의 대표적인 관광지는 순천만이다. 푸른 갈대가 바람에 너울대는 장관을 보고, 데크를 따라 걸으며 갯벌에 살아 있는 생물들을 볼 수 있다. 우리나라에서 유일하게 세계적 관광 안내서에 이름을 남기기도 한 이곳의 정취를 만끽하기 위해 매년 찾는 이가 많다.

송광사와 선암사가 조계산에 나란히 위치하는데, 삼보 사찰의 하나인 송광사와 천년 고찰 선암사는 어느 곳을 선택해야 할지 결정하기 힘들 정도로 규모가 크고 다양한 모습을 보여 준다. 낙안 읍성은 우리나라에서 유일하게 읍성과 마을까지 문화재로 지정된 살아 있는 유적지로 600년 된 은행나무와 관아, 달구지, 낮은 돌담, 앵두나무, 갖가지 꽃들이 시간 여행을 온 듯한 착각을 일으키게 한다. 마지막으로 순천의 드라마촬영장은 국내 최대 규모로, 1950~1980년대까지의 순천읍과 서울의 모습, 달동네의 모습을 촬영장에 마련했는데 과거를 회상하는 재미가 있는 곳이다.

1일차

송광사
우리나라 3대 사찰 중 한 곳

차로 45분

순천드라마촬영장
1950~1980년대에 시간이 멈춘 곳

차로 10분

죽도봉 공원
순천 시내 한눈에 보기

2일차

순천만
멋진 풍경에 취하고 시원한 갈대숲 사이를 탐조선 타고 누비기

차로 40분

낙안 읍성 민속 마을
간단한 체험거리와 주막

차로 5분

낙안 온천
여독 풀기

HOT point
송광사, 선암사
순천드라마촬영장
순천만
낙안 읍성 민속 마을

화순 1박 2일 코스
낭만적인 운주사와 물 좋은 온천 워터파크

화순에서 가장 제일로 봐야 할 곳을 꼽으라면 단연 운주사. 하늘의 별자리를 따라 흩뿌려진 천불천탑이 가득해 조각 공원에 들어선 듯한 착각이 드는 곳이다. 형식에 구애받지 않고, 즐겁게 만든 탑과 불상 들이 누군가의 바람을 품고 오랜 세월 그 자리를 지키고 있다.

화순의 온천 단지 도곡 온천은 우리나라에서 유황 성분이 가장 많은 곳으로 이곳의 온천을 바탕으로 온천 단지가 조성되어 있다. 물이 좋은 건 당연하고, 여러 가지 워터파크 시설을 갖추어 찾는 이가 많다. 유네스코 세계문화유산인 고인돌 유적지도 있으며, 채석장도 둘러보고, 문화 학교와 체험장에서 토기 만들기, 음식 체험도 해 보자.

1일차

고인돌 유적지
문화 해설사의 안내에 따라 고인돌 이해하기

차로 20분

운주사
천불천탑이 있는 미술관 같은 운주사 돌아보기

2일차

온천 단지에서 피로 풀기
개인 취향에 맞는 물놀이와 마사지 즐기기
금호 아쿠아 리조트 워터파크 즐기기

HOT point
화순 온천
화순 고인돌 유적지
운주사

고혹적인 옛 읍성과 담백한 나주 곰탕

나주는 유서 깊은 고장이다. 운치 있는 나주 읍성을 걷고 살피며 옛 문화에 젖어 보자. 고려 시대 중앙 정부의 관리들이 지방에 내려왔을 때 묵었던 객사도 둘러보고, 우리나라 3대 향교인 살아 있는 나주 향교도 둘러보고, 그 앞 멋진 찻집에서 차도 한잔 마셔 보자. 나주 관아의 안채로 쓰이던 곳에서는 하룻밤 숙박도 가능하다.

읍성 관광이 끝났다면 예쁜 공원과 바람에 너울거리는 아름다운 쪽빛 보러 천연 염색관에도 가고, 촬영장과 세트장이 아닌 진짜 영상 테마 파크에서 황토 돛배를 타고 바람도 쐬어 보고, 각종 체험에도 참여해 보자. 사랑이 이루어지는 사람의 샘 완사천에서 기분 좋은 상상도 해 보고, 깔끔한 나주 곰탕으로 속도 든든하게 채워 보자. 조금 더 욕심을 낸다면 코끝 찡한 홍어에도 도전해 보자.

1일차

나주 읍성
옛 모습의 읍성 천천히 돌아보기

차로 10분

완사천
사랑이 이루어지는 샘물에서 기분 좋은 상상하기

차로 20분

천연 염색 문화관
쪽빛 흩날리는 천연 염색 체험하기

차로 15분

영산포 홍어의 거리
코를 찌르는 홍어 먹기에 도전

2일차

나주 영상 테마파크
각종 체험 즐기기(황토 돛배, 활 쏘기 등)

HOT point
나주 곰탕
나주 읍성
홍어의 거리
영상 테마파크

함평 1박 2일 코스
자연의 선물이 가득한 살아 있는 박물관

함평은 자연을 감상하는 것을 넘어 체험할 수 있도록 공원화되고 가꾸어져 있다. 주요 관광 포인트는 함평 엑스포 공원, 함평 자연 생태 공원, 용천사 꽃무릇 공원, 돌머리 해변, 함평 해수찜, 함평 5일장, 한우 등이다.

함평엑스포공원은 살아 있는 대규모 박물관이다. 나비가 날아다니고, 사슴벌레가 움직이는 것을 직접 볼 수 있다. 함평 자연 생태 공원은 자연적 휴식 공간으로서의 즐거움을 느낄 수 있는 곳이며, 용천사 꽃무릇 공원은 한국적 정원의 느낌을 자아내는 공원으로 정서적 쉼을 선물한다. 돌머리 해변에서는 1km에 이르는 넓은 모래사장에서 해수욕과 갯벌 체험을 할 수 있다. 바다가 주는 또 다른 휴식은 함평 해수찜이다. 또한 함평은 청정한 자연이 키운 한우가 유명한데, 함평장은 '큰 소장'이라고 불릴 만큼 역사와 전통이 있다. 함평장에서는 육회 비빔밥과 함평 삼합이 유명하다.

1일차 함평엑스포 공원
나비가 가득 날아다니는 나비 공원에서 아름다운 산책

차로 5분
함평 5일장
육회 비빔밥 혹은 한우 먹기

차로 15분
돌머리 해변
해가 내리쬐는 시간에는 해변에서 시원한 휴식

차로 5분
함평 해수찜
해수찜으로 지친 몸 풀기

2일차 함평 자연 생태 공원
함평 엑스포 공원과 같은 듯 다른 즐거움

차로 20분
용천사
꽃무릇이 지천으로 피어나는 절

HOT point
함평엑스포 공원
함평 5일장
돌머리 해변(갯벌 체험학습장)
함평 해수찜
함평 자연 생태 공원
용천사(꽃무릇 공원)

신안 증도 2박 3일 코스
느림의 미학이 살아 있는 슬로 시티

증도는 '보물섬'이라는 별명을 가진 섬으로, 우리나라의 대표적인 슬로 시티로 손꼽힌다. 증도에 들어서면 태평 염전의 소금 박물관과 만난다. 소금 박물관은 조형물과 설치 미술을 이용해 소금에 대한 지식을 재미있고 이해하기 쉽게 설명해 준다. 소금 세상을 나오면 왼편으로 보이는 태평 염전이 우리나라의 단일 염전 중 최대 규모로 탁 트인 볼거리를 선사한다. 서해안 일대에는 이름난 갯벌이 많지만, 이곳만큼 농게, 칠게, 짱뚱어가 분주하게 뛰노는 풍경이 한눈에 들어오는 곳은 없을 것이다. 또한 우전 해수욕장은 곱고 넓은 백사장, 해송 숲, 야자나무, 짚 파라솔, 벤치 등 이국적인 모습을 연출한다. 매년 7월 중순부터 한 달간 신안 게르마늄 갯벌 축제가 열리는데, 갯벌 자연 탐험, 머드 마사지, 갯벌 썰매 등을 즐길 수 있다.

1일차

소금 박물관
소금에 대한 지식 얻기(소금 밀기, 수차 체험)

태평 염전
염전 창고와 소금 습지 견학(2시간 30분 소요)

차로 3분

태양광 발전소
동양 최대의 태양광 발전소로, 지나치며 구경하기

차로 15분

보물섬 전망대
시야가 확 트인, 보물이 묻힌 바다 구경하기

2일차

신안 갯벌 센터

갯벌에 대한 이해와 공부

차로 10분

짱뚱어 다리

칠게, 농게, 짱뚱어 보기

차로 20분

화도 〈고맙습니다〉 촬영장

작은 어촌 마을 돌아보기

우전 해수욕장

3일차

우리나라에서 가장 먼저 개장하는 해수욕장에서 신나는 물놀이

HOT point

소금박물관
소금밭 전망대
화도 짱뚱어 다리

무안 1박 2일 코스
다양한 갯벌 체험과 백련사 연꽃

무안은 갯벌을 체험하기에 좋은 곳이다. 무안 생태 갯벌 센터에서 갯벌에 대해 3D 영상으로 이해하고, 모형으로 갯벌을 간접적으로 경험할 수 있다. 송계 갯벌 체험장은 갯벌 체험을 위한 시설과 장비 등이 잘 마련되어 있다.

무안의 또 다른 재미는 연꽃이다. 동양 최대 규모로 30만㎡에 가득 핀 백련은 저절로 탄성을 자아내게 한다. 7~9월까지가 연꽃의 개화로 절정을 이루는데, 백련으로 꽉 찬 호수 사이를 연배를 타고 사이사이를 누비는 기분이 남다르다. 마지막으로 분청사기 도예 체험도 놓치지 말자. 몽평요에서의 도예 체험은 예술가 지인의 집에 방문한 듯한 편안함을 느낄 수 있다. 직접 분청사기를 만들고, 분청사기 장인이 내어 주는 아름다운 다기에 차를 마시며, 여행의 쉼표를 찍어 보자.

1일차

무안 생태 갯벌 센터

분홍 칠면초가 가득한 청정 갯벌

차로 20분

송계 어촌 체험 마을

❶ 트럭 타고 멀리 나가 조개, 낙지 잡이 체험(체험 시간 90분)

차로 35분

❷ 저녁 횃불 체험으로 낙지 잡기

2일차

무안 5일장

시골 장터 구경하기

차로 10분

몽평요

다기 만들기 체험과 여유로운 차 한잔

차로 20분

회산 백련지

탐사 보트 타고 연꽃 구경하기

HOT point

무안 생태 갯벌 센터
낙지 골목
회산 백련지
초의선사 유적지

목포 1박 2일 코스
근대 역사와 문화가 살아 숨 쉬는 도시

목포는 1897년 일제의 조선 수탈 기지로 만들어진 도시이다. 아픈 역사와 대비되어 맛과 멋이 어우러진 낭만적인 도시이기도 하다. 유달산은 낮은 산이지만 목포 시내와 다도해를 내려다볼 수 있고, 걷기 좋으며, 볼거리가 많다. 유달산 아래 유달동은 개항 후 일본인들이 살았던 구역으로, 갯벌을 간척하여 바둑판 모양으로 도시를 건설하였는데, 그 안에 건축된 일본식 건축물과 가옥 등이 지금도 많이 남아 있다. 천연기념물 제500호로 지정된 갓바위는 바람과 물이 깎아 만든 신기한 바위로 삿갓 쓴 사람처럼 보인다. 갓바위를 보고 나서 주변에 밀집한 박물관으로 가 보자. 문예 역사관, 자연사 박물관, 생활 도자 박물관, 목포 문학관, 중요무형문화재 전수 교육관, 문화 예술 회관, 국립 해양 문화재 연구소 등이 있다.

1일차

유달산
이순신 장군 동상 보기, 〈목포의 눈물〉 노래비 감상

차로 10분

유달동 개항장 거리
이색적인 느낌의 목포 구도심

목포 근대 역사관
동양척식주식회사 목포점이 있던 자리에서 역사 공부

2일차

갓바위
효에 대해 생각하게 하는 바위

차로 10분

갓바위 주변 박물관 견학
문예 역사관, 자연사 박물관, 생활 도자기 박물관

HOT point
유달산
북항
갓바위

진도 1박 2일 코스
흥겨운 민속 여행과 시원한 바다

진도는 우리의 문화가 계속 살아 숨 쉬고 있는 곳이다. 조선 시대의 화실이라는 이름에 걸맞게 운림 산방의 정원은 그림 같다. 남진 미술관은 서예가 하남호 선생의 집으로, 멋진 한옥에 아기자기한 조경을 더해 미술관이 더욱 재미있어지는 곳이다. 그냥 예쁘기만 한 아담한 미술관 같지만 이곳에는 우암 송시열의 글, 다산 정약용의 그림, 흥성 대원군의 글과 그림, 추사 김정희 선생의 글 등 훌륭한 작품이 많이 전시되어 있다. 향토 문화 회관에서는 매주 토요일이면 강강술래, 남도들노래, 진도 씻김굿, 다시래기, 진도 북춤, 진도 만가, 진도 아리랑, 사물놀이, 남도 민요 등 다양한 춤과 노래가 진도를 흥겹게 한다. 시간이 되면 열리는 넓고 긴 신비의 바닷길을 거닐면서 조개도 캐 보자. 밤이 깊어지면 녹진 전망대로 가자. 진도대교가 연출하는 야경이 멋지다.

1일차

녹진 정망대
진도대교와 울돌목 내려다보며 잠시 쉬어 가기

차로 3분

울돌목 거북배
이순신 장군의 승전 현장을 생생한 3D 입체 영상으로 감상하기

차로 20분

향토 문화 회관
흥겨운 토요 민속 여행 즐기기

차로 20분

쉬미항
낙조 체험, 유람선에서 황홀한 시간 보내기

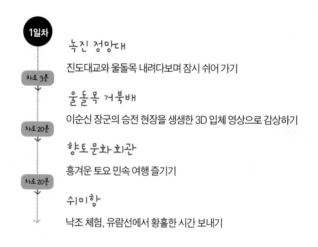

2일차

운림 산방
아름다운 정원을 가진 조선 시대의 화실

차로 30분

남진 미술관
글과 그림이 전시된, 작지만 알찬 미술관

차로 25분

남도석성
마을을 지켜 준 산성 산책

차로 50분

신비의 바닷길
갈라진 바닷길 따라 걷기

차로 5분

가계 해변 해수욕장
즐거운 바다 즐기기

HOT point

녹진 전망대
신비의 바닷길
운림 산방
쉬미항(세방 낙조)

해남 3박 4일 코스
매실이 익고 공룡이 움직이는 땅끝 마을

해남은 땅끝이라는 이름만으로도 마음이 흔들리는 곳이다. 시원한 모노레일, 한라산과 돌고래가 보이는 땅끝 전망대, 덤으로 보는 사구미 해수욕장, 바다 사나이가 혼자 모은 수집품이 가득한 해양 자연사 박물관, 땅끝 조각 공원과 미술관까지 둘러볼 곳이 참 많다.
바다를 눈으로만 볼 것이 아니라 취향에 맞게 느껴 보자. 바다가 갈라지고 길이 만들어지는 송호 해수욕장에서 해수욕도 즐기고, 발도 담궈 보자. 아쉽다면 대죽 마을로 발걸음을 옮겨 조개잡이 체험에 참여해 보자. 바다도 좋지만 멋진 산도 있다. 바로 두륜산이다. 케이블카를 타고 정상까지 단숨에 올라 보자. 등산을 통해야만 얻을 수 있는 정상에서의 한 폭의 수묵화 같은 풍경과 공기의 상쾌함을 느낄 수 있다.

1일차

두륜산
케이블카를 타 보고, 산의 정상에 올라 야호 외치기

차로 10분

대흥사
문화 해설사에게 대흥사와 이순신 장군에 대해 배우기

도보

유선관
우리나라 여관 역사에 대해 알아보기

2일차

미황사
달마산이 병풍으로 둘러싸 묘한 분위기를 자아내는
미황사에서 템플 스테이(1박 2일)

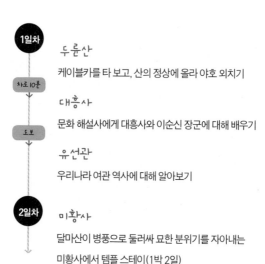

3일차

땅끝 관광지

모노레일을 타고 아슬아슬 바다 풍경 즐기기

차로 10분

해양 자연사 박물관

수집광의 해양 수집품을 구경하며 해양 자연에 대해 이해하기

송호 해수욕장

소나무로 둘러싸인 호수 같은 해변

차로 10분

땅끝 대죽 조개잡이 체험

조개 잡기, 조개구이 먹기

4일차

해남 공룡 박물관

공룡 화석지에서 공룡 탐험

차로 20분

우수영 관광지

이순신 장군의 전쟁의 현장 살펴보기

HOT point

두륜산, 대흥사
땅끝 관광지
해남 공룡박물관

완도 1박 2일 코스
해상왕 장보고 유적과 드넓은 명사십리 해안

완도의 이름난 곳은 대부분 해상왕 장보고와 관련된 곳이다. 장보고의 삶과 역사, 그 당시의 건물과 거리 등이 모두 준비되어 있으니 제대로 둘러보자. 드라마 〈해신〉 촬영지로 유명한 청해 포구, 신라방, 장보고 기념관, 청해진 유적지가 그곳이다. 먼저 청해 포구와 신라방 등의 촬영지는 마치 시간 여행을 하는 듯 당시의 모습으로 화려하게 단장하고 있다. 누구라도 잘 조성된 당시의 모습에 흠뻑 빠지게 되며, 멋진 풍광을 따라다니다 보면 장보고가 어떤 인물인지 궁금해진다. 청해진 유적지는 장보고 기념관과 함께 조성되어 더욱 찾아볼 만하다. 넓은 명사십리 해안에서 바다 산책과 해수욕도 즐겨보자.

1일차

완도 수목원
계곡이 흐르는 넓고 아름다운 정원 둘러보기

`차로 20분`

청해 포구 촬영장
푸른 바다와 어우러진 멋진 거리 걸어 보기

`차로 25분`

완도 타워
야경 즐기기

2일차

신지도 명사십리 해수욕장
고운 모래가 10리까지 펼쳐지는 곳

`차로 25분`

장보고 유적지
장보고와 관련된 해상 무역에 대해 알 수 있는 곳

HOT point
완도 수목원
청해 포구 촬영장
완도 타워
신지도 명사십리
장보고 유적지

강진 1박 2일 코스
지순하게 아름다운 남도 답사 1번지

강진은 남도 답사 1번지로 더욱 유명하다. 대단한 유적이나 유물은 없지만, 지순하게 아름다운 향토적 서정과 역사의 체취가 살아 있기 때문이다. 강진의 남도 답사 1번지 코스인 월남리 지역과 다산 초당 주변을 천천히 둘러보고. 강진의 자랑인 고려 청자 박물관에도 들러 보자. 월출산과 시원한 경포대 그리고 넓은 녹차 밭은 이곳을 찾는 이에게 답사 여행이 주는 즐거움을 만끽하게 한다.

다산 초당 주변은 답사 여행에서 빠지지 않는 곳이다. 백련사까지 이어진 다산 초당 둘레길을 걸어보고, 천일각에 올라 사색하는 시간을 가져 보자. 백련사를 품은 동백림은 겨울이면 더욱 화려하다. 청자 박물관은 역사 속 청자를 현대적 미술품으로 인식하게 한다.

1일차 강진 다원
녹차 밭에서 초록이 주는 싱그러움 마시기

차로 5분 무위사
고요한 사색 즐기기

차로 40분 다산 유적지
다산 업적의 토대가 되어 준 다산의 유배지

차로 15분 백련사
붉은 동백림이 둘러싼 백련사 트레킹

2일차 고려청자 도요지
체험거리 가득한 청자 도요지 관람

HOT point
강진 다원, 무위사
영랑 생가, 다산 초당
백련사 동백림
고려청자 도요지

영암 2박 3일 코스
월출산의 황홀한 자연과 왕인 박사 유적지

남도의 그림 같은 산, 월출산은 호남의 5대 명산이다. 기암괴석이 색다른 풍광을 연출하고, 봄에는 진달래와 철쭉, 여름에는 시원한 폭포수와 천황봉에 걸려 있는 안개, 가을에는 단풍, 겨울에는 설경 등 사시사철 다양한 모습을 볼 수 있어 언제나 등산객으로 붐빈다. 등산 후 몸을 풀 수 있는 온천이나, 물놀이를 할 수 있는 기찬 랜드도 들러 보자.

일본에 학문을 전해 아스카 문화를 이루어 낸 왕인 박사 유적지에는 왕인 박사 생가와 공부를 하던 서당 문산재, 그 앞에 왕인 박사가 서재로 사용하던 책굴, 왕인 박사의 제자들이 왕인 박사를 그리워하며 세운 왕인 석상 등이 있다. 바로 옆 구림 마을은 왕인 박사와 도선국사를 배출한 마을로, 한국을 대표하는 역사 마을이다. 마을 안쪽 붉은 길을 따라 낮은 골목골목을 이어 주는 돌담과 한옥을 구경하고, 도예 박물관에서 도기 체험도 해 보자.

1일차

코리아 인터내셔널 서킷
자동차 엔진 소리가 심장을 고동치게 하는 경주장

차로 30분

독천 식당
갈낙탕으로 여독 달래기

차로 15분

구림 마을
전통 있는 한옥집에서 하룻밤

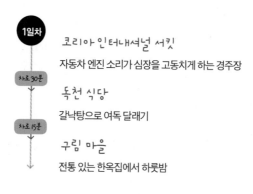

2일차

구림 마을

〈성균관 스캔들〉 촬영지로도 유명한 포근한 한옥 마을

차로 3분

왕인 박사 유적지

일본의 아스카 문화를 이루어 낸 왕인 박사의 유적지

차로 15분

도갑사

국보로 가득 찬 유서 깊은 절에서의 호젓한 산책

차로 20분

월출산 온천

여행의 피로 풀기

3일차

월출산

산세가 멋진 월출산 등반하기

HOT point

월출산 도갑사
왕인박사 유적지
구림 마을
코리아 인터내셔널 서킷

장흥 1박 2일 코스
선학동을 중심으로 떠나는 문학 기행

장흥은 문학인이 많이 배출된 곳으로 유명하다. 따라서 문학 기행으로 찾는 이들이 꽤 많다. 고등학교 교과서에 실린 〈선학동 나그네〉를 쓴 이청준 작가와 이를 영화화한 임권택 감독이 이곳 출신이다. 〈선학동 나그네〉의 배경이 된 선학동에는 이청준 작가의 생가와 임권택 감독의 영화 〈천년학〉 세트장이 있다. 뒤편의 천관산과 앞의 바다가 어우러진 선학동에는 봄이면 노란 유채꽃이, 가을이면 하얀 메밀꽃이 뒤덮여 장관을 연출한다. 문학을 사랑하는 문학인이라면 천관 문학관까지 들러 보자. 장흥을 빛낸 작가들의 작품을 전시하고 있다.

삼림욕장인 우드 랜드에서 숲 체험도 해보고, 천문 과학관에서 별자리 관람도 해 보자. 정남진 해양 낚시 공원에서 낚시를 즐겨 볼 수도 있다.

1일차

천문 과학관
4D 상영관의 돔스크린에서 별자리 살피기

차로 20분

장흥 우드랜드
국내 최초의 누드 삼림욕장

2일차

정남진 해양 낚시 공원
바다 위에 떠 있는 낚시 천국

차로 20분

선학동
출사 여행과 문학 기행으로 찾는 이가 많은 곳

HOT point

천관산 자연 휴양림
천문 과학관
장흥 우드랜드

보성 1박 2일 코스
싱그러운 녹차 밭을 품은 천혜의 낙원

보성 하면 떠오르는 것이 바로 녹차와 대한 다원이다. 대원사를 시작으로 하여 서재필 기념 공원, 태백산맥 문학관으로 길이 펼쳐지는데, 대원사는 봄엔 벚꽃으로, 여름엔 연꽃으로 찾는 이의 마음을 풍요롭게 해 준다. 서재필 기념 공원에서 독립 운동에 관한 역사적 지식을 배우는 것과 더불어 호숫가 조각 공원에서 여유로운 산책도 가능하다. 태백산맥 문학관에서는 여순 사건 이후의 우리의 삶을 돌아보는 기회를 가질 수 있다.

대한 다원을 기준으로 왼편에는 제암산 자연 휴양림이 있고, 오른편으로는 율포 관광 타운이 자리하는데, 하루쯤 묵어 가는 관광객이라면 제암산 자연 휴양림에 들러 볼 것을 권한다. 율포 관광 타운은 해수욕장과 더불어 해수 풀장, 해수 녹차탕이 있다. 여름이라면 물놀이로 제격이며, 다른 계절에는 바다가 보이는 해수 녹차탕에서 여행으로 피곤해진 몸을 쉬어 가기에 좋다.

1일차

태백산맥 문학관
천장까지 높이 쌓인 소설《태백 산맥》의 육필 원고

차로 1시간

보성 다원
아름다운 수채화 같은 풍경과 향긋한 녹차 향 맛보기

차로 30분

제암산 자연 휴양림
휴식을 위한 편안한 공간

차로 15분

율포 관광 타운
보성에서 여름을 보내기 좋은 곳

2일차

대원사
벚꽃길, 백민 미술관, 티베트 박물관 관람

차로 20분

서재필 기념 공원
조선 후기의 역사에 대해 알 수 있는 교육 공원

HOT point
보성 다원
태백산맥 문학관
대원사

고흥 2박 3일 코스
철쭉꽃 가득한 산, 다도해, 나로도 우주 센터

고흥 하면 나로도 우주 센터가 제일 먼저 생각난다. 또한 산과 바다 그리고 호수까지 볼거리가 다양하다. 향긋한 유자가 빼곡한 유자 공원을 지나 탁 트인 고흥만 방조제를 달리는 것과 더불어, 낚시도 해 보고, 계절에 따라 벚꽃과 유채꽃, 메밀꽃, 갈대까지 놓치지 말자. 사연의 섬 소록도를 거쳐 녹동항에 이르면 유람선을 타 보자.

천등산은 차로 올라갈 수 있어 부담이 없다. 천등산 정상에는 넓은 산등성이에 철쭉이 환상적으로 피어난다. 천등산 아래 금탑사는 제주도와 남도 지방에 자생하는 100m가 넘는 귀한 비자나무 숲으로 유명하며, 겨울엔 동백이 운치를 더한다. 고흥이 자랑하는 나로도 우주 센터는 누구에게나 흥미롭다. 나로도 해수욕장에서 바다에 몸을 맡겨 보고, 녹동항에서 유람선을 타고 나로도의 아름다운 해상 경관을 감상해 보자.

1일차

고흥만 방조제
쭉 뻗은 길을 따라 시원하게 달리는 드라이브

차로 35분

유자 공원
새콤달콤 유자 농원에서 기념품 구입

차로 20분

녹동항
신선한 회 맛보기

차로 20분

소록도
작은 사슴을 닮은 아름다운 섬

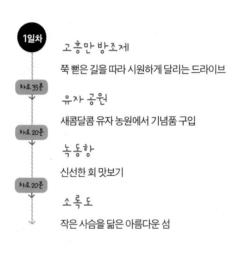

2일차 발포 해수욕장
낮은 소나무 구릉이 둘러싼 온순한 바다

차로 50분
팔영산 자연 휴양림
조용한 휴식과 함께 삼림욕 즐기기

3일차 나로도 우주 센터
만지고 체험하는 우리나라 최초의 우주 발사장

HOT point
소록도
나로도 우주 센터
팔영산

여수 1박 2일 코스
향일암 일출과 아름다운 오동도, 그리고 이순신

향일암에서 바라보는 일출은, 특별히 허락된 공간에서 나만을 위한 시간을 갖는 느낌이다. 향일암에서 돌산대교 가는 길에는 북한 잠수정 전시관, 방죽포 해수욕장, 무슬목 유원지, 전라남도 해양 수산 과학관이 쭉 늘어서 있다.

돌산대교를 건너 돌산읍을 나오면 변화한 여객 터미널 옆으로 오동도 가는 길이 나타난다. 오동잎처럼 생긴 오동도 역시 여수의 대표적 관광지이다. 동백 열차를 타고 섬까지 달려도 좋고, 여객선을 타고 여수 바다의 아름다움을 시원하게 느껴 보는 것도 좋다. 오동도 위쪽으로 일제 강점기의 흔적인 마래 터널을 지나면 해수욕하기 좋은 해수욕장이 줄지어 나타난다. 또한 여수는 이순신 유적지의 본고장이다. 해전에서 승리한 장소도 의미 있지만, 특히 여수에는 이순신 장군이 군을 지휘하던 장소와, 함께 싸운 승군, 그리고 거북선을 만든 선소 유적지가 있어 다른 곳과 차별화된다. 또한 여수 세계 박람회에서 미래의 바다에 풍덩 빠져 보자. 영하 15도의 기후 변화 체험과 화려한 한국관을 둘러보며 흐뭇한 추억을 만들자.

HOT point
흥국사
오동도
향일암

1일차

여수 해양 레일바이크
바다가 보이는 레일바이크로 시원하게 시작하는 하루

여수 엑스포장
세계박람회는 끝났지만, 놓칠 수 없는 재미가 있는 곳

돌산공원
여수 해상 케이블카 타고 야경 보기

2일차

향일암
절벽에 위치해 운치를 더하는 해돋이 보기

차로 50분

오동도
여수 산책길의 핫 플레이스 둘러보기

차로 10분

북한 잠수정 전시관
남북 대치 상황을 돌이켜 보게 되는 곳

차로 35분

전라남도 해양 수산 과학관
해양 생물에 대해 알아보기

차로 20분

진남관, 흥국사
이순신 장군에 대해 공부하기

광양 1박 2일 코스
붉은 동백과 섬진강 매화 마을

광양 제철소의 불기둥, 광양항의 거대한 컨테이너 등 다른 곳에서는 흔히 볼 수 없는 시설에 눈이 휘둥그레진다. 국내에서 유일하게 벚굴이 나는 망덕 포구, 캠핑이나 산책에 좋은 넓은 해변 공원, 김을 김이라 부르게 한 김여익을 추모하는 김 시식지 등 광양에는 둘러볼 곳이 많다.

겨울이면 동백꽃 7천 그루가 흰 눈 위에 빨간 꽃송이를 떨어뜨리는 옥룡사지, 따스한 바람이 불면 섬진강변에 위치한 하얀 매화꽃이 가득 피는 청매실 농원, 계곡 놀이를 하기 좋은 백운산 4대 계곡, 자연 학습이나 캠핑도 하고, 황토 위를 걷는 삼림욕까지 할 수 있는 백운산 자연 휴양림까지 다채로운 경험을 할 수 있는 곳이 바로 광양이다.

1일차 백운산 자연 휴양림
숲에서 하루를 쾌적하게 즐길 수 있는 곳

2일차 광양항 홍보관 (또는 광양 제철소)
제철소와 광양항으로 파고들 수 있는 절호의 찬스

차로 20분

배알도 해변 공원 & 망덕 포구
넓은 공원에서 바닷길 걷고
망덕 포구의 별미 벚굴(강굴) 맛보기

차로 30분

섬진강 매화 마을
나무마다 하얀 꽃잎이 소복한 봄꽃 여행의 핫 플레이스

HOT point
배알도 해변 공원
옥룡사지
섬진강 매화 마을

남해 1박 2일 코스
아름다운 풍광과 문화 예술이 가득한 보물섬

은모래 비치의 투명한 바다와 반짝이는 모래, 그곳에서 물을 즐기는 사람들과 해안을 따라 달리는 사륜 바이크, 바다 밖으로 시원하게 달리는 유람선에서의 멋진 바다 풍경만으로도 충분히 멋진데, 남해의 풍광은 이것이 다가 아니다. 산세가 좋은 금산을 오르는 것도 즐거움이고, 보리암에 올라 남해 바다의 아름다운 절경을 마음껏 감상할 수도 있다.

산과 바다만큼이나 이곳은 문화와 예술 그리고 역사도 살아 숨 쉰다. 남해 유배 문학관은 유배를 가는 이의 상황과 그 의미를 영상과 음향으로 보여 준다. 이순신 장군이 순국한 곳인 관음포 유적과 이순신 장군 영상관 남해 충렬사와 거북선까지 역사 유적도 돌아보자. 죽방렴에서 멸치잡이도 구경하고 멸치회와 멸치 쌈밥도 먹어 보자. 원예 예술촌에서 차도 한잔 마시고, 저녁 무렵에는 정겨운 가천 다랭이 마을에서의 훈훈한 시간도 즐겁다.

1일차

이충무공 전몰 유허(이순신 영상관)
3D로 생생하게 노량 해전 관람하기

차로 30분

남해 유배 문학관
문학관이 들려 주는 유배 이야기 듣기

차로 1시간

냉천 어촌 체험 마을
양식장에서 흥겨운 갯벌 체험

2일차

원예 예술촌
아기자기한 정원이 모여 있는 예술촌

차로 30분

독일인 마을
철수네 집이 있는 이국적인 마을 즐기기

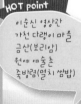

HOT point
이순신 영상관
가천 다랭이 마을
금산(보리암)
원예 예술촌
죽방렴(멸치 쌈밥)

도로 5분

지족 해협
죽방렴 멸치잡이 체험

통영 1박 2일 코스
한려해상국립공원과 맛있는 충무김밥

통영 하면 연상되는 것은 단연 한려해상국립공원이다. 한려해상국립공원을 즐기는 2가지 방법이 있다. 첫 번째는 유람선 관광이고, 두 번째는 한려 수도 조망 케이블카를 타는 것이다. 달아 공원, 통영 수산 과학관의 조망 포인트에서 멋진 경관을 살펴볼 수 있다. 그림 같은 한려해상국립공원의 풍광을 보는 것만으로도 충분히 청량해진다.

통영의 시내 구경도 할 만하다. 충무김밥을 처음 만든 할머니의 불친절한 김밥을 먹어 보는 것도 재미있고, 통영의 오미 꿀빵도 맛있다. 주변에 있는 전혁림 미술관에 들러 아름다운 색채를 보면 기분도 좋아진다. 발걸음을 조금 더 힘차게 움직이면 〈빠담빠담〉의 촬영지인 동피랑 벽화 골목에서의 좁은 골목 사이사이를 물들인 학생들의 개성 있는 벽화도 구경할 수 있다. 이순신 장군과 관련된 역사 유적지인 세병관과 충렬사도 돌아보고, 청마 유치환 선생의 시에도 푹 빠져 보자.

1일차

청마 문학관
청마 유치환 선생의 문학 이해하기

차로 5분

이순신 장군 활약상 탐험
이순신 공원, 향토 역사관, 세병관, 충렬사까지

차로 15분

해저 터널
동양 최초의 해저 터널

2일차

도남 관광 단지
한려해상국립공원을 만끽할 수 있는 통영의 대표 관광지

차로 5분

미륵산
케이블카 타고 한려수도 한눈에 담기

HOT point
도남 관광지
유람선
한려수도 조망 케이블카
동피랑 벽화 골목

43

거제 1박 2일 코스
유람선을 타고 즐기는 남해의 아름다운 풍광

거제는 풍광이 멋진 곳이다. 먼저 부산과 연결된 거가대교는 파란 하늘과 푸른 바다 사이로 하얀 날개를 펼치고 있어 거제로 들어가는 마음을 산뜻하게 만들어 준다. 흔히 볼 수 없는 검은 흑진주가 반짝이는 몽돌 해변과 와현 모래숲 해변에서 해수욕을 하기에도 좋고, 수선화가 피어나는 언덕 곳곳이 트레킹과 거제 자연 휴양림에서의 삼림욕, 거제 자연 예술 랜드의 수변 레저와 수석을 보는 것도 색다른 경험이다.

무엇보다도 유람선과 크루즈를 타 보자. 한려해상국립공원 사이를 달리는 유람선을 타고 외도 보타니아에서 이국적인 풍광에 사로잡혀 있노라면 시간이 흐르는 것도 잊을 법하다. 겨울이면 빨간 동백꽃으로 뒤덮인 지심도를 찾는 것도 좋다. 한려해상의 멋진 기암괴석과 해금강의 풍경이 시원한 바다를 더욱 아름답게 만들어 준다.

 1일차 포로 수용소 유적
실제와 같은 인형, 시설물로 가득한 유적 공원 둘러보기

차로 35분

청마 생가와 기념관
청마 문학 이해하기

차로 1시간

바람의 언덕, 신선대
한려해상의 비경 감상

 2일차 조선 해양 문화관
해양 문화와 조선에 대해 폭넓게 이해할 수 있는 전시관

차로 15분

외도
한려해상 유람선을 타고 해금강 건너
청량한 외도 보타니아 둘러보기

차로 20분

와현 모래숲 해변
시설이 잘된 해변에서 물놀이

HOT point
흥포 해변 비경
바람의 언덕
진주 몽돌 해변
유람선(외도, 해금강)

전남 무안 백련지

관광지를 돌아다니는 평범한 여행이 싫증난다면
그럴 땐 내가 좋아하는 테마를 정해 두고 여행하면 어떨까?
계절별로 가장 아름다운 경치를 찾아 나서는 계절 여행부터
남도의 다채로운 진미를 즐기는 맛 여행,
숲, 영화 촬영지, 사찰, 체험 여행지 등 색다른 주제가 있는 여행까지
다양한 테마로 남해안을 특별하게 즐겨 보자!

테마
여행

봄

봄이 제일 먼저 부지런히 찾아오는 전남! 봄 꽃 여행은 '아직은 겨울인가 싶을 때' 시작된다. 매화와 산수유 그리고 벚꽃과 철쭉까지. 소박하지만, 화려한 봄의 노래에 흠뻑 젖어 보자.

▶ 구례 산수유 마을

3월 중순이 되면 노란색의 봄의 황홀경이 연출된다. 색깔만으로도 충분히 아름다운 산수유가 지천에 깔린다. 드라마 〈봄의 왈츠〉를 촬영하기도 한 산수유 마을로 가 보자.

▶ 여수 영취산

전국 3대 진달래 군락지 중 하나로, 산세가 완만한 데다 진달래를 가리는 나무가 별로없어 진달래 꽃동산을 볼 수 있다.

▶ 함평 나비 축제

함평 엑스포 공원에서 봄마다 열리는 함평 나비 축제는, 나비들이 추는 '봄의 왈츠' 속에 들어가 있는 듯한 착각을 일으키기에 충분하다.

보성 대원사

봄이 되면 대원사로 올라가는 길은 벚꽃으로 화사해지고, 여름에는 절 안 연못에 연꽃이 만개한다.

고흥 천등산

산등성이 가득 철쭉이 만개하는 장관이 연출된다. 차로 올라갈 수 있어 누구에게나 황홀한 철쭉 동산을 보여 준다.

광양 매화 마을

매화 하면 떠오르는 섬진강 매화 마을이 바로 광양에 있다. 매화 마을 정상에서는 섬진강이 내려다보이고, 중턱에는 초가 두 채가 매화 농원의 매화와 어우러져 그림 같은 광경을 연출한다.

여름

시원한 산속 계곡이나, 탁 트인 해수욕장, 물놀이하기 좋은 워터파크, 이름난 해수욕장 앞 리조트까지 개인의 취향대로 골라 보자.

▶ 곡성 섬진강 래프팅

시원한 물살 위를 보트를 타고 달리는 기분은 말로 설명할 수 없을 만큼 시원하다. 이곳은 물이 거칠거나 세지 않아 안전하게 래프팅을 즐길 수 있다.

▶ 화순 도곡 온천

유황 성분 가득한 훌륭한 물놀이 테마파크로 변신한 도곡 온천은, 좋은 물에서 즐겁게 놀 수 있는 워터파크이다. 아이들과 함께 물놀이하기에 좋은 곳이다.

▶ 신안 엘도라도 리조트

신안 증도를 대표하는 것은 무엇보다도 엘도라도 리조트이다. 리조트가 여행 목적지가 되는 곳이다. 길게 늘어선 질 좋은 모래사장을 가장 편하고 운치 있게 즐기는 즐거운 여름 휴가가 될 것이다.

▶ 해남 대흥사

대흥사는 아주 큰 사찰이다. 사찰의 건물 하나하나도 크고 선이 곧으며, 석조물도 크기가 크고 웅장하다. 큰 사찰로 유명하기도 하지만, 대흥사가 유명한 이유에는 계곡도 빠질 수 없다. 넓은 계곡을 풍성한 나무들이 에워싸 여름이면 피서객으로 매우 붐빈다.

완도 신지도 명사십리

남해안의 해수욕장을 유명세와 규모로 따진다면 바로 이곳이 제일로 꼽히는 곳이다. 뻥 뚫린 남해안 바다는 흔하지 않은데, 이곳은 시야가 탁 트여 마음까지 시원한 풍경을 자아낸다.

함평 돌머리 해수욕장

깨끗한 물과 넓은 백사장, 소나무 숲이 좋은 아늑한 해수욕장이다.

거제 바람의 언덕

언덕과 풍차 그리고 멋진 바다의 전경! 낭만적인 언덕, 탁 트인 바다와 시원하게 부는 바람이 있는 그곳으로 가 보자.

남해 상주 은모래'비치

남해 바다에서 최고의 해변을 꼽으라고 하면, 단연 상주 은모래 비치를 꼽을 것이다. 길고 넓은 해안을 따라 옥빛 바다와 부드러운 모래의 감촉이 기분 좋다.

무안 백련지

30만㎡ 규모의 회산 백련지는 백련으로 가득 차 있다. 첫발을 내딛으면 파란 하늘과 그 아래 초록의 연잎 사이로 연꽃들이 얼굴을 내밀고 빼곡하고 데크를 걸어 온실로 발걸음을 옮기는 사람들과 호수 사이로 지나다니는 연꽃 배가 황홀경을 연출한다. 7~9월 3개월 동안 꽃이 핀다.

가을

가을 하면 생각나는 단풍 명소인 내장산과 백양사, 온 동산을 아련하게 붉게 물들이는 상사화, 30만m²에 활짝 피는 연꽃, 세계 5대 연안 습지의 갈대까지, 가을 향기 가득한 그곳에서 휴식 같은 여행을 즐겨 보자.

▶ 영광 불갑사 상사화 축제(9.21.~9.23.)

잎이 싱싱하게 자라다가 시들고 나면 그 자리에서 꽃대만 올라와서 피는 꽃으로 꽃과 잎이 서로 평생 만날 수 없어 붙여진 이름이다. 그 이름만큼이나 붉고 큰 꽃망울이 붉은 황홀경을 연출한다. 붉은 상사화 사이로 좁은 길을 산책하고, 애틋한 그리움도 읊어 보자.

▶ 장성 백양사 – 백양사 아기단풍

거울에 비치듯 연못에 나무들이 비춰 아름다운 모습을 자아내고, 조금 숲길을 오르면 시원한 물소리의 쌍계루가 붉게 물든다. 단풍의 최고 명소가 내장산이 아닌 백양사라는 말이 나오기까지 하니, 꼭 한 번 들러 보자.

순천만 갈대의 노래

순천만은 세계 5대 연안 습지로 규모가 대단하다. 넓고 넓은 푸른 갈대밭 사이에 늘어선 데크 길에 사람들이 줄지어 다니고, 바람이 살랑 불면 갈대가 너울대고, 쏴아 하고 바람소리가 난다. 갯벌에 게들이 움직이고 있음을 볼 수 있고, 짱뚱어를 쉽게 발견할 수 있다. 데크를 따라 조그마한 산에 오르면 아름다운 순천만의 절경을 볼 수 있다.

겨울

하얗게 눈 덮인 산에 피어나는 눈꽃의 경이로움, 흰 눈에 뚝 뚝 떨어진 동백꽃, 추위를 잊게 해 주는 상큼한 유자까지 생 각보다 더 운치 있는 겨울 여행을 즐겨 보자.

해남 두륜산 케이블카

눈이 만들어 내는 아름다운 꽃을 보러 가 보자. 겨울산은 아무에게나 허락되지 않지만, 이곳은 다르다. 전국에서 가장 긴 케이블카(1.6km)로, 두륜산의 산세를 헤치고 정상에 오르면, 시원한 경치가 눈앞에 펼쳐진다.

강진 백련사

흰눈이 가득한 겨울에 붉은 동백꽃이 눈물처 럼 뚝뚝 떨어져 있는 백련사의 겨울은 참으로 평안하다. 따듯한 차 한잔도 잊지 말자.

▶ 장흥 천관산
겨울 설경 속, 동백의 아름다움을 산속에서 그대로 느낄 수
있다.

▶ 고흥 유자 체험
11월부터 시작되는 유자 수확 체험을 즐겨 보자. 미리 농장
에 체험 예약을 해야 한다.

▶ 영광 백수해안도로 데크 산책
데크길을 따라 산책하고 노을도 보자.

▶ 함평 해수찜
뜨끈한 해수찜으로 몸을 풀어 보자.

맛 여행

맛

이탈리안 레스토랑, 횟집, 삼겹살집, 김밥천국까지 서울에서 먹고자 하는 음식들은 대부분 각 지역에도 모두 있다. 하지만 기왕, 여행을 왔다면 그곳을 대표하는 음식을 맛보는 것을 추천한다. 영광의 굴비, 담양의 떡갈비, 곡성의 참게탕, 남해안은 먹거리도 풍성하다. 음식의 본고장에서 참맛을 느껴 보자.

영광 보리굴비

반건조 조기가 아니라 바짝 마른 굴비를 따로 주문해서, 제대로 된 보리굴비를 맛보자. 영광 법성포에 굴비 거리가 늘어서 있으니, 그곳으로 가자.

장성 산채 비빔밥

유래가 있는 토속 음식은 아니지만, 장성에서는 산채비빔밥을 먹어 주는 센스를 발휘하자. 산채비빔밥으로 유명한 곳이다.

담양 떡갈비

원래도 유명했지만 〈1박 2일〉과 〈무한도전〉 팀에서 방문해 찾는 이가 더욱 많아졌다.

곡성 참게탕

섬진강에서 잡은 참게는 껍데기가 얇아 식감이 바삭바삭하고 속이 꽉 찬 것이 특징이다.

구례 대사리탕

다슬기탕 된장 국물에 다슬기와 수제비를 넣어 끓여 낸 국을 대사리탕이라고 하는데, 시원한 맛이 일품이다.

순천 짱뚱어탕 혹은 산채 정식

순천만에서 본 짱뚱어를 먹어 보는 것은 호기심으로 가득한 체험이 된다.

나주 맑은 곰탕 & 홍어

나주 곰탕 골목이 있을 만큼, 나주를 대표하는 아이콘이다. 맑은 곰탕을 먹으러 가 보자. 또한 홍어의 본고장이 나주 영산포라는 사실! 본 고장에서 홍어를 경험해 보길 바란다.

함평 한우&육회비빔밥

함평은 청정한 자연이 키운 한우가 유명한데, 함평장은 '큰 소장'이라고 불릴 만큼 역사와 전통이 있다. 함평장에서는 육회비빔밥과 함평 삼합이 유명하며, 엑스포 주변 앞쪽으로 함평 축협에서 운영하는 함평 천지 한우플라자에서 질 좋은 함평 한우를 맛볼 수 있다.

신안 짱뚱어탕

신안의 짱뚱어탕은 순천과 다르게 추어탕처럼 살과 뼈를 곱게 갈아서 시래기를 넣고 구수하게 끓이는 것이 특징이다. 신안에서는 증도 짱뚱어탕이 특히 유명하다.

무안 낙지 & 연 음식

무안 버스 터미널 바로 옆으로 낙지 골목 낙지다리를 지나면 양쪽 길로 낙지집이 쭉 늘어서 있다. 이곳에서 특히 인기 있는 메뉴는 큰 낙지를 갈아서 계란 노른자와 고추 등을 넣고 비벼 먹는 '낙지 당고'와 나무 젓가락에 낙지를 둘둘 말아 양념해 구운 '낙지 호롱'이다. 무안 백련지의 연꽃을 보고, 백련 쌈밥과 연 맥주도 맛보자.

진도 홍주

조선 시대의 최고 진상품으로, 소주에 나무열매와 한약재를 침출해 아름다운 빨간 빛을 내며, 여운이 강하다.

해남 떡갈비

해남은 떡갈비가 유명한데, 군더더기 없이 깔끔하면서도 감칠맛이 난다.

완도 전복

완도는 전복이 유명하다. 전복 요리 중에서도 특히 전복 회덮밥을 먹어 보자.

강진 한정식
강진은 한정식이라고 말할 수 있는 반찬이 넘치게 나오는 밥집으로 유명하다.

영암 갈낙탕
시원한 국물에 큼직한 낙지 한 마리가 들어간 갈낙탕은 영암을 찾는 대표 음식이다.

장흥 장흥삼합
장흥 특산물인 키조개와 장흥 한우, 표고버섯을 함께 먹는 것이다.

보성 꼬막
벌교 꼬막 정식을 주문하면 삶은 통꼬막, 꼬막 회무침, 양념 꼬막, 꼬막전, 꼬막 된장국 모두 맛볼 수 있다.

여수 갓김치와 돌게장
여수의 갓김치는 식감이 좋고 담백한데, 부드러워서 더 맛좋은 돌게장과 함께 맛보자.

광양 불고기 & 섬진강 벚굴

광양 현지의 불고기는 정말 다르다. 숯불에 구워 먹는 불고기로 마늘 향이 적당히 배어 입안에 풍부한 맛이 감도는 것이 특징이다. 섬진강 벚굴 역시 유명하다. 바닷물과 강물이 만나는 곳에서 자란 벚굴은 벚꽃이 필 때 먹을 수 있으니, 참고하자.

거제 게장 백반

거제에는 게장 백반이 유명해 줄을 서서 먹는 진광경을 연출한다.

남해 멸치 쌈밥 & 멸치회

죽방렴으로 잡은 질 좋은 멸치회와 쌈밥을 먹을 수 있다.

통영 원조 충무김밥 & 멍게비빔밥 그리고 오미사 꿀빵

통영에는 대장 음식이 많다. 충무김밥이 처음 만들어진 곳도 이곳이고, 꿀빵도 이 지역의 음식이다. 멍게비빔밥은 멍게를 잘 먹지 못하는 사람들도 먹을 수 있으니 시도해 보자.

갑자기 떠나는 여행에서 하고 싶은 특별한 것! 특별한 테마로 이름 있는 곳을 모았다. 아는 사람만 아는 아지트로 특별한 여행을 떠나 보자. 고목이 가득한 숲, 시간 여행을 도와 주는 영화 촬영지, 이름난 사찰, 체험을 잘할 수 있는 유명한 체험지, 고즈넉한 차 여행, 드라이브, 문학 여행까지 기분에 따라 골라 가는 여행이 준비되어 있다.

숲

▶ 장성 축령산 자연 휴양림
축령산 자연 휴양림은 편백나무 삼림욕을 하기에 최고인 곳이다. 20m 가 넘는 고목들이 쉼을 선물하는 그곳으로 가 보자.

▶ 담양 비밀의 정원
담양에는 소쇄원, 명옥헌 원림 정원이 있다. 대나무 바람 시원한 죽녹원과 쭉 뻗은 메타쉐쿼이아 가로수길도 유명하다.

장흥 우드랜드

장흥 우드랜드는 편백나무 삼림욕 효과로 이름난 곳이다. 우드랜드 안에는 펜션과 목제 문화 체험관, 편백 톱밥 산책길, 소금 찜질방, 편백 노천탕이 준비되어 있다.

고흥 금탑사 비자림

금탑사 오르는 길에는 높이가 10미터나 되는 비자나무 3,300여 그루가 빼곡히 들어차 있다. 쭉 뻗은 나무의 가지가 하늘까지 닿을 듯하고, 초록의 잎은 바닥에서부터 터널을 만들어 준다.

고흥 봉래산 삼나무 숲

국내에서는 흔히 볼 수 없는 30m가 넘는 삼나무들이 3만 그루나 어깨를 나란히 하고 있다. 나무가 크고 울창해 빛과 나뭇가지, 나뭇잎이 만드는 녹색과 흙색이 아득할 만큼 깊다.

거제 외도 보타니아

숲이라기보다는 아름다운 정원이다. 배를 타고 비밀의 화원으로 들어서면, 자태를 뽐내는 다양한 꽃들이 가득한 아름다운 정원이 눈앞에 펼쳐진다.

영화 세트장

순천 드라마 촬영장

순천 드라마 촬영장은 〈사랑과 야망〉, 〈에덴의 동쪽〉, 〈자이언트〉, 〈제빵왕 김탁구〉 등의 드라마를 촬영한 곳이다. 마치 1950~1960년대로 시간 여행을 떠난 듯한데 골목 사이사이를 돌아다니며 보는 재미가 있다.

나주 영상 테마파크

이곳은 〈주몽〉, 〈바람의 나라〉, 〈태왕사신기〉, 〈이산〉, 〈전설의 고향〉, 〈쌍화점〉 등을 촬영한 곳이다. 그럴 듯한 멋진 석성과 건물이 늘어서 있어 실제 시간을 이동한 듯한 착각을 일으킨다.

완도 청해 포구 촬영장

〈해신〉, 〈이산〉, 〈주몽〉, 〈천추태후〉, 〈태왕사신기〉, 〈추노〉 등의 드라마 촬영 장소로 유명하다. 여기저기 활짝 핀 꽃도 아름답고, 이국적인 당나라 건축물도 인상적이다.

장흥 선학동

소설 〈선학동 나그네〉와 영화 〈천년학〉의 배경이 된 곳이다. 많은 사람이 선학동을 직접 보고자 방문하지만, 볼거리는 작은 영화 세트장이 전부였다. 하지만 지역 주민들의 노력으로 이제는 봄에는 유채꽃이, 가을에는 메밀꽃이 지천으로 피어난다.

사찰

▶ 순천 송광사 – 우리나라의 3대 사찰

우리나라 3대 사찰이자, 전통 불교의 맥을 잇고 있는 곳이다. 삼보는 불교에서 귀하게 여기는 3가지 보물로 불보, 법보, 승보라고 부르는데, 부처님의 진신사리가 있는 불보 사찰 양산 통도사, 고려 대장경판이 있어 법보 사찰이 된 합천 해인사, 그리고 고려 중기 보조국사 지눌이 타락한 불교를 바로잡아 새로운 전통을 확립하고, 16명의 국사를 배출한 순천 송광사가 바로 승보 사찰이다.

▶ 화순 운주사 – 천불천탑이 만들어 내는 낭만적인 절

우리나라는 정통 사찰도 많고, 작은 사찰도 많다. 그중 화순 운주사는 천불천탑이 자유롭게 수놓인 낭만적인 절이다.

▶ 해남 대흥사 – 넓은 계곡으로 유명한 사찰

대흥사는 아주 큰 사찰이다. 사찰의 건물 하나하나도 크고 선이 곧으며, 석조물도 크기가 크고 웅장하다. 큰 사찰로 유명하기도 하지만, 대흥사가 유명한 이유에는 계곡도 빠질 수 없다. 넓은 계곡을 풍성한 나무들이 에워싸 여름이면 피서객으로 매우 붐빈다.

▶ 보성 대원사 – 아기자기한 모습의 비구니절

스스로 행복해지기를 바라는 염원을 절의 이곳저곳에 담아 둔 아름다운 절이다.

▶ 여수 흥국사 – 이순신과 승병에 대해 알 수 있는 곳

다른 절과 다른 점이 있다면 승병들이 싸웠던 흔적을 볼 수 있다는 것이다. 치열한 조국 수호 정신을 흥국사에서 되짚어 보자.

체험 여행

곡성 레일바이크
섬진강변을 따라 바람을 온몸으로 안아 보자.

구례 국립공원관리공단 종복원기술원
종복원기술원에서는 200m의 산길을 걸으며, 방사한 반달가슴곰 위치 추적 체험, 동면 굴 체험, 올무 체험을 할 수 있다.

나주 천연 염색관
하늘과 쪽빛 염색, 푸른 잔디가 기분 좋은 곳이다. 내부는 화사하고, 깔끔하며, 천연 염색에 대해 아름답게 설명해 주고, 천연 염색에 관련된 상품도 구입할 수 있고, 체험 프로그램도 참여할 수 있다.

신안 소금 박물관 염전 체험
근대 문화유산 제360호이며, 연간 1만 6천 톤, 우리나라 천일염의 6% 정도를 생산한다. 여의도 면적의 2배인 약 460만㎡의 태평 염전에서 직접 소금을 채취해 보자. 염전 체험으로는 이곳이 최고이다.

▶ 무안 무안 갯벌 랜드

넓은 습지에 붉은 칠면초들이 펼쳐진 광경은 바다의 꽃이 핀 듯한 착각을 불러일으킨다. 갯벌 탐방로를 거닐며 갯벌의 아름다운 모습을 감상해 보자. 최신식 갯벌 랜드는 갯벌에 대한 이야기를 재미있게 전달해 준다.

▶ 해남 해남 공룡 박물관

공룡 화석지 하면 아무것도 없고 발자국 하나 찍혀 있는 아쉬운 곳이 너무도 많지만, 이곳은 다르다. 테마 공원으로 조성되어 발자국으로 상상할 수 있는 모든 것이 조형물로 제작되어 공원을 뛰논다, 화석지 내부에 공룡에 대해 설명하는 시설도 흥미를 끌어 재미있게 관람하기에 좋은 곳이다. 꼭 한 번 들러 보자.

▶ 강진 고려청자 도요지

'청자골 강진'이라는 말은 괜한 말이 아니다. 오랜 기간 많은 청자를 빚었으며, 또한 멋진 양질의 청자를 구워 낸 곳이 바로 강진이다. 이곳에서 물레도 돌려 보고, 작품도 만들어 보자.

▶ 장흥 장흥 정남진 천문 과학관

하늘을 볼 수 있는 재밌는 천문 과학관에 최신 시설의 재미있는 설명, 야간 프로그램까지 알찬 곳이다. 맛만 보는 천체 관측과는 다르다. 꼭 한 번 들러 보자.

고흥 나로도 우주센터

고흥은 우주이고, 우주의 중심은 나로도 우주센터이다. 움직이는 설명 기구들이 우주와 우주 기술에 대한 이해를 돕기 위해 소소한 자극을 주는데, 과학 놀이터 같은 느낌이 강하다. 4D 체험과 땅의 진동도 느껴 보자.

광양 광양 제철소

하늘로 치솟는 불기둥과 쇳물도 미리 예약을 하면 견학이 가능하니, 꼭 한 번 찾아가 보자.

거제 조선소 견학

대우조선 해양과 삼성조선소는 미리 예약을 통해 견학이 가능하다. 세계 최강의 조선 기술을 가지고 있는 대한민국의 긍지를 느껴 보자.

▶ 남해 냉천 어촌 체험 마을

조개 양식장에서 하는 흥겨운 갯벌 체험! 조개, 굴 (석화), 고동, 미역, 파래 등을 흥이 나게 주워 담아 보자.

▶ 남해 이순신 영상관

관음포 이충무공 유적은 이순신 장군이 순국한 곳이다. 옆쪽으로는 이순신 영상관이 있는데, 이곳에 먼저 가 보자. 이순신 장군에 대한 흥미진진한 내용들이 쏟아진다.

▶ 영암 코리아 인터내셔널 서킷

2010년부터 2016년까지 7년간 이곳에서 자동차 경기 대회 '코리아 그랑프리'가 열린다. 순간 최대 시속 320km의 경쾌함과 시원함을 관람할 수 있다.

차 여행

▶ 무안 초의선사 유적지

초의선사는 조선을 대표하는 대선사로서, 한국의 차 문화를 중흥시킨 분이다. 그래서 이곳을 '다도의 성지'라고 한다. 초의선사 탄생지에서 녹차의 향에 빠져 보자.

▶ 강진 설녹차

조용해서 더 싱그러운 초록 바다, 강진 다원도 빼놓을 수 없는 관광 명소이다.
녹차의 쌉싸름한 향이 눈으로 느껴지는 듯하고, 능선을 타고 작은 산맥이 흐르는 듯한 착각을 일으킨다. 또한 차 밭 중간중간 심어진 바람개비 모양의 프로펠러가 돌아가는 모습이 이색적이다.

▶ 보성 대한다원

드라마 〈여름 향기〉에서 손예진과 송승헌이 만났던 곳으로, 아름다운 풍경으로 유명세를 타기 시작해 지금은 모르는 사람이 없다 해도 과언이 아닐 만큼 우리나라 녹차의 대표 아이콘으로 자리 잡았다.

문학 여행

보성 태백산맥 문학관

소설 《태백산맥》의 배경이 된 벌교는 문학 기행 1
번지가 되었고, 태백산맥 문학관에는 소설을 위한
준비 과정과 집필 내용, 탈고, 출간 이후 작가의 삶
을 엄청난 양의 원고지와 사진, 해설로 보여 준다.
밖으로는 소설 무대를 꾸며 놓았다.

남해 유배 문학관

"어명이요!"라는 말과 함께 다그닥 다그닥 말이 뛰
고 눈앞에 어명을 받는 이의 모습이 영상으로 펼쳐
진다. 남해 유배 문학관은 아이와 함께 꼭 들러 보
기를 권한다. 유배 문학에 대해 알게 되는 소중한
시간이 될 것이다.

드라이브

영광 백수 해안 도로

영광 백수 해안 도로를 굽이굽이 따라가 보자. 한국의 아름다운 길 9위에 꼽히기도 한 백수 해안 도로는 낭만에 취할 수 있도록 잘 꾸며진 길이다. 멋진 풍경은 기본이고, 풍경을 담기에 충분한 전망대, 언제고 쉬어 갈 만한 조용한 해수욕장, 아름다운 노을을 담아 놓은 노을 전시관, 붉은 노을을 충분히 느낄 수 있는 편안한 레스토랑, 영화 〈마파도〉 촬영장, 몸의 피로를 풀 수 있는 전통 해수찜과 워터파크 형태의 해수찜, 갯벌 체험, 천일 염전, 숙소까지 백수 해안 도로로 쭉 늘어서 있다. 그냥 지나가면 20분 정도면 지나칠 수 있지만, 천천히 길가에 늘어서 있는 매력적인 요소들을 모두 다 찾아본다면, 하루를 부지런히 돌아봐야 할 것이다.

고흥 고흥만 방조제

7km의 아기자기한 벚꽃 길을 지나 시원하게 탁 트인 바다로 향하는 길이 하늘에 닿을 듯하여 드라이브 코스로 인기가 좋다.

남해 물미 해안 도로

물건 방조 어부림에서 미조항까지를 잇는, 바다를 낀 시원한 도로는 한려해상을 끼고 도는 드라이브 코스다. 멋진 추억이 될 것이다.

남해 남면 해안 도로(지방도 1024호선)

남해 버스 터미널에서 가천 다랭이 마을까지 이어진 도로인데, 멋진 해안과 남해 곳곳의 모습을 보면서 달릴 수 있다.

통영

산양 관광 도로 원문 검문소에서 통영대교를 거쳐 산양 관광 도로에서 해안선을 따라 달릴 수 있는데, 그냥 지나치기에는 아까운 멋진 풍광이 연출된다.

전남 · 남해안은 넓은 면적만큼 다양한 볼거리가 숨어 있는 지역!

전남 · 남해안을 가장 잘 보고, 느끼고, 체험할 수 있는 대표적인 명소를

25개의 도시별로 상세하고 친절하게 소개한다.

전남 · 남해안에서 꼭 가 봐야 할 곳, 가 봤어도 잘 몰랐던 곳,

새롭게 떠오르는 명소까지 구석구석 살펴보고

지역별 교통과 맛집, 숙소 정보까지 꼼꼼히 챙겨 보자!

지역
여행

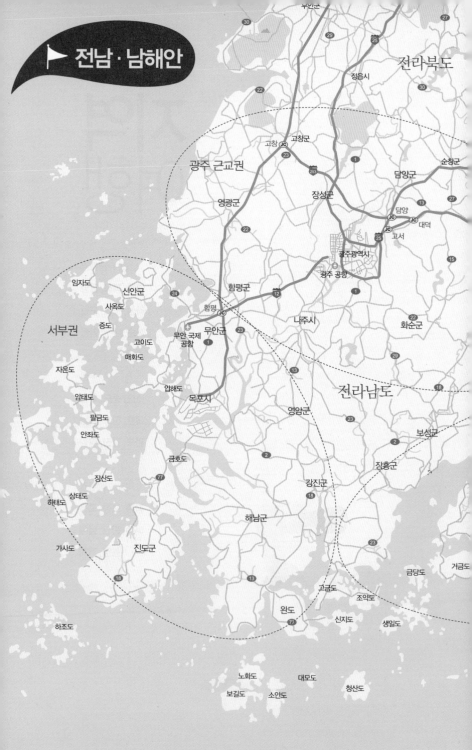

전남·남해안

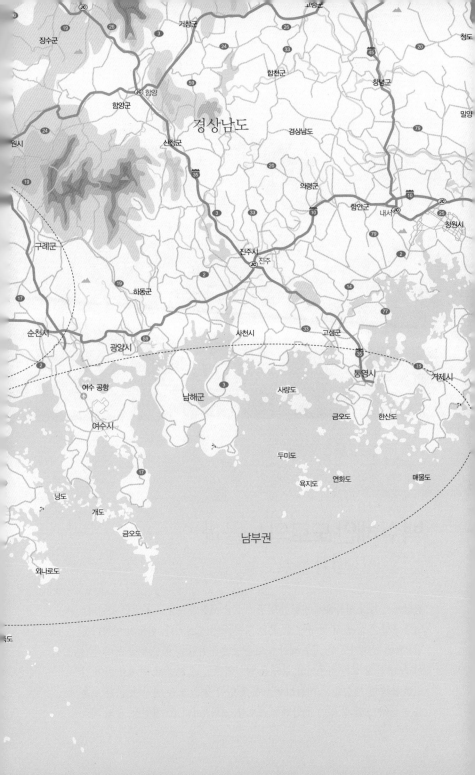

영광

백수 해안 도로의 노을과
짭짤한 굴비

전남에서 가장 서북쪽에 자리한 영광은 호남 제일의 포구로 불리던 곳이다.
영광에서 가장 먼저 찾아야 할 곳은 백수 해안 도로이다. 한국의 아름다운
길 9위에 꼽히기도 한 백수 해안 도로는 낭만에 취할 수 있도록 잘 꾸며진 길
이다. 멋진 풍경은 기본이고, 풍경을 담기에 충분한 전망대, 언제고 쉬어 갈
만한 조용한 해수욕장, 아름다운 노을을 담아 놓은 노을 전시관, 붉은 노을
을 충분히 느낄 수 있는 편안한 레스토랑, 영화 〈마파도〉 촬영장, 몸의 피로

를 풀 수 있는 전통 해수찜과 워터 파크 형태의 해수찜, 갯벌 체험, 천일 염전, 멋진 숙소까지. 이 모두가 백수 해안 도로에 쭉 늘어서 있다.

다음은 영광 법성항이다. 이곳은 굴비 거리라 불리는 곳으로, 굴비 상점과 음식점이 저마다 굴비를 내걸고 오밀조밀하게 모여 있다. 예부터 법성포 굴비는 유명했는데 현재는 불을 지펴 굴비를 만들던 전통 형태를 유지하지는 않지만, 다른 곳에서는 찾아보기 힘든 보리굴비를 맛볼 수 있다. 근처에 있는 백제 최초의 불교 도래지와 숲쟁이 꽃동산은 휴식의 공간으로 좋다.

마지막으로 불갑사로 이동하자. 스님과 대화도 하고, 템플 스테이도 할 수 있다.

1. 대중교통

대중교통으로 영광까지 이동하려면 항공과 철도 모두 광주를 거쳐야 한다. 고속버스를 통해서는 영광으로 바로 갈 수 있다. 영광의 멋진 해안 도로를 제대로 즐기기 위해서는 대중교통을 어느 정도 이용한 후, 차를 렌트하는 것도 좋은 방법이다.

✈ 항공

광주까지 아시아나 항공이 3회 운항, 소요 시간은 약 50분이다.

요금 김포 – 광주: 정상 운임, 성수기, 비수기에 따라 6~9만 원, 할인 운임 3~5만 원선

🚆 철도

KTX, 무궁화호, 새마을호가 있다. 광주 중심부로 향하는 광주역, 공항과 인접해 있는 광주 송정역으로 운행한다. 소요 시간은 KTX 약 3시간, 무궁화호 약 4시간 50분, 새마을호 약 4시간이다.

요금 서울(용산) – 광주: 새마을호 34,300원, 무궁화호 23,000원(일반실 기준)

　　　서울(용산) – 광주(송정): KTX 46,800원, 새마을호 33,100원, 무궁화호 22,300원(일반실 기준)

🚌 항공과 철도를 잇는 시외버스

광주(직통) – 영광 배차 간격 20~40분, 소요 시간 1시간 30분, 요금 5,300원

🚌 고속버스

서울에서 영광까지 직행으로 운행하는 버스는 07:00부터 22:00까지 1일 17회 있다. 소요 시간은 약 3시간 30분이다.

문의 센트럴시티 터미널(02-6282-0114)

요금 서울 – 영광 : 우등 25,900원, 일반 17,500원

영광 고속버스 터미널

위치: 전남 영광군 영광읍 신하리 10-1

전화: 061-353-3360

2. 승용차

서울 – 서해안 고속도로 – 영광 IC – 영광(총 거리 293km, 소요 시간 약 3시간 30분)

경부 고속 도로 – 천안 논산 고속도로 – 서해안 고속도로 – 영광(총거리 292km, 약 4시간 20분 소요)

3. 버스 투어(영광–함평, 매주 토요일 1회 운행)

남도 함바퀴 : 유스퀘어(09:50) – 광주 송정역(10:15) – 영광 백수 해안도로 – 법성포 굴비 – 백제 불교 최초 도래지 – 함평 상해 임시 정부 청사 – 양서, 파충류 전시관 – 자연 생태 공원 – 광주 아시아 문화 전당 – 광주 송정역(19:00) – 유스퀘어(19:30)

홈페이지 citytour.jeonnam.go.kr

요금 9,900원

가마미 해수욕장(계마항)

Fun point

1. 여느 곳처럼 크거나 화려하지 않아
   운치 있는 회 타운
2. 여름 축제 기간의 해변 축제와 해수욕
3. 소나무 숲
4. 가마미 아쿠아 월드

조용하고 호젓한 바다

본격적으로 여행을 시작하기 전 잠시 들러 가기에 좋은 조용하고 한적한 바다이다. IC를 나와 영광으로 들어가는 길목에 있으며, 이곳을 한 바퀴돌고 법성항 쪽으로 돌아 백수 해안 도로로 지나갈 수 있다. 이곳에서 조금만 이동하면 계마항에서 회를 즐길 수 있는데, 바다를 향해 쭉 뻗은 등대와 한적하게 떠 있는 배들이 운치를 더한다.

하지만 여름에는 매우 시끌벅적해진다. 호남 3대 피서 지역으로 꼽히는 해수욕장이기 때문이다. 소나무 숲이 해변을 감싸고, 샤워장 등의 시설이 완비되어 있으며, 해수욕장 개장 기간에는 해변 축제도 열린다. 몽골 텐트와 사각 정자를 빌릴 수 있고, 사이트를 빌려 개인용 텐트를 이용할 수 있다. 또한 아쿠아 월드가 있어 찾는 이가 더욱 많다.

주소 전남 영광군 홍농읍 계마리 799-1 전화 061-356-1020 요금 입장료 무료 / 몽콜 텐트 2만 6천 원 / 사각 정자 3만 1천 원 / 샤워실 대인 2천 원, 소인 1천 원 / 가마미 아쿠아 월드 대인 9천 원, 소인 7천 원, 가마미 아쿠아 월드 슬라이드 5회 3천 원 버스 영광 고속버스 터미널 – 가마미 해수욕장행 군내 버스 이용(15분 간격, 20분 소요)

백수 해안 도로

꽉 찬 여행 거리가 있는, 드라이브의 명소

한국의 아름다운 길 100군데 중 9번째로 꼽히는 이곳은 17km에 이르는 드라이브 코스이다. 뻥 뚫린 길을 시원하게 내달리는 코스가 아니라, 다양한 볼거리가 있어 지루하지 않게 달릴 수 있는 곳이다. 해안과 섬 그리고 노을이 있고, 쉴 곳이 충분하다. 전망대, 노을 전시관, 노을 레스토랑, 영화 〈마파도〉 촬영지, 해수랜드, 석구미 해수찜, 두우리 갯벌, 두우리 염전까지 쭉 늘어서 다양한 볼거리와 즐길거리를 제공한다.

주소 전남 영광군 백수읍 백암리 229 전화 061-350-5600 버스 영광 고속버스 터미널 – 대신리(9회 운행, 40분 소요)

백수 해안 도로 즐기기

❶ 전망대

백수 해안 도로를 달리다 보면 차를 세워 두고 전망을 내려다보고 싶은 생각이 든다. 그래서 데크와 전망대가 마련되어 있다. 데크를 따라 걷다 보면 바다 위에 홀연히 서 있는 느낌이 든다. 시원한 바람을 맞으면서 산책하는 기분이 남다르다.

주소 전남 영광군 백수읍 백암리

❷ 노을 전시관

전시관 안에는 세계의 멋진 노을 사진과 이곳 바다의 노을 사진이 전시되어 있고, 아기자기한 조형물들이 전시관의 재미를 더한다. 앉아서 쉴 수 있는 휴게 공간과 멀리까지 볼 수 있는 망원경 등이 준비되어 있으며, 노을에 자신의 얼굴을 합성해 볼 수도 있다.

주소 전남 영광군 백수읍 대신리 764 전화 061-350-5600 시간 오전 10시~일몰 후 30분까지 요금 라이더 영상 관람 2,000원, 노을 기념 사진 촬영 1,000원

❸ 영광 해수 온천 랜드

역사와 전통이 있는 옛날 방식 그대로 해수찜을 할 수 있는 석구미 해수찜이 있고, 편리하면서도 전통을 살린 함평군 신흥 해수찜이 있다. 영광 해수 랜드는 5천여㎡ 규모에 1,300여 명을 수용할 수 있는 해수탕과 히노키탕, 유아탕, 사우나, 해수 노천탕 등이 마련되어 있다. 경관 좋은 곳에 위치해 바다를 내려다보며 즐기는 노천탕도 좋다. (2017년 3월 31일부터 임시 휴장, 사업자 재선정 후 개장)

주소 전남 영광군 백수읍 대신리 796 전화 061-353-9988 요금 개인 6,000원, 단체(20인 이상) 5,000원, 영광 군민 4,000원

❹ 동백 마을(영화 〈마파도〉 촬영지)

노을 레스토랑 옆 조그마한 길을 따라 쉐이리 펜션이 먼저 보이고,
왼편으로 올라가면 그곳에 〈마파도〉 촬영장이 있다. 관리가 따로
되고 있지는 않지만, 잠시 부담 없이 들러 보자. 영화 〈마파도〉에
서 전혀 다른 상황에 처한 두 인물인 이정진과 이문식이 지붕을 고
치다가 노을을 보며 멍해져 한 곳을 보게 된 곳이 바로 이곳이다.

주소 전남 영광군 백수읍 백수 해안 도로 부근 동백 마을
전화 061-350-5752

❺ 두우리 염전

백수 해안 도로의 끝자락 두우리 갯벌까지 가는 길에 염전이 즐비
하다.

장수 염전 전남 영광군 염산면 두우리 187-16
당두 마을 전남 영광군 염산면 두우리
영백 염전 오가닉 소금 전남 영광군 염산면 두우리 1117
영광군 염전 전남 영광군 염산면 송암리 475

법성항

▶ 다른 지역에서는 맛보기 힘든 진짜 굴비의 맛

법성항의 '법'은 불법을, '성'은 성인인 마라난타를 가리키는 것으로 백제 시대 인도승 마라난타가 중국을 거쳐 백제에 불교를 전파하기 시작한 곳이라는 뜻이다. 이곳이 흥하기 시작한 것은 고려 시대부터 조창을 설치하여 전남 12개 군의 세곡을 받아 저장하면서다. 전라도 2대 조창 중의 하나로, 세곡의 규모가 큰 만큼 이곳의 원님은 정삼품 이상으로 영전하는 이가 많았다. 따라서 영광의 원님으로 왔다는 것은 출세가 보장된 좋은 것이었다. 하지만 조창 제도가 폐지되고 항으로서의 역할만 남게 되면서 이곳도 쇠퇴하게 되었다. 또한 법성항에 퇴적물이 쌓이면서 항구의 역할을 할 수 없게 되자 매립하였다.

지금 법성항을 찾으면, 흥하던 과거의 법성항의 모습은 없지만 굴비 타운에 즐비하게 늘어선 음식점을 볼 수 있으며, 굴비 판매장에서 굴비 본고장다운 맛을 볼 수 있다.

조기는 산란을 위해 서해안에서 중국으로 이동하는데, 칠산 바다 앞을 지날 때 살이 오르고 알도 꽉 찬다. 또한 좋은 소금이 풍부해 다른 곳에서는 소금물을 이용하지만, 이곳에서는 소금으로 바로 간을 한다. 뿐만 아니라 조기를 숯불로 건조하여 다른 지역에서 바람으로 건조하면서 더하지 못한 맛을 더했다.

지금은 마른 굴비는 따로 주문을 해야 맛볼 수 있고, 염장 후 물기만 뺀 상태에서 급랭하는 반건조 조기가 판매되지만, 영광 법성포 굴비는 전국적으로 팔리고 있는 데다 규모도 크다. 기왕이면 마른 보리굴비를 맛보는 것이 영광 굴비를 제대로 맛보는 것이다.

주소 전남 영광군 법성면 법성리 전화 영광군청 061-353-3701 버스 영광 고속버스 터미널 – 법성항(30분 소요)

TRAVEL TIP

영광의 맛

3월 중순 칠산 바다 앞에서 잡아들인 가장 좋은 조기를 가지고 타 지역과는 다른 건조 방법으로 맛을 들인다. 타 지역은 소금물에 조기를 담갔다가 말리는 데 반해, 영광 굴비는 참조기를 잡아 손질 후, 2~3년 간 수를 뺀 소금을 아가미에 넣고 몸 전체에 소금을 뿌려 사흘쯤 재운다. 소금기가 퍼지면 원형 건조대를 만들어 건조장 바닥에 구덩이를 파고 숯불을 피워 40~50일 동안 말린다. 이것이 진정한 영광 굴비 요가재비다.

백제 불교 문화 최초 도래지

▶ 법성포를 통해 불교가 전파된 것을 기념하는 간다라 공원

간다라에 관한 정보와 미술품으로 꾸며 놓은 공원이다. 백제 시대 인도승 마라난타가 중국을 거쳐 백제에 불교를 전파하기 시작한 곳이다. 이를 기념하기 위해 백제 불교 최초 도래지를 건립했다. 백제 불교에 대한 이해와 간다라 지역의 불교 미술을 감상할 수 있고, 탁 트인 야외 벤치에 앉아 경치를 감상하기에도 좋다. 언덕진 지형을 이용해 연못 위로 단을 쌓고, 부용루를 얹고, 부용루 위쪽으로 사면대 불상을 세워 불상이 내려다보게 되어 있다. 부용루  벽면에는 간다라 양식으로 탄생에서 고행까지의 과정을 조각해 놓았다. 오른쪽에 보이는 전시관에는 백제 불교에 대한 설명과 진품 유물들이 전시되어 있으며, 탑원에는 간다라 지역 탁트히바이 사원의 탑원이 재현되어 있다. 그 옆쪽으로는 숲쟁이 꽃동산이 있는데, 느티나무 사이로 걷고 쉴 수 있게 조성해 놓았다.

주소 전남 영광군 법성면 진내리 좌우두 일원   전화 061-350-5999   버스 영광 고속버스 터미널 – 법성(30분 소요)

> **Fun point**
> 1. 간다라 미술 감상
> 2. 9월이라면 상사화를 놓치지 말자.

불갑사

▶ 우리나라 불교의 효시가 되는 절

불갑사는 백제 시대에 불교를 처음 전래한 인도 마라난타 존자 스님이 법성포로 들어와 제일 처음 지은 절이다. 일주문을 지나면 부도군이 나타나고, 계속 걸으면 금강문을 지나 사천왕문이 나타난다. 사천왕문을 지나 절 안으로 들어서면 대웅전, 칠성각, 팔상전, 명부전, 만세루, 범종루가 있고, 이곳에서 템플 스테이를 할 수 있다. 특히 이곳은 템플 스테이에 대한 만족도가 다른 곳보다 높다.

사찰을 즐겼다면 불갑 수변 공원에서 산책도 즐겨 보자. 불갑사 일주문에서부터 불갑사 저수지까지의 숲길이 3km 정도 이어진다. 불갑사 들어가는 길에는 불갑산 호랑이가 모형으로 제작되어 있으며, 지나가면 '어흥' 하는 소리가 나서 색다른 재미가 있다. 봄에는 벚꽃, 여름에는 백일홍, 가을에는 상사화가 피는 아름다운 절이다.

주소 영광군 불갑면 모악리 8   전화 061-353-8258   홈페이지 www.bulgapsa.org   버스 영광 고속버스 터미널-불갑사(9회 운행, 30분 소요)

불갑사 즐기기

불갑 공원은 근래에 조성된 공원으로, 단체 관광객이 버스에서 내려 식사를 할 만큼 넓고, 풍경도 좋다. 호젓하게 걸을 수 있는 트레킹 코스도 마련되어 있다. 남한 지역에서 유일하게 잡혀 박제된 호랑이가 바로 이곳 불갑산에서 잡혔다고 한다. 그런 이유로 관광객에게 볼거리를 제공하기 위해 소리 나는 호랑이 모형을 설치했다.

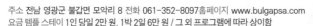

불갑사 템플 스테이는 혼자서 여행하는 여행자라면 한 번쯤 꼭 해 볼 것을 추천한다. 산사 체험이 주는 사색의 시간도 행복하지만, 스님께 지혜도 구할 수 있다.

체험 프로그램을 하기에도, 혼자만의 휴식을 위한 공간이 필요할 때도 좋다. 휴식형과 체험형이 있는데, 체험형을 선택한다면 주말 체험형이 만족도가 높을 것이다. 단위 여행객들이 할 수 있는 프로그램으로, 특별형이나 단체형도 준비되어 있다. 템플 스테이를 위한 프로그램이 잘 진행되는 곳 중 하나이니 경험해 보자.

주소 전남 영광군 불갑면 모악리 8 전화 061-352-8097 홈페이지 www.bulgapsa.com
요금 템플 스테이 1인 당일 2만 원, 1박 2일 6만 원 / 그 외 프로그램에 따라 상이함

❶ 일주문

일주문은 절 입구에서 제일 먼저 통과하게 되는 문이다. 일직선으로 선 두 기둥 위에 지붕을 얹어, 일심(一心)을 형상화했다고 하는데, 이는 부처에게 가까이 가기 위해서 일심으로 마음을 통일하여 깨달음을 구하길 바라는 표현이다.

❷ 천왕문

천왕문에 들어서면 사천왕을 볼 수 있다. 이들은 각 방향에서 오는 악귀를 막아 준다. 각각 동서남북 네 방향을 담당하는데, 동방 지국천왕, 남방 증장천왕, 서방 광목천왕, 북방 다문천왕을 합쳐 '사천왕'이라고 부른다.

먼저, 동방 지국천왕은 기쁨을 관장한다. 그래서 음악을 연주하고, 술과 고기를 먹지 않고 향기만 먹는다. 몸의 색은 동쪽을 상징하는 파란색을 띠며, 칼을 들고 있다. 남방 증장천왕은 사람의 감정을 주관하며, 빨간색을 띠고, 손에는 용과 여의주를 들고 있다. 서방 광목천왕은 노여움을 주관한다. 흰색을 띠고, 삼지창과 탑을 들고 있다. 북방 다문천왕은 즐거움을 주관하고, 검은색을 띠며, 비파를 들고 있다.

❸ 대웅전

대웅전을 한눈에 볼 수 있게 조금 떨어져 기둥과 기둥 사이의 칸이 몇 개인지 세어 보자. 불갑사의 대웅전은 정면에서 보면 3칸이 보이며, 측면도 3칸이다. 또한 팔작 지붕은 정면에서 봤을 때, 양쪽으로 떨어지는 지붕 모습이 한 번 꺾여 있는 것이 특징으로, 우리나라 지붕 중에 가장 많이 쓰이는 제일 화려한 지붕 양식이다. 기둥은 배흘림기둥으로, 중간 부분이 불룩하다. 또한 다포 양식으로 지어졌는데, 주두와 기둥 사이에 두공을 두어 외관이 복잡하고 번화하다. 불갑사의 대웅전은 조선 후기 목조 불전의 특성인 팔작 지붕, 배흘림 양식, 다포 양식을 모두 가지고 있다. 대표 양식이니만큼 조선 시대에 지어진 다른 절에서도 똑같은 양식을 볼 수 있다.

안쪽에는 세 분의 불상이 있다. 가운데에 있는 분이 석가모니불이다. 왼쪽과 오른쪽에 계시는 분들은 협시 보살이다. 보통 석가모니불의 좌우는 문수나 보현 보살을 세우는 것이 보편적이지만, 부처의 자비를 상징하는 미륵관음 보살이나 지장관음 보살을 세우기도 한다. 이곳에는 미륵관음 보살과 지장관음 보살이 있다. 불상 위쪽으로는 머리를 덮는 장식이 있다. '닫집'이라고 하는데, 궁과 불가에서만 쓸 수 있는 장식으로 집안에 마련한 집 모양인데, 이곳의 닫집이 화려하고 정교하다.

❹ 칠성각

칠성각은 북두칠성을 신격화해서 예배의 대상으로 삼는 곳이다. 불교에서의 그림을 탱화라고 하는데, 이곳에는 칠성을 그린 〈칠성탱〉, 독성을 그린 〈독성탱〉, 산신을 그린 〈산신탱〉이 있다. 독성은 스승 없이 혼자 깨달음을 얻은 성자이고, 산신은 흰 수염을 휘날리며 깃털과 불로초를 들고 무병장수를 기원해 주는 분이다. 이 세 분은 다른 나라 불교에는 없는, 우리나라 불교가 토착 신앙을 받아들이면서 생긴 분들이다. 칠성각 앞에 있는 굴뚝을 보는 재미도 놓치지 말자.

❺ 팔상전

부처의 일생을 8폭의 그림으로 나타낸 그림인 〈팔상도〉를 모신 사찰 전각이다. 그림의 내용을 보면, 먼저 탄생을 위해 도솔천을 떠나 흰 코끼리를 타고 카밀라 왕궁으로 간다. 두 번째 그림은 카밀라국의 왕비가 룸비니 동산에서 옆구리로 아이를 출산하는 장면이다. 세 번째 그림은 두 번째 그림에서 출생한 카밀라국의 태자가 궁전 밖의 고통 어린 삶을 보고 출가를 결심하는 장면이다. 네 번째 그림은 출가를 결심한 태자가 수행을 하기 위해 궁을 빠져나가는 장면을 묘사하고, 다섯 번째 그림은 출가한 태자가 설산에 들어가 먹고 자는 것을 잊고 6년간 고행하는 모습이다. 여섯 번째 그림은 보리수 아래서 9가지 유혹과 위협을 물리치고 참 진리를 깨닫는 순간을 표현한다. 마왕이 항복하는 장면이 그려져 있다. 일곱 번째는 처음으로 설법을 하는 모습이다. 마지막 여덟 번째는 수많은 사람에게 법을 전한 후 열반하는 모습이다.

❻ 명부전

'명부'라는 말은 염라왕이 다스리는 곳, 즉 저승 세계이다. 그래서 명부전은 죽은 이들이 극락왕생하도록 기원하는 곳이다.

❼ 만세루

교육을 위한 강당으로, 낮은 1층이 있다. 보통은 이곳을 높여 이동 통로로 이용하는데, 이곳은 낮은 것이 특징이다.

❽ 범종루

절의 일반 건물과 다르게 기둥과 지붕으로 이루어져 사방이 뚫려 있는 건물이 있다. 안을 살펴보면 범종이라고도 부르는 것이 매달려 있다. 범종루를 들여다보면 북과 종이 있다. 원래는 사물이라고 하여 북·물고기·종·구름이 매달려 있지만, 보통 종만 있거나 종과 북만 있는 경우가 많다.

❾ 사물

물고기 모양 나무(목어), 구름 모양 금속판(운판), 북(법고), 종(범종) 등 4가지를 '사물'이라고 한다. 사물을 두드릴 때 나는 소리를 듣는 순간, 번뇌로부터 벗어날 수 있다고 믿기 때문에 지옥의 고통으로부터 구원하기 위해 사물로 형상화해 놓은 것이다.

범종은 우리와 같은 중생, 법고는 소의 가죽으로 만들어 가축이나 들짐승, 운판은 구름 모양으로 새나 하늘에 있는 영혼을 구원한다. 마지막으로 용의 머리를 한 목어는 수중 생물을 구원하기 위해 소리를 내는 것이다.

목어와 목탁

옛날 어떤 스님이 가르침을 어겨서 죽은 후에 물고기가 되었는데, 죄가 커서 등에 큰 나무까지 자라게 되었다. 그러던 어느 날 물고기의 스승이 배를 타고 바다를 지나고 있을 때, 물고기가 자신의 죄를 진심으로 참회하여, 스승이 물고기 몸에서 벗어나게 해 주었다. 그 후 스님들을 경책하기 위해 물고기 등에 있던 나무로 물고기 모양의 목어를 만들었다고 한다.

또한 목탁은 물고기의 모양을 단순화한 둥근 모양을 하고 있는데, 물고기가 밤낮 눈을 감지 않는 것을 보면서 수행자가 졸거나 자지 않고 늘 깨어서 꾸준히 수도에 정진하라는 뜻이 담겨 있다.

법성포 굴비 정식집

우리가 흔히 아는 영광굴비 중에서도 법성포 굴비는 단연 으뜸이라고 평가받는 지역 특산물이다. 굴비 정식을 제공하는 식당 중에서도 법성포 굴비 정식집은 몇 손가락 안에 꼽히는 집이다. 음식 맛이 좋고 인테리어에도 신경 쓴 흔적을 엿볼 수 있다.

주소 전남 영광군 법성면 법성리 1211 전화 061-356-7575 요금 2인 7만 원, 4인 코스 10만 원

다랑가지

굴비뿐만 아니라 간장게장 또한 영광의 대표 음식으로 손꼽을 수 있다. 굴비 정식만 취급하던 과거와는 달리, 요즘에는 굴비와 간장게장을 함께 상차림하는 것이 일반적이다. 다랑가지는 간장게장이 맛있기로 유명하다. 상황버섯 추출액을 넣은 간장으로 담근 이 집의 간장게장은 전라남도 인증특산물로 지정되었다.

주소 전남 영광군 법성면 진내리 482-3 전화 061-356-5588 요금 2인 6만 원, 3인 8만 원, 4인 10만 원, 5인 12만 원

해촌식당

덕자찜은 덕자라는 병어류의 생선을 넣은 찜 요리이다. 덕자는 크기가 크고, 살이 부드럽고 담백해서 인기가 많다. 6월에서 9월, 일정 기간에만 맛볼 수 있기 때문에 영광에서는 귀한 대접을 받는다. 해촌식당은 허름하지만, 이곳 사장님이 영광에서 손맛이 자자하여 사람들의 발길이 끊이지 않는 곳이다.

주소 전남 영광군 영광읍 단주리 628-6 전화 061-353-8897 요금 덕자찜 6~8만 원(덕자 시가에 따라 가격이 다를 수 있음), 마른 굴비 녹차 얼음 밥 1인 1만 5천 원, 덮밥 6천 원, 생선 매운탕 (중) 4만 원, (대) 4만 5천 원

TRAVEL TIP

영광 모싯잎 송편

모싯잎 송편은 영광의 9품 중의 하나로, 영광 지역의 추석 송편이다. 일반 송편과 다른 점은 크게 세 가지이다. 첫 번째로 이름에서 알 수 있듯이 모싯잎 즙으로 반죽을 한다. 두 번째로 크기가 일반 송편의 2~3배로 다소 큰 편이다. 세 번째로 녹두로 소를 넣는다는 점이다. 웰빙 열풍을 타고, 모싯잎 송편을 만드는 업체가 늘고 규모가 매우 커졌다. 맛이 평준화되어 있어 어디서든 먹어도 좋고, 택배를 이용해서 구매하는 것도 좋은 방법이다.

요금 25개 기준 1만 원

홈페이지 http://www.yeonggwang.go.kr/subpage/?site=headquarter&mn=1318

쉐이리 펜션

해안 전망대를 지나 카페 노을 사이길로 들어가면 영화 〈마파도〉 세트장 가는 길이다. 〈마파도〉 세트장 바로 앞이 쉐이리 펜션이다. 드라마 〈꽃보다 남자〉의 세트를 제작한 팀에서 인테리어를 했다. 동화 마을 같은 외장과 오리엔탈 느낌의 실내 분위기가 인상적이다. 백수 해안 도로에 위치해 객실에서 바라보는 풍경이 멋지고, 앞쪽 갯벌에서 시간을 보낼 수 있는 장점이 있다.

주소 전남 영광군 백수읍 백암리 236-1 전화 061-353-8128~9, 010-2017-7500
요금 18만~35만 원(성수기 기준) 홈페이지 www.chezleepension.co.kr

마리나베이 펜션

마리나베이는 2011년 3월에 문을 열어 깨끗한 새 건물이며, 시설이 편리하게 되어 있다. 바비큐장, 편의점이 있으며, 조개잡이에 유용한 호미를 무료로 대여해 준다. 또한 영광 해수 온천 30% 할인 티켓도 제공한다.

주소 전남 영광군 백수읍 백암리 592-4 전화 061-351-8884 요금 15만~30만 원
(성수기 기준) 홈페이지 www.marinabay.co.kr

불갑사 템플 스테이

불갑사 템플 스테이는 혼자서 여행하는 여행자라면 한 번쯤 꼭 들러도 좋은 곳이라 추천한다. 산사 체험이 주는 사색의 시간도 행복하지만, 스님께 지혜도 구할 수 있다. 혼자만의 휴식을 위한 공간이 필요할 때 찾아도 좋다. 휴식형과 체험형이 있는데, 체험형을 선택하는 이라면 주말 체험형의 만족도가 높을 것이다. 단위 여행객들이 할 수 있는 프로그램으로 특별형이나 단체형도 준비되어 있다. 템플 스테이를 위한 프로그램이 잘 진행되는 곳 중 하나이니, 경험해 보자.
불갑사 오토 캠핑장은 샤워 시설과 개수대, 전기 시설, 화로대 등이 설치는 되어 있으나, 활성화된 오토 캠핑장이 아니라 좀 아쉽다.

주소 전남 영광군 불갑면 모악리 8 전화 061-352-8097 요금 1인 당일 2만 원, 1박 2일 6만 원 / 그 외 프로그램에 따라 상이함 홈페이지 bulgapsa.templestay.com

장성

장성호의 시원한 물줄기와
고즈넉한 백양사

장성군은 전남 22개 시·군 중 가장 북쪽에 자리하고 있다. 북쪽으로 백암
산·입암산·방장산을 거느리고, 동쪽은 불태산, 서쪽은 축령산 등이 둥지
를 틀고 있다. 한가운데에는 영산강의 제일천(第一川)인 황룡강이 흐른다.
백양사는 백제 무왕 때 창건된 고찰로, 우리나라 5대 총림 중 하나이다. 또한
우리에게는 가을에 꼭 가 봐야 할 단풍 명소이기도 하다. 장성호 유원지에는
장성호 주변을 둘러 수변 데크가 마련되어 있고, 해양 스포츠를 즐길 수 있

는 장성호 수상 스키장이 함께 자리하고 있다.

홍길동 테마 파크는 홍길동의 생가와 활빈당의 근거지를 재현하였으며, 홍길동 전시관에서는 홍길동이 실존 인물이라는 사실을 뒷받침하는 자료가 가득하다. 필암 서원은 김인후를 추모하기 위해 지은 사당으로, 선비들이 모여 학문을 닦고 제사를 지내던 곳이다.

축령산 자연 휴양림에는 편백나무와 삼나무가 빼곡하게 자라고 있는데, 나무들이 내뿜는 촉촉하고 시원한 에너지를 온몸으로 느낄 수 있다. 금곡 영화 마을은 완도나 순천의 영화 세트장처럼 크고 화려하지는 않지만, 마을 길을 따라 소박하게 세트장을 차례로 둘러볼 수 있다.

🚗 교통

1. 대중교통

장성까지 직행으로 운행하는 버스가 많지는 않으나, 철도가 백양사를 비롯하여 장성군까지 운행하고 있으므로 방문하고자 하는 관광지에 따라 가까운 역을 이용하면 손쉽게 장성을 관광할 수 있다. 또한 장성은 광주와 가까워 광주까지 이동 후 대중교통을 이용하는 방법도 고려해 볼 만하다. 항공이 광주까지 운행하고, KTX를 포함한 다양한 열차가 광주를 오가고 있다. 광주에서 장성으로 가는 시외버스는 수시로 운행하고 있으며, 백양사를 종점으로 운행하는 버스가 많으니 이를 참고하여 교통편을 계획하자.

🔹 항공

광주까지 아시아나 항공이 3회 운항, 소요 시간은 약 50분이다.

요금 김포 – 광주: 정상 운임, 성수기, 비수기에 따라 6~9만 원, 할인 운임 3~5만 원선

🔹 철도

KTX, 무궁화호, 새마을호가 있다. 소요 시간은 KTX 약 3시간, 무궁화호 약 4시간 반, 새마을호 약 4시간이다.

요금 서울(용산) – 광주: 새마을호 34,300원, 무궁화호 23,000원(일반실 기준)
　　　서울(용산) – 광주(송정): KTX 46,800원, 새마을호 33,100원, 무궁화호 22,300원(일반실 기준)

🔹 항공과 철도를 잇는 시외버스

광주-장성 배차 간격 10~20분, 소요 시간 30분, 요금 1,700원

문의 광신 고속(062-574-3103, 061-392-2720) / 광주 금호 터미널(062-360-8114)
홈페이지 www.usquare.co.kr

🔹 고속버스

서울에서 직행은 없고, 함평, 장흥, 삼호 중 한 곳을 경유해서 들어가는 노선이다. 1일 5회, 소요 시간은 3시간 15분이다.

문의 장성 터미널(061-393-2660), 금호 고속(062-360-8714), 센트럴시티 터미널(02-6282-0114)
요금 서울 – 장성: 일반 16,500원

장성 공용버스 터미널
위치: 전남 장성군 장성읍 영천리 931
전화: 061-393-2660

백양사역(장성 사거리 정류장)
위치: 전남 장성군 북이면 사거리 587-1
전화: 061-392-9044

2. 승용차

서울 – 경부 고속도로 – 천안논산 고속도로 – 호남 고속도로 – 가작 교차로 – 장성
(총 거리 272km, 소요 시간 약 3시간)

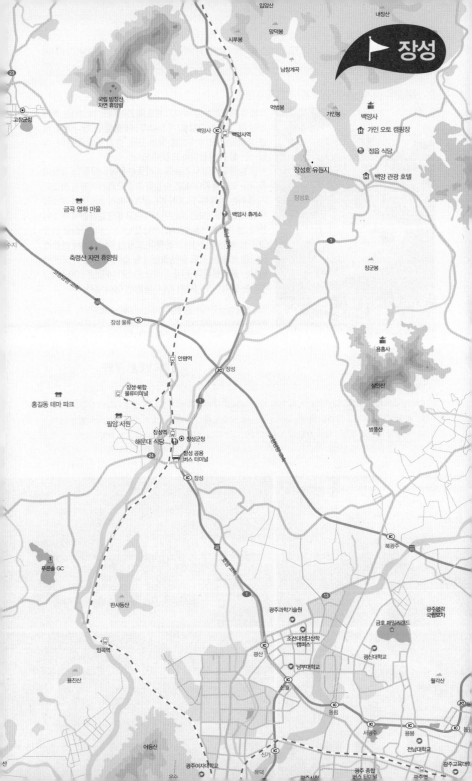

장성

- 🏯 백양사
- 🏠 가인 오토 캠핑장
- 🍴 정읍 식당
- 🏨 백양 관광 호텔

입암산

내장산

시루봉

망덕봉

남창계곡

막범봉

가인봉

국립 방장산
자연 휴양림

백양사 IC
백양사역

장성호 유원지

장성호

고창군청

금곡 영화 마을

백양사 휴게소

장군봉

축령산 자연 휴양림

장성 물류 IC

안평역

장성 JC

용흥사

삼인산

장성 복합
물류터미널

홍길동 테마 파크

필암 서원

장성역
해운대 식당

장성군청

병풍산

장성 공용
버스 터미널

장성 IC

북광주 IC

푸른솔 GC

판사동산

광주과학기술원

금호 패밀리랜드

광주영락
국립묘지

임곡역

조선대천단산학
캠퍼스

광산

광주대학교

용진산

남부대학교

월각산

서광주 IC

용봉 IC

광주교육대학교

어등산

광주여자대학교

신가

우덕

전남대학교

광주 종합
버스 터미널

백양사

🔹 쌍계루의 아기단풍이 내려앉아 신천지가 된 곳

호남을 대표하는 절이라고 해도 과언이 아닌 백양사는 백제 무왕 때 창건된 고찰로, 우리나라 5대 총림 중 하나이다. 많은 승려들이 모여 수행을 하는 곳을 '총림'이라 부르니, 백양사는 절 중에 절이라고 할 수 있다.

처음 발을 딛자마자 거울에 비치듯 연못에 나무들이 비춰 아름다운 모습을 자아내고, 숲길을 조금 오르면 시원한 물소리가 들리는 쌍계루가 나타난다. 쌍계루에서 물소리와 새소리를 듣고 있으면, 모든 고민이 사라지고 청명함이 온몸에 스며든다. 쌍계루를 지나면 백양사와 만난다. 산이 구름을 만들고 구름 속의 백양사는 조용하다. 조용한 백양사에서 템플 스테이를 해 보는 것도 좋은 경험이 될 것이다. 가을이 되면 백양사는 붉게 물든다. 단풍의 최고 명소가 내장산이 아닌 백양사라는 말이 나오기까지 하니, 꼭 한 번 들러 보자.

주소 전남 장성군 북하면 약수리 26 전화 061-392-7502 홈페이지 www.baekyangsa.org 버스 백양사역(장성 사거리 정류장) – 백양사 사찰 입구(직행 13분 소요, 완행 30분 소요)

TRAVEL TIP

백양사의 유래

영천암에서 설법을 하는데, 법회 3일째 하얀 양이 내려와 설법을 들었다. 그리고 양은 이렇게 말했다. "나는 천상에서 죄를 짓고 양으로 변했는데 이제 스님의 설법을 듣고 다시 환생하여 천국으로 가게 되었습니다." 이튿날 실제로 영천암 앞에 하얀 양이 죽어 있어, 그 이후로 이곳을 백양사라 부르게 되었다 한다.

장성호 유원지

▶ 즐길거리가 많고 다양한, 넓은 호수 공원

장성호 유원지는 다른 여느 호수보다 시설이 잘되어 있어 여러 가지로 놀이가 가능하다. 먼저, 장성호 유원지의 중심인 문화 예술 공원에는 영화감독 임권택의 조형물과 야외 공연장, 전망대, 수몰 문화관이 함께 조성되어 있다. 넓고 정돈된 공원으로, 여름이면 아이들이 물놀이터에서 시원하게 놀기도 한다. 앞쪽으로 차도를 건너면 장성호 주변을 둘러 수변 데크가 마련되어 있고, 해양 스포츠를 즐길 수 있는 장성호 수상 스키장이 함께 자리하고 있어 여름철에 더욱 좋은 곳이다.

장성호를 만들면서 수몰될 문화재를 옮겨 수몰 문화관을 만들었다. 북상면 전체를 6,000분의 1로 축소한 모형, 소설가 문순태의 문학 자료관, 전남 함평에서 기증받은 곤충 식물 표본 등이 전시되어 있으며, 숙박 시설과 전망대가 마련되어 있다.

주소 전남 장성군 북하면 쌍웅리 전화 061-392-7248(장성호 관광지 사무실) 버스 백양사역(장성 사거리 정류장) - 국민 관광지 하차(10분 소요)

장성호 수상 스키장
주소: 전남 장성군 북하면 쌍웅리 237-23
전화: 061-392-0650 / 011-612-7878
요금: 초보자 교육 20분 포함 6만 원(2회 탑승) / 수상 스키, 땅콩 보트, 바나나 보트, 블록 점프 기구 1인당 2만 5천 원

장성호 수몰 문화관
주소: 전남 장성군 북하면 쌍웅리
전화: 061-392-7248(장성호 관광지 사무실)
시간: 평일 09:00~18:00, 토 · 일 · 공휴일 09:00~19:00
요금: 무료

홍길동 테마 파크

▶ 야영장 체험으로 인기 좋은 테마 파크

홍길동 테마 파크에 왔다면, 홍길동 생가부터 들러 보자. 홍길동의 넋을 기리기 위해 지은 전통 한옥이다. 마당에 무릎 꿇은 홍길동과 집에서 호통치는 아버지의 조형물이 재치 있다. 홍길동 생가의 발굴 유물과 자료를 통해 홍길동이 실존 인물이었음을 알게 해 준다. 홍길동 영상물도 상영한다. 산채 체험장은 활빈당이 살았던 곳의 모습을 재현하였으며, 일본에 남아 있는 구수쿠 유적 거주지의 모습과 홍길동 산성으로 알려진 공주 무성 산성을 참고해 지었다고 한다.

이곳에서는 각종 행사와 체험 활동이 이루어진다. 풋살 경기장과 야영장도 있는데, 생긴 지 얼마 되지 않았음에도 입소문이 나 찾는 사람이 많다. 홍길동 테마 파크의 야영장 바닥은 데크로 되어 있고, 그 데크 위로 테이블이 마련되어 캠핑이 아주 편리하다. 밤이 되면 횃불 모양의 붉은 조명에 불이 들어오는데, 이 또한 캠핑 분위기를 높여 준다.

홍길동 테마 파크 축제에도 참여해 보자. 영웅 캐릭터 퍼레이드, 홍길동 인물 재현, 산채 서바이벌, 4D 입체 영상 체험, 홍길동 캐릭터 만들기, 가죽 공예 체험 등 프로그램이 아주 다양하다. 자세한 사항은 홈페이지를 참고하자.

주소 전남 장성군 황룡면 아곡리 397 전화 061-390-7527, 394-7240(문화 센터 관리 사업소) 홈페이지 hong.jangseong.go.kr 버스 장성 공용 버스 터미널 – 아치실행 아치실 버스 정류장 하차(20분 소요) / 장성 공용 버스 터미널에서 홍길동 테마 파크로 셔틀버스 수시 운행

야영장 정보

운영 기간: 연중
사용 기간: 당일 14:00~익일 12:00
요금: 데크 사용료 10,000~15,000원, 입장료 1인당 1,500~2,000원
야외용 앰프 시설 대여: 1시간 당 1만 원, 5시간 이상 1일 대여 시 5만 원
예약: 홍길동 테마 파크 홈페이지에서 온라인 예약 (대형 데크 10개 동만 예약 가능)

TRAVEL TIP

홍길동은 실존 인물일까?

홍길동 테마 파크 내 전시관을 둘러보면, 홍길동이 실존 인물임을 알 수 있다. 특히 유네스코 세계문화유산으로 지정된, 일본의 구수쿠 유적이 홍길동의 율도국일 가능성이 크다는 점이 매우 흥미롭다. 구수쿠라는 것을 우리말로 풀어 보면 구도 홍, 수쿠는 집단이라는 의미로, '홍 씨 집단이 거주하던 곳'이라는 뜻이다. 특히 일본은 성을 '쿄'라고 하는데, 이곳만 유독 '수쿠'라고 한다는 점이 더욱 확고한 증거가 되고 있다. 홍 씨 왕이 전해 온 농기구와 화폐, 족보 등이 아직 남아 있다.

필암 서원

▶ 서원의 본래 모습을 고스란히 간직한 서원

사적 제242호로, 1590년(선조 23년) 호남 유림들이 김인후(金麟厚)의 도학을 추모하기 위해 지은 사당이며, 선비들이 모여 학문을 닦고, 제사를 지내던 곳이다. 다른 서원은 점차 교육 관련 기능은 사라지고, 제사의 기능만 남아 사당과 강당만 남아 있는 경우가 많은데, 이곳은 제사 공간과 학문 공간, 장서 공간, 지원 공간 등 필요한 것을 모두 갖춘 서원이라 규모가 상당하다.

서원 앞 넓은 광장에 은행나무가 우뚝 서 있고, 악귀를 쫓아 준다는 홍살문이 그 옆을 지키고 있다. 그 뒤로 담이 이어지고, 2층짜리 확연루가 보인다. 1층은 출입구이고, 2층은 휴식을 위한 공간이다. 확연루를 통해 서원 안쪽으로 들어서면, 먼저 교육 공간이 나타난다. 청절당으로, 기둥 사이를 세어 보면 정면 5칸, 측면 3칸이며, 필암서원에서 가장 크다. 가운데 3칸은 마루처럼 보이는데, 학습 공간으로 쓰이던 곳이고, 양쪽 2개의 방은 스승이나 손님이 머물던 방이다. 양옆으로 색을 칠하지 않은 건물 2채가 보이는데, 진덕재는 선배들이 기거하는 곳이었고, 숭의재는 후배들이 거주하던 곳이다. 뒤로 보이는 건

물은 제사 공간인 우동사이다. 음력 2월, 8월에 제사를 지내는데, 뒤쪽으로는 하서집 목판을 보관하는 경장각, 장판각이 있다. 정문인 확연루 왼편으로 보이는 살림집은 본래 서원 관리인이 머무는 교직사로, 지금도 이곳에 서원을 관리하는 분이 생활하고 있다.

주소 장성군 황룡면 필암리 377 전화 061-393-7270(필암 서원 유물 전시관) 시간 하절기(3~10월) 09:00~18:00 / 동절기(11~2월) 09:00~17:00 버스 장성 공용 버스 터미널 – 아치실행 구석 버스 정류장 하차(12분 소요)

축령산 자연 휴양림

▶ 심신을 달래기 좋은 편백나무 숲

전북 순창 출신인 춘원 임종국 선생의 노력으로 일궈진 곳으로, 인공으로 조림된 숲이다. 헐벗은 축령산에 나무를 심기 시작하면서 조림을 시작했다. 생전에 279만 그루의 묘목을 심었고, 이 나무들은 현재 20m가 넘는 고목이 되어 쉼을 선물한다. 인공 조림된 국내 숲 가운데 가장 잘 조성된 숲으로, 산림청이 2002년 숲을 사들여 국유림으로 관리하고 있다. 이러한 까닭에 세계 여러 개발 도상 국가들이 벤치마킹하기 위해 다녀간다.

이곳은 높은 편백나무가 숲을 이뤄 삼림욕의 명소로 유명하다. 1,147만m²에 달하는 숲을 50년 정도 된 편백나무와 삼나무가 빼곡하게 채우고 있다. 이 나무들이 내뿜는 상쾌한 에너지를 온몸으로 받아들여 보자. 하늘을 향해 쭉 뻗은 나무와 흙, 나뭇가지와 잎, 그리고 햇빛에 눈이 스르륵 감기며 편안해진다. 또한 숲이 넓고 나무가 빼꼭한 만큼 깊은 향을 내뿜는다. 이 건강한 기운을 얻고자 매해 많은 사람이 이곳을 찾는다.

Fun point
1. 편백과 삼나무 구분해 보기
2. 장성군 버스 투어 삼림욕 힐링 참가
3. 금곡 영화 마을까지 이어서 보기

주소 전남 장성군 서삼면 모암리

삼림욕 코스

1코스: 괴정 마을 → 삼거리 주차장 → 헬기장 → 능선 갈림길 → 정상 → 임도 → 삼거리 주차장 → 금곡 마을(총 8.8km, 3시간 25분 소요) / **2코스:** 금곡 마을 → 춘원 임종국 선생 기념비 → 능선 갈림길 → 정상 → 해인사 → 괴정 마을(총 6.5km, 2시간 30분 소요) / **3코스:** 괴정 마을 → 삼거리 주차장 → 헬기장 → 우물터 → 모암 갈림길 → 통나무집 → 산림욕장 → 우물터 → 삼거리 주차장 → 괴정 마을(총 5.5km, 2시간 소요)

금곡 영화 마을

▶ 아기자기한 영화 세트장

축령산 자연 휴양림과 연결되어 있으니, 편백나무 숲에서 삼림욕을 즐긴 후 금곡 영화 마을로 가자. 〈내 마음의 풍금〉, 〈만남의 광장〉, 〈태백산맥〉, 〈침향〉 등 많은 영화를 찍은 곳이다. 마을 전체에 팻말로 안내되어 있어 구체적으로 어디서 무슨 영화를 찍었는지 단번에 알 수 있다. 많은 영화를 찍은데 반해 완도나 순천의 영화 세트장처럼 크고 화려하지는 않다.

마을 길을 따라 소박하게 세트장을 차례로 둘러볼 수 있는 정도이다. 마을 대부분의 집에서 민박을 하고 있으며, 동동주와 파전도 판매한다.

주소 전남 장성군 북일면 문암리 659 요금 무료 버스 장성 공용 버스 터미널 – 금곡행 금곡 마을 버스 정류장 하차(30분 소요)

🏠 식당 & 숙박

정읍 식당

장성 하면 산채 비빔밥이다. 백양사 매표소까지 산채 비빔밥 집이 쭉 늘어서 있는데, 이곳의 원조는 정읍 식당이다. 만 원에 나물과 조기 된장찌개 한상을 푸짐하게 먹을 수 있다.

주소 전남 장성군 북하면 약수리 252-7 전화 061-392-7427 요금 산채 정식 1만 원, 특 산채 정식 1만 2천 원, 산채 비빔밥 7천 원

해운대 식당

백양사를 올라가는 입구에 위치한 곳이다. 등산객이 많이 찾는 식당으로, 현지 사람들에게 이름난 맛집이다. 이곳의 인기 메뉴는 매운 갈비찜과 가정식 백반 이다.

주소 전남 장성군 장성읍 영천리 1273-116 전화 061-395-1233 요금 매운 갈비찜 2만 5천 원, 가정식 백반 7천 원

백양 관광 호텔

다른 지방의 관광 호텔보다 깨끗하고, 시설 정비도 잘 되어 있으며, 상대적으 로 가격도 저렴하다. 단풍이 유명한 이곳의 성수기는 가을이다.

주소 전남 장성군 북하면 약수리 333 전화 061-392-2114 요금 10만 원~25만 원(성수 기 기준) 홈페이지 www.baegyanghotel.co.kr

백양사 템플 스테이

휴식형, 체험형, 템플 라이프 3가지 프로그램으로 구성된다. 엄격하기보다는 다정함도 느낄 수 있는 것이 백양사 템플 스테이의 특징으로 어린이나 청소년 도 이곳에서 템플 스테이를 많이 한다.

주소 전남 장성군 북하면 약수리 26 전화 061-392-7502 요금 1박 2일 1인 15만 원(다양 한 투숙 프로그램이 있음, 홈페이지 참고) 홈페이지 baekyangsa.templestay.com

가인 오토 캠핑장

70동 이상의 화장실과 개수대 시설이 있고, 전기도 쓸 수 있다. 규모에 비해 화 장실이 부족한 듯하나, 백양사와 계곡 등으로 인기가 좋은 캠핑장이다.

주소 전남 장성군 북하면 약수리 108 전화 061-392-7288 요금 자동차 야영장 비수기 9,000원, 성수기 11,000원

홍길동 테마 파크

홍길동 테마 파크는 홍길동 생가를 공원화한 것인데, 야영장으로 보면 시설이 훌륭하다. 그래서 아는 사람들에게는 상당히 입소문을 탄 곳이기도 하다. 시설 은 야영장 데크, 취사장, 샤워장이 구비되어 있고, 야간에 붉은 조명이 인상적 이다. 일주일 전 사전 예약은 필수이다.

주소 장성군 황룡면 아곡리 전화 061-390-7527, 394-7240(문화 센터 관리 사업소) 요 금 데크 사용료(1박) 10,000~15,000원, 입장료(1인) 1,500~2,000원 홈페이지 hong.jangseong.go.kr

담양

아름다운 숲과 정원
그리고 가사 문학

초록빛 정원의 다양함을 느낄 수 있는 곳이 담양이다. 정원을 찾아 이토록 많은 사람이 모이는 곳이 또 있을까 싶을 만큼 정원만 둘러보는데도 지루한 느낌을 받지 않는 것이 특징이다.

담양은 문학과 정원의 고장으로, 조선 시대 양반의 여유와 풍류를 느낄 수 있는 곳이다. 소쇄원과 명옥헌 원림과 같은 개인 정원은 조선 양반들의 생활

공간을 풍요롭게 했고, 식영정에서 내려다보는 아름다운 풍광은 조선 가사 문학의 대표작 〈성산별곡〉의 소재가 되기도 했다. 이러한 풍류는 그때에 그치지 않고 지금 우리에게까지 전해지고 있으니, 아름다운 정원에서 좋은 시가 나온 것은 어쩌면 당연한 일인지도 모른다.

뿐만 아니라 조선 시대에 홍수를 방지하기 위해 나무를 심어 쌓은 제방, 관방 제림은 깊은 녹음을 뿜어내고, 메타세쿼이아 길은 싱그러운 시원함을 전한다. 또한 죽녹원의 댓잎 사이로 청명한 기운을 온몸으로 느낄 수 있으니, 시간이 주는 멋진 풍광을 만끽해 보자.

 **교통**

1. 대중교통

근교에 광주와 장성이 위치하고 있어 담양까지 대중교통으로 이동한다면, 직행으로 운행하는 버스가 많지 않으니 인근에 있는 광주까지 이동 후 대중교통을 이용하는 방법을 추천한다. 항공이 광주까지 운행하고, KTX를 포함한 다양한 열차가 광주를 오가고 있다.

▶ 항공

광주까지 아시아나 항공이 3회 운항, 소요 시간은 약 50분이다.

요금 김포 – 광주: 정상 운임, 성수기, 비수기에 따라 6~9만 원, 할인 운임 3~5만 원선

▶ 철도

KTX와 무궁화호, 새마을호가 운행하며, 소요 시간은 KTX 약 3시간, 무궁화호 약 4시간 반, 새마을호 약 4시간이다.

요금 서울(용산) – 광주: 새마을호 34,300원, 무궁화호 23,000원(일반실 기준)

▶ 항공과 철도를 잇는 시외버스

광주-담양 운행 간격 20~30분, 소요시간 40분, 요금 2,300원

문의 광주 금호 터미널(062-360-8114)
홈페이지 www.usquare.co.kr

▶ 고속버스

서울(센트럴)에서 담양까지 직행 버스가 1일 4회 있다. 소요 시간은 약 3시간 30분이다.

문의 센트럴시티 터미널(02-6282-0114)
요금 서울–담양: 우등 26,400원, 일반 17,800원
홈페이지 www.hticket.co.kr

2. 승용차

서울 – 경부 고속도로 – 천안논산 고속도로 – 호남 고속도로 – 고창담양 고속도로 – 88올림픽 고속도로 – 담양군(총 거리 290km , 소요 시간 약 3시간 20분)

3. 버스 투어

제1코스(매주 토요일)
광주 송정역 – 광주역 – 죽녹원 – 메타세쿼이아 길 – 중식 – 창평 슬로시티 – 체험 프로그램 – 소쇄원 – 한국가사문학관– 광주역 – 광주 송정역

제2코스(담양 시티 투어, 매주 일요일)
광주 송정역 – 광주역 – 한국대나무박물관 – 죽녹원 – 중식 – 체험 프로그램 – 가마골 생태 공원, 용마루 길, 담양호 – 메타세쿼이아 길 – 광주역 – 광주 송정역

문의 담양군 관광 안내(061-380-3154)
출발 장소 광주 송정역 2번 출구 버스 정류장(광주역 경유)
요금 1인 19,000원(접수 마감, 매주 목요일 18:00)
홈페이지 tour.damyang.go.kr

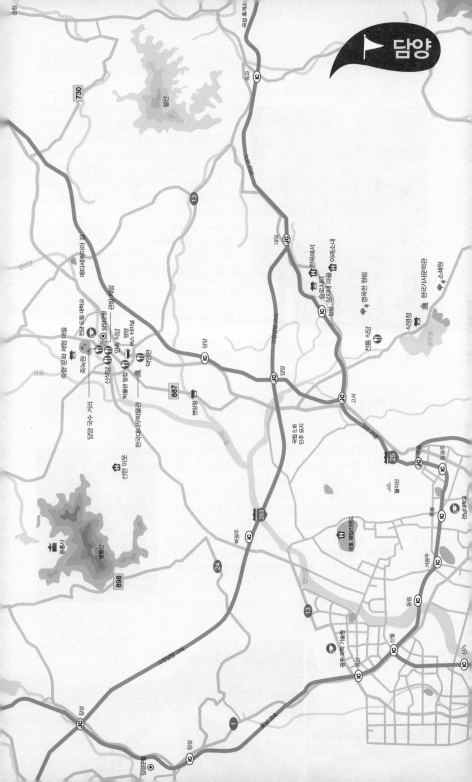

메타세쿼이아 길

▶ 직선으로 곧게 뻗은 기분 좋은 길

중생대 백악기부터 살아온 것이 확인된 메타세쿼이아는 '살아 있는 화석'이라는 별명을 가지고 있다. 성장이 빠르고 추위와 공해에 강해 가로수로 많이 심는데, 야생에 존재하는 개체는 5천 그루에 불과하다. 하지만 이곳이 가로수로 메타세쿼이아를 심은 유일한 관광지는 아니다. 사람들이 메타세쿼이아 길 하면 담양을 떠올리는데, 이곳은 한국의 아름다운 길에서 최우수상을 받을 만큼 주변과의 조화가 멋진 곳이다.

높은 메타세쿼이아가 하늘을 향해 직선으로 뻗어 있고, 그 가운데로 길이 쭉 뻗어 있다. 시각적으로도 시원한 느낌이 강하다. 자전거 대여도 가능한데, 이곳을 둘러보는 데 1시간 정도면 충분하다.

주소 전남 담양군 담양읍 학동리 578-4 전화 문화관광과 061-380-3151~4 버스 담양 버스 터미널 – 학동리(303번 버스, 60분 간격, 10분 소요)

관방 제림

▶ 다양한 고목들이 운치 있는 곳

숲이 머금은 수분기로 촉촉한 이곳은 1km 남짓한 숲길이다. 천연기념물로 지정된 이 숲길은 200년 넘은 팽나무, 느티나무, 푸조나무, 개어서나무들이 서로 다른 멋을 뿜으며 늘어서 있다.

관방 제림은 아래쪽에 모여 있는 마을을 홍수의 수해로부터 보호하기 위한 제방이다. 이곳은 예로부터 비가 오면 자주 수해를 입어 조선 인조 때 제방을 쌓고 이것이 오래도록 보전될 수 있도록 제방 주변에 나무를 심은 것이 시작이다. 철종 때, 연간 3만 명을 동원해 다시 정비했고, 이후 부임해 오는 관리들도 자신의 개인 재산을 털어 관리하였다고 한다. 메타세쿼이아 길과 죽녹원과 더불어 찾는 이가 많아지면서 지금은 조각 공원도 설치되어 있다.

주소 전남 담양군 담양읍 객사리 , 남산리 일원 버스 담양 고속 터미널 – 죽녹원(311번, 15분 간격, 3분 소요)

Fun point
관방 제림 조각 공원

죽녹원

▶ 시원한 바람이 스치는 청명한 죽림욕

약 50만m² 규모의 대나무 공원으로, 죽림욕을 즐길 수 있도록 조성한 곳이다. 입구에 도착하면, 판다 조형물이 대나무와 어우러져 절로 미소를 띠게 한다. 대숲을 걸어 보면, 바람에 댓잎이 서로 부딪히며 소리를 내는데, 이 바람이 몸을 청명하게 해 준다. 대나무들이 산소와 음이온을 발생시켜 사람의 뇌파를 기분 좋은 알파파 상태로 만들고, 음이온과 산소가 몸을 청명하게 한다.

죽녹원은 조형물을 더해 8개의 테마길을 만들었다. 운수대통길, 샛길, 사랑이 변치 않는 길, 죽마고우길, 추억의 샛길, 성인산 오름길, 철학자의 길, 선비의 길에 조형물이 운치를 더한다. 이곳은 〈1박 2일〉, 〈일지매〉, 〈다모〉 등의 촬영 현장이기도 하다.

주소 전남 담양군 담양읍 향교리 282 전화 061-380-33244 시간 09:00~19:00 요금 성인 3,000원, 청소년 · 군인 1,500원, 초등학생 1,000원(단체 할인 있음) 홈페이지 www.juknokwon.org 버스 담양 버스 터미널 – 죽녹원(303번, 311번, 15분 간격, 5분 소요)

죽향 문화 체험 마을

▶ 담양의 명소를 한자리에 모아 놓은 곳

담양의 명소를 재현해 둔 곳이다. 없어진 곳을 복원한 게 아니라, 지금 잘 보전되어 있는 곳을 이곳에 똑같이 만들어 놓았다. 죽녹원과 바로 이어지니, 담양을 미리 보는 공원쯤으로 생각하고 들러 보자. 담양의 정원과 가사 문학, 한옥까지 다 모아 놓아, 담양의 여행 코스를 이곳에 다 담아 놓았다 해도 과언이 아니다. 소쇄원의 광풍각, 명옥헌과 연못을 재현해 놓았고, 〈성산별곡〉의 배경이 된 식영정도 있다. 그 밖에 담양 가사 문학의 대표작은 시비 공원으로 조성하였으며, 뒤쪽에 조성된 한옥에서 숙박을 할 수도 있다.

Fun point

1. 우송당 소리 전수관 국악 체험
2. 한옥 민박

주소 전남 담양군 담양읍 운교리 83 전화 예약 및 문의 061-380-2690, 010-7633-2690 시간 09:00~19:00 요금 성인 3,000원, 청소년 · 군인 1,500원, 초등학생 1,000원(단체 요금 할인 있음) 홈페이지 juknokwon.go.kr 버스 담양 버스 터미널 – 담양 도립 대학 하차 – 도보 10분

한국대나무박물관

▶ 대나무에 대한 모든 것을 알 수 있는 기회

죽림욕으로 자연의 대나무를 만끽했다면, 이곳도 한 번 들러 보자. 미술관에 들어온 것 같은 깔끔한 실내에 전시실 5개와 체험 교육관, 영상 홍보관, 대나무 산업관, 명인관 및 외국관이 있다.

대나무가 자라는 모습, 재배하는 모습 외에도 대나무의 종류 등을 알 수 있다. 대나무의 생장을 이해하고, 대나무의 재배와 제작 과정을 살펴볼 수 있다. 조선 시대부터 현대에 이르는 공예품과 생활용품 등을 전시하는데, 악기, 부채, 그릇, 가방 외에도 대나무로 만든 제기가 인상적이다. 대나무 수액, 죽염, 음식 등을 설명해 둔 곳이 특히 인기 있다.

주소 전남 담양군 담양읍 천변리 401-1 위치 담양 버스 터미널에서 도보로 10분 소요 전화 061-380-3114, 3479 시간 09:00~18:00(입장은 퇴관 시간 30분 전까지) 요금 성인 2,000원, 청소년·군인 1,000원, 초등학생 700원(단체 요금 할인 있음) 홈페이지 www.damyang.go.kr/museum

명옥헌 원림

▶ 조선 시대 양반의 개인 정원

명옥헌 원림은 2009년 명승 제58호로 지정된 곳으로, 조선 시대의 양반 '오희도'의 정원이다. 숲에 빨려 들어갈 듯한 길을 따라 올라가면 네모난 연못 주변 백일홍과 연못을 내려다보는 아담한 정자가 어우러져, 짙은 녹색이 묘한 분위기를 뿜어낸다.

연못이 네모 모양인 이유는, 지구가 둥글다는 인식을 가지기 전에는 세상이 네모나다고 생각했기 때문이다. 정자의 이름이 명옥헌이며, 명옥헌 앞의 석비는 명곡 선생의 유적비이다.

주소 전남 담양군 고서면 산덕리 513 전화 061-380-3752 버스 담양 버스 터미널 – 지실, 신양리행 군내 버스 – 명옥헌 원림 버스 정류장 하차(40분 소요)

슬로 시티 삼지내 마을

삶의 여유가 느껴지는 문화재 마을

돌담 사이 좁은 길 좌우로 고택이 즐비한 문화재 마
을이다. 이곳의 고택은 살림집으로서의 기능을 하
고 있어 숨 쉬고 살아 있는 느낌이 물씬 난다. 돌담
을 따라 돌아보자. 조용하고 한적하게 마을을 한
번 둘러 산책할 수 있지만, 조금 심심한 기분이 드
는 건 어쩔 수 없다. 슬로 시티 삼지내 마을에서는
민박도 가능하다.

주소 전남 담양군 창평면 창평리 82-2 전화 061-380-
3807 홈페이지 http://slowcp.com 버스 담양 버스 터미
널 – 지실, 신양리행 군내 버스 – 창평 2구 버스 정류장 하
차(40분 소요)

TRAVEL TIP

슬로 시티

이탈리아 작은 도시 그레베에서 바쁜 생활 태도를 버리고 느리게 살자고 호소한 것이 슬로 시티의 시작이
다. 슬로는 불편함이 아닌 기다림으로, 자연을 거스르기보다는 인내하고 기다리는 것이 기본 정신이다.
슬로 시티의 선정 조건은 꽤 까다롭다. 인구 5만 명 이하, 자연 생태계 보호, 전통 문화에 대한 자부심, 유
기농법에 의한 지역 특산물, 대형 마트나 패스트푸드점이 없을 것 등이다. 현재 1,100여 개가 넘는 도시가
동참하고 있으며, 삼지내 마을도 그중 하나이다.
고택이 즐비한 문화재 마을의 정취를 만끽해 보자. 면사무소에서 무료로 자전거를 대여해 주지만, 걸어서
돌아보기에도 충분하다.

소쇄원

조선 시대 민간 정원의 원형

은사인 조광조가 기묘사화로 능주로 유배되어 세상을 떠나
게 되자, 양산보가 출세의 뜻을 버리고 자연 속에서 숨어 살
기 위하여 꾸민 별서로 민간 정원의 원형이다. 2008년에 명
승 제40호로 지정되었고, 4,600여m²의 대지에 제월당, 광
풍각, 오곡문, 애양단, 고암정사 등 10여 동의 건물이 있다.
소쇄원에 들어가는 입구에는 선비의 절개를 나타내기 위해
대나무를 심었는데, 대나무가 시원하게 하늘로 뻗어 있고,
쏴아 하는 소리를 내 시원한 느낌을 준다. 시원한 숲 사이에
대봉대라는 작은 정자가 보인다. 이 작은 정자는 귀한 손님
을 기다리기 위한 공간이다. 안쪽으로 천천히 산책해 보면, 오곡문이라는 현판 아래로 계곡이 흐르고,
담장 넘어 우물과 주인집인 제월당이 보인다. 잠시 시간을 보내다 계곡의 시원한 소리에 이끌려 협문을
통과하면 계곡 건너 광풍각이 눈에 띈다. 청량한 바람이 뺨을 스치는 기분이 무척이나 좋다.

주소 전남 담양군 남면 지곡리 123 전화 매표소 061-381-0115 시간 09:00~18:00 요금 성인 2,000원, 청소년 · 군인
1,000원, 초등학생 700원(단체 요금 할인 있음) 홈페이지 www.soswaewon.co.kr 버스 담양 버스 터미널 – 지실, 신
양리행 군내 버스 – 소쇄원 버스 정류장 하차(1시간 소요)

건물 이름에 담긴 뜻

대봉대: 봉황새와 같이 귀한 손님을 기다리는 정자
제월당: 비 갠 뒤 하늘의 상쾌한 달
광풍각: 비온 뒤에 해가 뜨며 부는 청량한 바람

한국가사문학관

▶ 가사 문학의 대표작이 탄생한 본고장

가사는 고려 말에 발생하고 조선 시대 시조와 함께 유행했던 문학 양식이다. 처음에는 양반 여자들 사이의 유행가 같은 노래였던 것이 송강 정철 등이 우리말과 글을 사용해 3, 4조 운율로 그들의 일상생활과 정치 신념을 노래하며 발전시켰다. 가사 문학은 운문이면서도 서정, 서사, 교술의 다양한 성격을 지녔다.

이러한 가사 문학의 대표작인 송순의 〈면앙정가〉, 정철의 〈성산별곡〉, 〈관동별곡〉, 〈사미인곡〉, 〈속미인곡〉, 정식의 〈축산별곡〉, 이서의 〈낙지가〉, 남극엽의 〈향음주례가〉, 〈충효가〉, 유도관의 〈경술가〉, 〈사미인곡〉 등이 모두 담양에서 탄생했다. 그래서 가사 문학의 본고장인 담양에 가사 문학관이 자리하게 되었다.

이곳에는 〈관동별곡〉, 〈사미인곡〉, 〈속미인곡〉, 〈성산별곡〉 등 가사 18편을 비롯한 고서와 여인들의 규방 가사, 방대한 양의 가사 문학권의 인물 및 유물 등이 전시되어 있다.

나오는 길에 연못의 정자에서 가사의 운율에 취해 보는 것도 좋은 경험이 될 것이다.

주소 전남 담양군 남면 지곡리 319 전화 061-380-2700 시간 매일 09:00~18:00(연중무휴) 요금 성인 2,000원, 청소년 · 군인 1,000원, 초등학생 700원(단체 요금 할인 있음) 홈페이지 www.gasa.go.kr 버스 담양 버스 터미널 – 지실, 신양리행 군내 버스 – 가사 문학관 버스 정류장 하차(55분 소요)

식영정

▶ 정철의 〈성산별곡〉의 배경을 선물한 정자

가사 문학관 바로 옆에 식영정이 있다. 식영정은 전라남도 기념물 1호이며, 국가 지정 명승이다. 식영정은 언덕 높은 곳에서 경치를 내려다볼 수 있는 작은 정자로, 광주호가 내려다보이는 풍광이 멋지다. 식영정에서 보이는 것을 주제로, 계절에 따라 변하는 성산 주변의 풍경과 그 속에서 노니는 선비의 풍류를 〈성산별곡〉으로 그려냈다. 이처럼 식영정은 저절로 시를 읊게 만드는 곳이다. 식영정으로 오르는 길에는 송강 정철의 가사 문학비가 있으니 놓치지 말자.

주소 전남 담양군 남면 지곡리 산 75-1 버스 담양 버스 터미널 – 지실, 신양리행 군내 버스 – 가사 문학관 버스 정류장 하차(55분 소요)

신식당

1900년 초부터 시작하여 현재 4대째 내려오는 담양 떡갈비의 원조집으로, 〈무한도전〉 팀이 방문하여 더 유명해졌다. 다진 갈비살을 참숯에 구워 내는 이 집만의 떡갈비가 유명하며, 갈비탕 또한 푸짐하고 진하기로 유명하다. 밥을 시키면 갈비탕 국물을 주지만 비교적 비싼 편이다.

주소 전남 담양군 담양읍 담주리 68 전화 061-382-9901 요금 떡갈비 전골 3만 8천 원, 떡갈비구이 3만 2천 원, 불고기 전골 2만 3천 원, 갈비탕 1만 2천 원, 비빔밥 9천 원

덕인관

떡갈비 맛집으로, 가격은 비싼 편이다. 죽통밥, 죽순 추어탕 그리고 밑반찬이 나온다. 원래도 유명했는데, 〈1박 2일〉에 나와 더 많은 사람이 찾는다. 본관과 별관이 있는데, 아무래도 별관이 새 건물이라서 편리한 점이 있다.

주소 전남 담양군 담양읍 백동리 408-5 전화 061-381-7881 요금 떡갈비 2만 9천 원

담양 국수 거리

가볍게 즐길 수 있는 먹거리가 있는 곳으로, 야외에서 상을 펴고 먹는 기분이 남다르다. 국수가 3천 원대로 가격이 저렴해 부담 없이 배불리 식사를 해결할 수 있다.

주소 전남 담양군 담양읍 학동리 578-4 요금 국수 4,000원

민속 식당

저렴한 한정식집으로, 죽순회, 홍어 삼합을 비롯해 30가지 반찬이 줄지어 나온다. 담양의 특성을 살린 죽순회, 죽순 장아찌, 죽순 들깨 무침 등을 맛볼 수 있다.

주소 전남 담양군 담양읍 객사리 252-1 전화 061-381-2515 요금 민속 정식 특선 2만 5천 원, 민속 정식 코스 1~2만 원, 죽순 불고기 백반 8천 원, 죽순 추어탕 8천 원, 죽순 삼계탕 1만 3천 원

전통 식당

유명인들이 다녀간 곳으로 유명하다. 홍어를 먹지 않으면 1인 2만 원 상, 먹는다면 2만 5천~3만 원 상을 선택하면 된다. 떡갈비와 굴비, 돼지고기 수육, 간장 게장이 제공된다. 다른 정식집과 비슷하지만, 한옥 형태에 분위기 있다는 점이 특징이다.

주소 전남 담양군 고서면 고읍리 688-1 전화 061-382-3111 요금 전통 한정식 2만 원, 남도 한정식 2만 5천 원. 수 한정식 3만 원, 복 한정식 3만 5천 원

한옥에서

삼지내 마을에 위치한 호텔형 한옥이다. 안채에서는 고택 체험, 다도 체험을 할 수 있다. 겨울에는 쌀엿 체험을 할 수 있으며, 객실마다 에어컨과 텔레비전, 화장실 등이 구비되어 있다.

주소 전남 담양군 창평면 삼천리 364 전화 061-382-3832, 010-3606-1283 요금 비수기 5~15만 원 / 성수기 9~20만 원 홈페이지 hanokeseo.namdominbak.go.kr

죽향 체험 마을

〈1박 2일〉 촬영지로 많은 관광객이 찾는다. 죽녹원과 연계하여 운영하며, 죽향 체험 마을 안에 위치한 숙박 시설로 한옥 민박 체험을 할 수 있다. 2012년 여수 엑스포 공식 지정 숙박 업소이기도 하다.

주소 전남 담양군 담양읍 운교리 83 전화 010-7633-2690 요금 8~22만 원(기간과 방 크기에 따라 다름) 홈페이지 juknokwon.go.kr

담양 리조트 호텔

일반 룸과 가족 온천 빌라로 되어 있으며, 가족 온천 빌라의 경우 방 안에 널찍한 히노키 탕이 있어 휴식을 취하기에 매우 좋다. 온천과 수영장이 있어 물놀이하기 좋으며 리조트 전경이 매우 아름답다. 담양 리조트를 이용하면 온천 이용권을 무료로 준다.

주소 전남 담양군 금성면 원율리 399 전화 061-380-5000,5111 요금 13만 1천 원~35만 2천 원 홈페이지 www.damyangspa.com

아래소내

건축가가 직접 지은 펜션으로 이런저런 장식 없이 깔끔하고 시원한 느낌이다. 독립채로 된 3개의 룸으로 되어 있어서 복잡하지는 않다. 예약은 필수이다.

주소 전남 담양군 창평면 유천리 397-4 전화 061-383-2768, 010-4546-2768 요금 10~30만 원 홈페이지 www.aresone.co.kr

선한 이웃

펜션과 도서관, 음악이 어우러진 곳으로 도서관을 함께 이용할 수 있다. 가격대가 저렴하고 주위가 매우 조용하나 취사 도구가 부족하므로 챙겨 가는 것이 좋다.

주소 전남 담양군 수북면 대방리 941-4 전화 061-383-1364 요금 5~30만 원 홈페이지 www.sunhannaver.com

곡성

기적 소리 들리는 **섬진강변**
기차 마을

하얀 연기를 내뿜으며 달리는 증기 기관차, 그리고 이제는 열차가 달리지 않는 기찻길……. 곡성 하면 가장 먼저 생각나는 것이 향수 어린 기차이다. 기대에 보답이라도 하듯 곡성 기차 마을은 잘 꾸며져 있다. 기차를 테마로 한 공원으로 증기선, 레일바이크 외에도 놀이기구와 천적 곤충관, 장미 공원, 음악 분수, 동물 농장과 영화 촬영소 등이 있다. 생각보다 둘러볼 것이 많아 시간이 훌쩍 간다.

공원에서 기차에 푹 빠졌다면, 증기선이나 레일바이크를 타고 섬진강변을
여유 있게 달려 보자. 시원한 계곡으로 유명한 도림사에서 더위를 식히는 것
도 좋다. 17번 국도를 타고 섬진강변에 늘어선 곡성의 또 다른 즐거움을 찾
을 수 있다. 더위를 날려 주고, 물살에 몸을 맡기는 래프팅도 좋고, 천체 망원
경으로 보는 별자리도 환상적이다. 계속 달리면 압록 유원지에 도착하는데,
이곳에서 참게와 은어로 배를 든든히 채울 수 있다.
독도사진박물관에서 아름다운 남도 사진을 구경하고, 태안사에서 고즈넉한
삼나무 길을 건너 계곡에 서 있는 능파각도 보고, 조태일 시 문학관도 들러
보자.

 **교통**

1. 대중교통

곡성의 대중교통은 타 지역과 연계되어 있어 다양하게 접근할 수 있다. 광주, 남원, 순천, 구례 등지에서 시외버스가 오가고 있어 이들 지역을 거쳐 갈 수도 있고 곡성으로 바로 가는 고속버스도 있다. 남도의 다양한 지역을 함께 둘러보고 싶다면 시외버스를 이용하는 것도 좋지만, 타 지역을 연계하는 것이 번거롭다면 고속버스나 섬진강을 따라가는 전라선 기차를 이용하는 것도 좋은 방법이다.

▶ 항공

광주까지 아시아나 항공이 3회 운항, 소요 시간은 약 50분이다.

요금 김포 – 광주: 정상 운임, 성수기, 비수기에 따라 6~9만 원, 할인 운임 3~5만 원선

▶ 철도

KTX, 새마을호, 무궁화호가 1일 10편 정도 운행하며, KTX는 약 2시간 10분, 새마을호 약 3시간 40분, 무궁화호 약 4시간 20분 정도가 소요된다.

요금 서울(용산) – 곡성: KTX 39,600원, 새마을호 33,100원, 무궁화호 22,200원(일반실 기준)

▶ 항공과 철도를 잇는 시외버스

광주 – 곡성 배차 간격 30분(1일 29회), 소요 시간 1시간 30분, 요금 4,400원

문의 광주 금호 터미널(062-360-8114)
홈페이지 www.usquare.co.kr

▶ 고속버스

서울에서 곡성까지 직행으로 움직이는 버스는 1일1회(15:00) 있다. 소요 시간은 약 3시간 10분이다.

문의 센트럴시티 터미널(02-6282-0114)
요금 서울 – 곡성: 18,900원

곡성 시외버스 터미널
위치: 전남 곡성군 곡성읍 읍내리 244-4
전화: 061-363-3919

2. 승용차

서울 – 경부 고속도로 – 천안논산 고속도로 – 익산장수 고속도로 – 순천완주 고속도로 – 서남원 IC – 곡성(총 거리 284.1km, 소요 시간 약 3시간 30분)

섬진강 기차 마을

> 증기 기관차 소리가 아련한 추억을 떠올리게 하는 곳

섬진강 기차 마을은 원래 섬진강의 모래를 운반하던 간이역이었다. 1998년 전라 복선화 사업을 진행하면서 구전라선 17.9km를 활용하기 위해 기차 마을로 공원화했다. 이곳에 가면 천적 곤충관, 국내 최대 규모를 자랑하는 장미 공원, 음악 분수, 간단한 바이킹 등의 놀이 시설, 나귀, 토끼, 흑염소, 공작, 닭 등이 있는 동물 농장이 있다. 무엇보다 증기 기관차와 레일바이크가 인기 있으며, 통일호를 개조해 만든 펜션도 찾는 이가 많다. 증기 기관차 2대 모두 미카 3-129이다. 미카(Mikado)는 일본어로 '황제, 우두머리'라는 뜻으로, 우리나라 마지막 증기 기관차의 번호를 딴 것이다.

또한 아련한 추억에 잠길 수 있는 곳이기도 하다. 1960~1970년대에 시간이 멈춘 듯한 세트장은 영화 〈태극기 휘날리며〉, 〈아이스케키〉, 드라마 〈경성 스캔들〉 등을 촬영한 곳이다.

주소 전남 곡성군 오곡면 오지리 770-5 전화 061-360-8359 시간 증기 기관차: 기차 마을 출발 09:30~17:30(2시간 단위), 가정역 출발 10:25~18:25(2시간 단위) 요금 입장료 성인 5,000원, 소인 4,500원 / 섬진강 레일바이크(침곡역 - 가정역 / 편도) 2인승 2만 원, 4인승 3만 원 / 기차 마을 레일바이크 4인승 5,000원 / 증기 기관차 성인 왕복 7,000원, 성인 편도 4,500원, 소인 왕복 6,500원, 소인 편도 4,000원 홈페이지 www.gstrain.co.kr 기차 곡성역에 도착하여 도보나 택시 이용(0.8km) 버스 곡성 시외버스 터미널에 도착하여 택시 이용(1.5km, 택시비 3,000원)

Fun point
1. 동물 농장
2. 천적 곤충관
3. 장미 공원

섬진강 레일바이크

▶ 바람을 가르며 달리는 섬진강변

침곡역-가정역 사이 5.1km 구간의 레일을 따라 섬진강변을 내려다보며 달린다. 멋진 풍경이 펼쳐지는 철로 위를 달리며 몸으로 맞는 바람이 좋아 찾는 사람이 아주 많다. 페달을 밟아야 해서 힘든 것도 있지만, 경사가 아래로 흐르게 되어 있어 운행에 어려움이 없는 편이다.

침곡역에서 출발하는 사람들이 기다리는 시간을 배려한 듯 침곡 역사 휴게실이 있다. 이곳에서 차를 마시고 있으면 증기 기관차가 뽀얀 김을 내뿜으며, 레일바이크를 가져다 준다. 가정역에서 침곡역까지는 무료 셔틀을 타고 돌아갈 수 있으니, 돌아갈 걱정은 하지 않아도 된다.

주소 전남 곡성군 오곡면 침곡리 45-1 전화 061-362-7717 시간 09:00~17:00(2시간 단위) 요금 2인승 20,000원, 4인승 30,000원 홈페이지 www.gstrain.co.kr 기차 곡성역에 도착하여 도보나 택시 이용(0.8km) 버스 곡성 시외버스 터미널에 도착하여 택시 이용(1.5km, 택시비 3,000원)

섬진강 압록 유원지

▶ 맑고 시원한 강과 참게탕

계곡이 아닌 강은 물이 조금 탁하기 마련인데, 이곳은 물이 맑고, 모기도 없다. 거기에 백사장도 있다. 그래서 여름 물놀이 장소로 인기 있다. 물놀이의 안전을 책임지는 안전 요원도 대기하고 있다. 래프팅을 통해 물살을 즐기기에 좋으며, 17번 국도를 타고 섬진강 주변을 관광하면서 참게탕 식사를 하기 좋은 곳이다.

여름이 아니라면 반월교와 철교 아래 징검다리에서 잠시 물을 즐기는 것도 좋다. 또한 곡성의 먹거리인 참게탕, 은어회를 잘하는 맛집도 이곳에 옹기종기 모여 있다.

주소 전남 곡성군 죽곡면 하한리 923-1 전화 곡성군 관광개발과 061-360-8224 버스 곡성 시외버스 터미널 – 압록1구(30분 간격, 20분 소요)

섬진강 압록 유원지에 모기가 없는 이유

이곳에 모기가 없는 것에는 재미있는 이야기가 전해 온다. 일명 '모기 전설'이라고 하는데, 강감찬 장군이 주인공이다. 감감찬 장군이 어머니를 모시고 여행을 하다 이곳 압록 유원지에서 노숙을 하게 되었다. 그날 밤 어머니가 극성스러운 모기 때문에 잠을 청하지 못하자, 강감찬 장군이 고함을 질러 모기의 입을 봉하였고, 이후로 이곳에는 모기가 없다고 한다.

섬진강 래프팅

▶ 온몸으로 체험하는 섬진강변 물살

섬진강 레일바이크 옆으로 섬진강 두가 지구 래프팅 체험장이 있다. 이곳은 물이 거칠거나 세지 않아 안전하게 래프팅을 즐길 수 있다. 이 체험장은 구름다리를 사이에 두고 곡성 레저와 굿월드 두 업체가 영업을 하고 있다. 기호에 맞게 선택하면 된다. 날이 많이 덥지 않아도 래프팅을 즐기는 사람이 많은 편이다.

버스 곡성 시외버스 터미널 – 압록 1구(30분 간격, 25분 소요)

TRAVEL TIP

업체 정보

섬진강 곡성 레저
주소 전남 곡성군 오곡면 송정리 78 전화 061-363-8778 요금 래프팅 3만 원, 서바이벌 3만 원
홈페이지 www.gsraf.com

굿월드
주소 전남 곡성군 고달면 두가리 620-1 전화 061-363-1733 요금 래프팅 3만 원, 서바이벌 3만 원, 자전거 대여 가능
홈페이지 www.ylcamp.co.kr

곡성 섬진강 천문대

▶ 360도 회전하는 거대 천체 망원경이 있는 곳

곡성 섬진강 천문대는 이름에는 곡성이 들어가지만 실제 주소는 구례이다. 섬진강 두가 지구 래프팅 체험장에서 구름다리를 건너 섬진강 레일바이크 맞은편에 섬진강 천문대가 있다. 한국 천문 연구원에서 우리나라 순수 기술로 제작한 600mm 천체 망원경을 이용해 야간 천문 관측을 경험할 수 있다. 주관측실에서 보는 거대한 망원경을 보는 것만으로도 탄성이 나오지만, 직접 들여다보고 그것이 무엇인지 설명도 들을 수 있다. 밤에는 별자리에 관한 설명과 함께 볼 수 있으며, 시간 확인은 필수이다. 달이 밝은 날은 별 관찰이 힘들다.

주소 전남 구례군 구례읍 논곡리 829-2 전화 061-363-8528 시간 14:00~21:00(18시부터 19시까지는 일몰 후 빛이 남아 관측 불가) 요금 대인 3,000원, 군인 · 청소년(13세 이상~18세 이하) 2,000원, 어린이(6세 이상~12세 이하) 1,000원 홈페이지 star.gokseong.go.kr 버스 곡성 시외버스 터미널 – 압록1구(30분 간격, 25분 소요)

독도사진박물관

▶ 사진을 보며 호젓하게 쉬어 갈 수 있는 곳

한국 비경 촬영 단장과 충무로 사진 마을 갤러리 대표, 월간《마운틴》사진 편집위원을 맡고 있는 사진 작가가 운영하는 사진 전시관이다. 이 사진 작가에게 곡성군에서 폐교를 이용할 수 있도록 해 주면서 이곳이 이렇게 독도사진박물관(김종권 사진 전시관)으로 변하게 되었다.
독도사진박물관에 들어서면 사진 도구들과 장비가 눈에 띈다. 장비를 지나면 이제 남도 사진 전시관 총 9개 관을 통해 자연 속의 아름다운 곡성, 남도의 바다, 강, 호수, 산과 들, 문화 유적, 야생화, 독도, 명산, 비경을 볼 수 있는데, 작가가 교장님이 되어 직접 설명을 해 준다. 학교를 나오면 운동장에는 잔디가 깔려 있고, 야생화도 피어 있다. 학교 옆으로는 계곡도 흐르고 있어 더욱 좋다.

Fun point
1. 김종권 작가 사진
2. 학교 옆쪽 계곡
3. 잔디 운동장에서의 야영

이곳에서는 숙박도 할 수 있다. 운동장에서의 야경도 좋지만, 인기 있는 것은 펜션이다. 특히〈식객〉의 허영만 작가가 지어 준 하늘 방 펜션은 창으로 하늘이 들어오는 구조라서 더욱 인기가 좋다. 단, 산장식이라 불편함은 어느 정도 감수해야 한다.

주소 전남 곡성군 죽곡면 동계리 269 전화 061-362-0313 요금 캠핑 1박 25,000원 / 연박 20,000원 홈페이지 dokdocamp4141.modoo.at 버스 곡성 시외버스 터미널 – 죽곡행 군내 버스 – 창기 버스 정류장 하차(1시간 소요)

태안사

▶ 계곡과 조화를 이루는 능파각

통일 신라 시대에 세워진 사찰로, 한때 송광사와 화엄사를 말사로 거느릴 만큼 큰 절이었다. 통일 신라 시대부터 고려 초까지 오랜 기간 영화를 누렸지만, 아쉽게도 6·25 전쟁 때 대부분 소실되고 다리 역할을 하는 일주문과 능파각만 남아 있다. 그럼에도 능파각과 어울리는 계곡과 숲이 멋진 풍경을 만들어 낸다.

일주문을 지나 능파각까지 전나무와 삼나무가 늘어서 있다. 조용히 산책하듯 길을 걸어 보자. 능파각은 계곡과 절묘하게 조화를 이루는데, 여느 곳에서 쉽게 볼 수 있는 것이 아니다. 경내로 들어가면 부처님의 사리를 모신 삼층 석탑이 작은 연못 안에 나무 다리로 연결된 작은 섬에 우뚝 서 있다.

주소 전남 곡성군 죽곡면 원달리 20 전화 061-363-6622 시간 06:00~20:00 요금 대인 1,500원, 학생 1,000원 버스 곡성 시외버스 터미널 – 태안사 입구(1일 14회, 65분 소요)

TRAVEL TIP

태안사의 볼거리들

일주문 : 1981년 10월 20일 전라남도 유형문화재 제83호로 지정되었다. 1683년(숙종 9년)에 각현선사가 중수하였고, 1917년 영월선사가 다시 중수한 것을 1980년에 보수하였다. 절의 입구에 제일 먼저 통과하게 되는 문이다. 기둥이 한 줄로 나란히 서 있어 한일(一)의 모습이다. 일심(一心)을 형상화했다고 하는데, 이러한 모습으로 절 앞에 서 있는 이유는 일심으로 마음을 통일하여 깨달음을 바라는 표현이다.

능파각 : 능파라는 단어는 '미인의 가볍고 우아한 걸음걸이'를 의미하는 말인데, 계곡과 능파각의 조화가 아름다워 이렇게 부른다고 한다. 각은 사방을 바라볼 수 있게 지은 집이다. 다리의 역할을 하는 특이한 전각으로, 이곳에서 보는 풍경이 매우 좋다.

Fun point

1. 조태일 시문학 기념관 같이 보기
2. 경찰 충혼탑 묵념하기

도림사

▶ 시원한 계곡이 유명한 사찰

동악산 줄기에 자리 잡은 도림사는 동악산에 싸여 있어, 도림사에서 동악산을 바라보면 묘한 안락함이 느껴진다. 절을 세우고 나서는 절에 도인들이 모여들어 '도림사'라고 불리는 이곳에는 보제루, 오도문, 보광전, 응진전, 명부전, 칠성각, 궁현당, 정현당, 설선당, 범종각 등 부속 건물이 있다.
또한 도림사는 계곡도 유명하다. 계곡 중간중간 좋은 돌들이 놓여 있어 예부터 시인들이 많이 찾았다 한다.

주소 전남 곡성군 곡성읍 월봉리 327 전화 061-362-2727(템플 스테이 신청) 시간 09:00~17:00 요금 대인 2,000원, 홈페이지 www.dorimsa.net 버스 곡성 시외버스 터미널 – 도림사 입구(1시간 간격, 5분 소요)

도림사 즐기기

❶ 보제루
널리 중생을 어려움에서 벗어나게 해서 극락 세계로 인도해 준다는 '보제'의 뜻에 부합되게 이 건물에서는 예불과 법요식이 거행된다. 안쪽에 나무로 된 물고기 목어가 걸려 있다.

❷ 보광전
보살님이 총 세 분이 계시다. 각각 역할이 다르며, 극락 세계에 계시는 분들인데, 왼쪽 분은 관세음보살이라고 부르며 찾는 이에게 지혜를 준다. 오른쪽에 계신 분은 지장보살로 살아갈 힘을 준다. 가운데 분은 아미타불이며 자비를 베푸는 분이다. 뭔가 고민이 있으면 왼쪽 분, 우울하고 지친다면 오른쪽 분, 무언가 죄를 씻고 싶다면 중앙에 계신 분을 바라보고 대화해 보자.

❸ 응진전
부처님에게는 16명의 뛰어난 제자가 계신데 이를 16나한이라 한다. 제자인 나한을 모신 법당이 이곳 응진당이다. 깨달음의 순서로 서열을 매기면, 부처(불), 보살, 그 다음이 나한이다. 그래서 건물의 격도 낮게 하고, 불단에 대한 장식이 소박하고, 닫집도 없다.
도림사의 16나한은 원효대사가 찾아낸 석상들이라는 이야기가 전해진다. 원효대사의 꿈속에서 부처님과 16나한의 모습이 나타나서, 원효대사가 꿈에 나온 형제봉에 갔더니 그곳에 아라한 석상들이 솟아 있어, 이곳에 모셨다고 한다.

❹ 명부전
'명부'라는 말은 염라왕이 다스리는 곳을 말한다. 즉 저승 세계다. 그래서 죽은 이들이 극락왕생하도록 기원하는 곳이다. 정면 3칸, 측면 2칸의 맞배 지붕과 주심포 형식의 건물이다. 외벌대의 낮은 기단 위에는 덤벙주초를 놓고 원형 기둥을 세웠다. 내부에는 지장보살, 지장삼존상, 시왕상, 판관, 녹사, 사자, 장군상, 인왕상 등 모두 21상이 봉안되어 있다.

❺ 칠성각
우리나라는 종교에 대해 개방적인 국가이다. 칠성각은 토속 신앙이 불교에 흡수된 사례인데, 칠성신은 재물과 재능을 주고 아이들의 수명을 늘려 주며 비를 내려 풍년이 들게 해 주는 신이다. 칠성각에 들어가 기도를 해 보는 것도 좋은 경험이 될 것이다.

❻ 범종각
절의 다른 건물과 다르게 기둥과 지붕으로 이루어져 사방이 뚫려 있다. 불교 사원에서 쓰는 종으로, 종루 또는 종루문에 걸어 놓고 당목(撞木)으로 쳐서, 사람을 모이게 하거나 시각을 일리며 제행사의 신호로 쓰이는 종이다. 일명 경종(鯨鍾), 당종(撞鍾), 조종(釣鍾)이라고도 한다. 범종의 신앙적인 의미는 종소리를 듣는 순간만이라도 번뇌로부터 벗어날 수 있다고 믿는 데 있다. 따라서 종소리를 듣고 법문(法門)을 듣는 자는 오래도록 생사의 고해(苦海)를 넘어 불과(佛果)를 얻을 수 있다고 한다.

❼ 사물
물고기 모양 나무(목어), 구름 모양 금속판(운판), 북(법고), 종(범종) 등 4가지를 사물이라고 한다. 신앙적으로는 사물을 두드릴 때 나는 소리를 듣는 순간에 번뇌로부터 벗어날 수 있다고 믿기 때문에 지옥의 고통으로부터 구원하기 위해 사물로 형상화해 놓은 것이다. 범종은 우리와 같은 중생, 법고는 소의 가죽으로 만들어 가축이나 들짐승, 운판은 구름 모양으로 새나 하늘에 있는 영혼을 구원한다. 마지막으로 용의 머리를 한 목어는 수중 생물을 구원하기 위해 소리를 내는 것이다.

❽ 템플 스테이
템플 스테이 신청을 하면 언제든 묵을 수 있다. 다도만 할 경우 2만 원, 예불, 참선 등의 프로그램이 포함되면 3만 원이다. 산사 옆에 계곡이 있어 자연을 즐기기에 좋다.

위치 전남 곡성군 곡성읍 월봉리 372 전화 061-362-2727 요금 1인당 2만 원~3만 원 홈페이지 www.dorimsa.net

통나무집

남도 음식 명가집으로 지정되어 있다. 은어 관련 요리와 참게탕으로 유명하다. 참게탕은 시래기와 참게를 넣고 빨갛게 끓여 내는 탕으로, 비리지 않고 얼큰하고 시원하다. 배 안에 고추와 마늘을 넣은 은어 구이는 입맛을 돋우며, 참게탕은 알이 잔뜩 배어 있고, 국물이 구수하다.

주소 전남 곡성군 죽곡면 하한리 946 전화 061-362-3090, 8354 요금 참게탕 (소) 3만 원, (중) 4만 원, (대) 5만 원 / 은어회 (소) 3만 원, (대) 4만 원

용궁 산장

참게탕으로 유명한 집이 바로 용궁 산장이다. 압록 유원지 근처에 있어서 찾는 이가 더욱 많다.

주소 전라남도 곡성군 죽곡면 하한리 946-3 전화 061-362-8346 요금 참게탕 2인 3만 원

새수궁 가든

25년 전통을 가지고 있는 참게탕 집으로 남도 음식 축제 명장 요리 경연 분야 최우수상 경력을 가진 분이 이곳 주인장이다. 남도 음식 별미집으로도 지정되어 있다.

주소 전남 곡성군 죽곡면 하한리 937 전화 061-362-8352 요금 참게탕 (소) 3만 5천 원, (중) 4만 5천 원, (대) 5만 5천 원 / 은어회 2만 원

돌실 숯불 회관

전남 지역 돼지 요리 경연 대회 최고 인기상을 받은 곳이며, KBS 〈VJ 특공대〉에 방영되었다. 이 집 근처에는 돼지 불고기 집이 많은데, 이곳이 광주로 향하는 중간 기착지이다 보니 과거에는 버스 터미널 주위에서 드럼통 위에 석쇠를 올려 놓고 돼지고기를 구워 먹은 데서 시작되었다고 한다.

주소 전남 곡성면 석곡리 212-6 전화 061-363-4157 요금 흑돼지 석쇠 불고기 1만 1천 원, 한우 석쇠 불고기 2만 2천 원

석곡 식당

3대째 이 자리에서 대를 이어 돼지 석쇠 구이를 하는 집이다. 역시 남도 음식 명가로 지정된 곳이다. 밑반찬으로 두부김치, 갓김치, 오이무침, 무쌈, 미나리나물, 도토리묵 등이 나온다.

주소 전남 곡성군 석곡면 석곡리 99 전화 061-362-3133 요금 석쇠 불고기 1만 5천 원(3인부터 주문 가능)

기차 마을 기차 펜션

'강에산에'라는 펜션과 통일호를 개조해 만든 펜션 두 곳이 있다. 아무래도 통일호를 개조해 만든 펜션으로 유명해졌다. 창밖으로 보는 풍경이 무척 아름답다.

주소 전남 곡성군 오곡면 송정리 55-1 전화 061-362-5600 요금 2인 6~12만 원, 3인 8~14만 원, 4인 10~18만 원, 12인 22~34만 원 홈페이지 www.gspension.co.kr

심청 한옥 마을

심청 한옥 마을에 들어서면 심봉사의 동상이 있고, 마을 입구에는 인당수에 뛰어드는 심청이의 동상이 있다. 기와 6동, 초가 12동으로 꾸며진 한옥 펜션이 마을을 이루고 있다. 한옥 펜션은 외관과 달리 내부는 현대식으로 꾸며져 있다.

주소 전남 곡성군 오곡면 송정리 274 전화 061-363-9910 요금 5~37만 원 홈페이지 www.gstrain.co.kr

독도사진박물관

곡성에서 김종권 사진 작가에게 폐교를 이용할 수 있도록 해서 지어진 곳으로, 학교 안에 아름다운 남도의 풍경이 전시되어 있다. 운동장에는 잔디가 깔려 있고 야생화도 피어 있다. 학교 옆으로는 계곡도 흐르고 있어 더욱 좋다. 뿐만 아니라 산장식 펜션으로도 이용되고 있는데, 특히 〈식객〉의 허영만 작가가 지어준 하늘 방이 인기가 좋다. 창으로 하늘이 들어오는 구조가 멋지다. 단, 냉난방 시설이 약하다는 사실은 미리 알아 두자.

주소 전남 곡성군 죽곡면 태안로 793(동계리 269) 전화 061-362-0313 요금 캠핑 1박 2만 5천 원 / 연박 2만 원 홈페이지 dokdocamp4141.modoo.at

도림사 오토캠핑리조트

도림사 바로 아래에 위치한 캠핑장으로, 오토캠핑 외에도 카라반, 캐빈 하우스를 함께 설치하여 개인 취향대로 숙박시설 선택이 가능하다. 캠핑장 40면, 카라반 10동, 캐빈 하우스 14동, 취사장, 샤워장이 마련되어 있다. 이 외에도 야외 무대와 잔디 광장, 다목적 운동장, 캠프파이어장이 함께 준비되어 있어 단체 행사를 하기에도 좋은 장소이다.

주소 전남 곡성군 곡성읍 도림로 74 전화 061-363-6224 요금 야영장 3만 원, 카라반 및 캐빈 하우스 성수기 9~12만 원, 비성수기 5~8만 원 홈페이지 www.dorimsacamping.co.kr

구례

촉촉한 산수유 마을과
단풍이 아름다운 피아골

구례는 예로부터 3가지가 크고 3가지가 아름다운 땅이라 하여 삼대삼미(三
大三美)의 고장이라 불렸다. 삼대(三大)는 지리산, 섬진강, 구례 들판을 뜻
하고, 삼미(三美)는 아름다운 경관, 넘치는 소출, 넉넉한 인심을 뜻한다.
구례라는 지명보다 유명한 산수유 마을, 화엄사, 피아골, 지리산 등이 모두
구례 안에 있다. 그만큼 구례는 우리에게 익숙한 관광지가 많은 곳이다.

봄이면 산수유가 지천으로 흐드러져 마치 영화 속의 한 장면 속에 들어와 있
는 듯한 착각을 일으킨다. 하동으로 이어지는 섬진강 벚꽃길, 웅장함으로 무
장한 화엄사, 지리산 반달가슴곰을 지키기 위해 애쓰는 연구 기관에서 체험
을 진행해 주는 국립공원관리공단 종복기술원, 산과 산 사이를 흐르는 멋진
계곡, 계곡에 우거진 울창한 나무와 아름다운 단풍잎 등 볼거리가 다양하다.
이곳의 관광 명소는 단순히 구례에서 유명한 곳이라기보다 전국적으로 내
놓아도 그 부문에서 1등을 할 만한 곳들이다. 한 번 찾으면 두 번, 세 번 찾게
되고, 다시 계절이 바뀌면 또 찾게 되는 곳이 바로 구례이다.

 **교통**

1. 대중교통

항공을 이용한다면 여수, 광주까지 이용 후 시외버스를 타야 하고, 열차를 이용할 시에는 전라선 열차를 타고 구례역에 내려 군내 버스를 타고 들어갈 수 있다. 고속버스는 서울에서 구례로 가는 직행버스가 있다. 그러나 직행은 곡성을 거쳐 섬진강 길을 따라 구례읍으로 들어가므로 산수유 마을인 산동면을 가고자 한다면 전주나 남원에서 직행을 타고 가는 루트를 고려해 볼 수도 있다.

▶ 항공

여수까지 대한 항공이 2회, 아시아나 항공이 4회 운항한다. 소요 시간은 약 50분이다. 또한, 광주까지 아시아나 항공이 3회 운항한다. 소요 시간은 약 50분이다.

요금 김포 – 여수: 정상 운임, 성수기, 비수기에 따라 8~10만 원, 할인 운임 4~5만 원선
　　　김포 – 광주: 정상 운임, 성수기, 비수기에 따라 6~9만 원, 할인 운임 3~5만 원선

▶ 철도

서울(용산)에서 구례까지 KTX 3회, 새마을호 2회, 무궁화호 5회로 1~2시간 간격으로 운행한다. 소요 시간은 KTX 2시간 20분, 새마을호 4시간, 무궁화호는 4시간 30분이다.

요금 서울(용산) – 구례구: KTX 41,500원, 새마을호 35,000원, 무궁화호 23,600원(일반실 기준)

▶ 항공과 철도를 잇는 시외버스

여수 – 구례 소요 시간 1시간 40분, 수시로 운행, 요금 8,100원

광주(직통) – 구례 소요 시간 1시간 30분, 배차 간격 20~30분, 요금 7,800원

문의 광주 금호 터미널(062-360-8114), 여수 터미널(061-652-6977)
홈페이지 www.bustago.or.kr

▶ 고속버스

서울(센트럴) – 구례는 1일 1회, 09:20 출발한다. 소요 시간 3시간 20분이다.

문의 02-6282-0114
요금 서울 – 구례 19,900원(일반)

구례 공용 버스 터미널
주소: 전남 구례군 구례읍 봉남리 1
전화: 061-780-2730

2. 승용차

① 경부 · 중부고속도로 → 호남 고속도로 → 전주-순천 간 4차선 산업도로(약 4~5시간 소요)
② 서울 → 천안 → 논산 → 전주 → 남원 → 구례(천안논산 고속도로 이용, 약 3시간 30분 소요)
(구례 택시: 061-783-5000)

산수유 마을

▶ 노란 왕관 꽃들이 부르는 환상적인 봄의 향연

지리산 기슭에 천 년 전에 중국 산동성 처녀가 시집오면서 산수유 묘목을 심은 것이, 천 년이 지난 지금 넓은 지역에 빼곡히 산수유 나무가 자생하게 되었다고 한다. 인위적으로는 만들 수 없는 절경이 이곳에 펼쳐진다. 담장 안, 논두렁, 계곡 돌 틈까지 산수유 나무가 지천이다. 산수유 나무는 아래서부터 가지가 많아 낮은 길을 만들어 내는데, 낮은 검은 돌담과 초록의 이끼가 어우러져 봄의 황홀경을 연출한다. 상위 마을에 산수유 나무가 가장 많고, 아래쪽 반곡 마을 대평교는 드라마 〈봄의 왈츠〉를 촬영했던 곳으로, 사람들이 많이 찾는다. 계척 마을에는 천 년 된 산수유 시목이 있고, 달전 마을에는 3백 년 된 할아버지 산수유 나무와 공원을 함께 조성해 두었다.

먼저 상위 마을부터 시작해 하위 마을, 반곡 마을을 둘러보고 돌아 나와 계척 마을, 현천 마을 쪽으로 이동하는 것이 좋다. 산수유 축제는 3월 중순에서 하순까지이며, 홈페이지를 통해서 날짜를 확인하는 것이 좋다.

주소 전남 구례군 산동면 위안리 전화 061-783-1039 홈페이지 www.sansuyu.net
버스 구례 공용 버스 터미널 – 상위 – 구례 산수유 마을(산동 노선, 일 5회 운행, 50분 소요)

산수유

산수유는 3번이나 꽃망울을 터뜨린다. 먼저 봉우리가 열리면서 꽃이 되고, 다음에는 20여 개의 꽃송이가 각각 터진다. 마지막에는 꽃송이 안에 수술이 길게 나오면서 꽃을 피운다. 빨간 과육과 씨앗을 분리해 과육으로 차, 술, 한약재를 만드는데, 신장 계열 질병, 관절염, 부인병에 약재로 쓰인다.

Fun point

1. 산수유 축제
2. 드라마 〈봄의 왈츠〉 촬영지

3. 산수유 문화관
4. 산수유 사랑공원에서
   기원나무 만들기

수락 폭포

▶ 동편제 명창 송만갑이 득음한 장소

바위 사이로 우뚝우뚝 소나무가 솟아 있고, 하늘에서 은가루가 쏟아진다. 수락 폭포를 은가루로 비유하는 데는 그만한 이유가 있다. 농사로 지친 인근 주민들의 허리 통증과 신경통을 다스려 주는 고마운 물이기 때문이다. 물맞이를 할 수 있는 넓은 바위는 성인 10명이 설 수 있을 정도다. 15m 되는 폭포는 꽤 높은 편이고, 폭포 옆으로 데크가 있어 계곡 위쪽까지 시원한 물줄기를 보면서 산책이 가능하다. 폭포 입구까지 차로 이동 가능하며, 물놀이를 하기에도 좋아 여름이면 사람들로 북적인다. 물놀이 공간 옆으로 음식점도 있다.

수락폭포는 1930년 동편제의 명창 송만갑이 득음을 한 장소이기도 하다. 구례를 기점으로 판소리를 동편제와 서편제로 나누는데, 동편제는 풍부한 성량과 우렁찬 소리와 대조되는, 고운 소리로 유명하다.

주소 전남 구례군 산동면 수기리 249-3 전화 061-780-2608 요금 없음 버스 구례 공영 버스 터미널에서 산동면 수기리행 군내 버스 탑승 – 종점에서 하차(35분 소요)

지리산 온천 랜드

▶ 건강에 좋은 온천수로 즐기는 노천 온천

2011년 리뉴얼로 시설이 좋아져 더 인기 있는 곳이 되었다. 노천 온천에서 지리산이 한눈에 들어오고, 기암괴석 사이로 떨어지는 폭포 아래서 온천욕을 할 수 있다. 대나무탕이 운치를 더하고 바데풀에서 피로를 푸는 것도 그만이다.

이곳의 온천수는 게르마늄의 항산화 작용으로 인해 6개월을 보관해도 물이 상하지 않을 정도이다. 예로부터 신비한 약수로 유명했으며, 학자들은 21세기 기적의 물, 불가사의한 신비의 약수라 부른다.

게르마늄은 성인병, 바이러스 억제를 통한 항암, 관절염, 피부병, 부인병, 당뇨, 피부 노화 방지, 위장병 등에 효과가 있다. 그래서 온천 랜드는 정수 과정을 거치면 물은 부드러워지지만, 온천수의 광물 성분이 제거되므로 정수 과정을 거치지 않고, 화학 처리도 전혀 하지 않는다.

주소 전라남도 구례군 산동면 관산리 522 전화 061-780-7800 요금 노천 테마파크+온천 사우나+찜질방 대인 1만 4천 원, 소인 1만 1천 원 / 온천 사우나 대인 1만 원, 소인 8천 원 홈페이지 www.spaland.co.kr 버스 구례 공영 버스 터미널 – 온천 랜드(40분 간격, 20분 소요)

화엄사

▶ 웅장함과 중후함으로 압도하는 큰 사찰

백제 성왕 22년, 인도 스님 연기조사가 창건하여 백제 법왕 때는 3천 명의 스님이 계실 만큼 번성한 절이었다. 큰 일주문 사이로 뚫린 길을 지날 때는 절 안으로 들어왔다는 느낌이 없지만 불이문, 금강문, 천왕문을 지나면서 서서히 화엄사의 품에 들어선다. 범종각을 지나, 법고가 있는 운고루는 구름에 닿을 듯하다. 화엄사의 강당인 보제루에서 화엄사에 관한 자료를 보며 마주하게 되는 각황전은 그 웅장함과 중후함으로 보는 이를 압도한다. 시선을 넓히니 각황전 앞으로 부드러운 석등도 들어온다. 높이가

6m가 넘는, 우리나라에서 가장 큰 규모의 석등이지만 웅장한 각황전과 석등이 어우러져 하나가 된다. 각황전 오른쪽으로 홍매화가 보이는데, 화려한 아름다움에 황홀해진다. 오른쪽 108계단을 오르면 적멸보궁이 나타난다. 적멸보궁은 원래 부처의 진신사리를 모시는 법당을 이야기한다. 법당 뒤로 사리탑이나 언덕 모양의 계단을 쌓고 사리를 봉안하는 형태로 나타나지만, 이곳은 사리탑만 있다. 신라의 자장율사가 사리를 모셔서 정통성이 있는 곳이다. 삼층석탑의 생로병사를 나타내는 사자들은 모두 다른 표정을 짓고 있다. 맞은편 석탑은 창건자 연기조사의 모습이다.

주소 전남 구례군 마산면 황전리 12 전화 061-782-9100 요금 대인 3,500원, 학생 1,800원, 어린이 1,300원 홈페이지 www.hwaeomsa.org / 템플스테이 hwaeomsa.templestay.com 버스 구례 공용 버스 터미널 – 화엄사 입구(30분 간격, 20분 소요)

국보 찾기

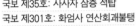

국보 제67호: 각황전(현존하는 목조 건물 중 최대 규모)
국보 제12호: 각황전 앞 석등
국보 제35호: 사사자 삼층 석탑
국보 제301호: 화엄사 연산회괘불탱

국립공원관리공단 종복원기술원

▶ 이색 체험을 할 수 있는 곳

Fun point
1. 사전 예약으로 반달곰 체험 참가
2. 황전 오토 캠핑장에서 캠핑 참가

생태 전시관, 생태 학습장이 있다. 생태 전시관은 언제든 볼 수 있고, 생태 학습장에서는 200m의 산길을 걸으며, 방사된 반달가슴곰의 위치 추적 체험, 동면굴 체험, 올무 체험을 할 수 있다. 탐방 프로그램은 동면 기간 등을 고려해 사전 예약을 통해 진행하며, 생태 학습장 안내원의 안내를 따라 반달가슴곰 영상실에서 영상을 보고, 생태 학습장에서 반달가슴곰의 생태를 관찰하고, 생태 관람 전시관을 관람하는 코스로 진행된다.

미리 예약하지 않았다면 전시관 관람밖에 할 수 없지만, 생태 전시관 관람도 좋은 경험이 될 것이다. 국립공원 종복원센터 내에 있다.

주소 전남 구례군 마산면 황전리 41 전화 061-783-9120~2 버스 구례 공영 버스 터미널에서 화엄사행 군내 버스 탑승 후 화엄사 시설 지구 주차장에서 하차 종 복원 센터까지 도보 5분 이동

섬진강 어류 생태관

▶ 크고 넓고 수종도 다양한 생태관

섬진강변에 자리한 멋진 건물이다. 넓은 광장에 시원한 분수, 조형물이 있고, 입구에 물고기 조형물이 하늘을 향에 뛰어오르는 것이 어류 생태 전시관임을 짐작하게 한다. 섬진강 민물고기 자원을 보존ㆍ전시하기 위해 개관한 곳으로, 3~4월이면 섬진강에 연어를 방류하는 사업도 진행한다. 생태관에는 전시실과 수족관, 그리고 옥외 전시관이 마련되어 있다. 민물고기를 다양하게 만날 수 있는 곳이 많지 않은데, 이곳은 44m나 되는 수조에 민물고기가 가득하다. 황어, 가물치, 잉어, 붕어, 동자개, 송어, 납자루, 쏘가리, 누치 등 섬진강에서 서식하는 59종 5만여 마리를 이곳에서 볼 수 있다. 특히 수달이 인기가 많다.

주소 전남 구례국 간전면 양천리 815-12 전화 061-781-3665~6 요금 성인 (20~64세) 2,000원, 청소년 (7~19세) 1,000원 홈페이지 www.sjfish.or.kr 버스 구례 공영 버스 터미널에서 간전 효곡또는 중대리행 군내 버스 탑승 - 섬진강 어류 생태관에서 하차(버스 기사에게 내릴 위치를 미리 알려 주는 것이 좋다)

운조루

▶ 누구나 쌀을 가져갈 수 있는 쌀 뒤주가 있는, 인심 좋은 부잣집

운조루는 '구름 속을 나는 새가 사는 집'이라는 의미이다. 전남 지역에서 유명한 부잣집으로, 한옥 마을 안에 고택 운조루가 있다. 운조루 앞쪽으로 넓은 연못이 인상적이다. 여느 연못처럼 물이 고여 있는 것이 아니라, 물소리를 내며 집을 돌아 흐른다.

고택을 지은 조선 영조 시대 류이주 선생의 후손이 방문객을 맞이한다. 고택에 대한 설명을 들으며, 집을 돌아볼 수 있다. 명당자리 이야기, 대문에 걸린 뼈 조각에 관한 이야기, 뒤주 이야기를 들으면 시간이 훌쩍 지나간다. 시간의 흐름이 묻어나는 나무의 그을음과 이야기가 있는 곳이다. 200년이 넘은 쌀 뒤주에 쓰인 '타인능해(他人能解)'는 '누구나 쌀을 가져갈 수 있다'는 뜻으로, 배고픈 사람 누구에게나 쌀 뒤주를 열어 준 류이주 선생의 마음을 헤아릴 수 있다. 후손들이 살고 있는 곳이니, 예의를 지키며 관람하도록 하자.

주소 전남 구례군 토지면 오미리 103 전화 061-781-2644 요금 성인 (19세 이상) 1,000원, 학생 (13~18세), 어린이 (12세 이하) 무료 홈페이지 운조루 www.unjoru.net / unjoru.com / 문화재청 www.cha.go.kr 버스 구례 공영 버스 터미널에서 토지면 오미리행 버스 탑승 – 운조루에서 하차(20분 소요)

곡선재

▶ 집 앞 정원을 도는 작은 물길과 멋진 연못

한국의 아름다운 정원으로 의미도 있고, 아름답기도 하다. 곡선재의 담이 높은 것은 풍수지리적으로 명당의 기운을 받기 위해서이다. 높은 담이 성곽인가 싶은 이곳 곡선재는, 조선 시대 정원 문화를 잘 보여 주는 곳이다.

높은 담을 지나 집으로 한 걸음 내딛으면, 연약하고 낮은 꽃과 관목이 펼쳐져 있다. 그 사이로 연못과 이어진 물이 흐르고, 물길은 돌로 아름답게 장식되어 있다. 안쪽으로 들어가면 꽤 큰 연못 안에 잉어가 헤엄치고 이것을 내려다볼 수 있는 누각이 지어져 있다. 조선 시대 아름다운 정원을 이곳에서 볼 수 있다. 누구에게나 열려 있는 곳이니 들러 보자. 민박도 가능하다.

주소 전남 구례군 토지면 오미리 476-3 전화 061-781-8080 홈페이지 www.gokjeonjae.com 버스 구례 공영 버스 터미널에서 토지면 오미리행 버스 탑승 – 운조루에서 하차(20분 소요)

피아골

깊고 넓은 계곡 중의 계곡

이 일대에 식물인 '피(稷)'가 많아서 '피밭골'이라 불리다가 '피아골'이 되었다. 임진왜란, 한말(韓末) 격동기, 여순 반란 사건, 6·25 전쟁 등 싸움이 벌어질 때마다 많은 사람이 이곳에서 목숨을 잃었다.

산속을 흐르는 물줄기가 계곡인데, 이곳은 산과 산 사이를 흐르는 듯한 느낌의 넓은 계곡이다. 넓기만 하다면 해를 나무가 가려 주지 못할 텐데, 이곳은 나무가 충분히 계곡을 덮어 시원하게 물놀이를 할 수 있다. 그래서 피아골은 전국적으로 유명한 계곡이다. 7~8월에만 계곡 물놀이가 허용되고, 어린이들이 좀 더 안전하게 물놀이를 할 수 있도록 수영장도 마련했다. 또한 이곳 피아골은 단풍으로도 이름나다. 우리나라의 명산 중 단연 최고인 지리산의 10경 중 하나이다. 여름엔 물놀이하러, 가을엔 단풍을 보러 가자. 피아골 단풍제는 매년 11월 초에 진행된다.

주소 전남 구례군 토지면 내동리 전화 탐방 안내소 061-783-9100 요금 어른 1600원, 어린이 400원 / 주차 요금 (최소 1시간): 경형 500원, 중·소형 1,100원, 대형 2,000원 / 1시간 이후 10분 당 추가요금: 경형 100원, 중·소형 250~300 원, 대형 400~500원 / 정액 요금: 경형 2,000원, 중·소형 4,000~5,000원, 대형 6,000~7,500원 버스 구례 공영 버스 터미널에서 토지면 직전행 군내 버스 탑승 – 직전 하차(40분 소요)

연곡사

국보인 부도를 감상할 수 있는 곳

연곡사에 오르는 길은 기분이 좋다. 계곡의 물소리와 시원한 나무 그늘을 따라 올라가면 연곡사가 있다. 답사 여행에서 연곡사는 빠지지 않는다. 국보로 지정된 부도 때문이다. 특히 불교 미술에 관심 있는 사람들이 찾는다. 《나의 문화유산 답사기》에서 "연곡사는 유례를 찾아보기 힘든 부도들의 축제를 고이 간직하고 있어서 지리산 옛 절집의 마지막 보루라 할 만하다."라고 소개한 후로 아늑한 절에서 시간을 보내고자 하는 사람들이 많이 찾는다.

통일 신라에 창건한 이 절은 6·25 전쟁 때 파괴되었던 것을 근래에 다시 중창한 것으로, 경내에 새 건물들이 지어지고 있어 그 전과 느낌은 다르다.

주소 전남 구례군 토지면 내동리 1017 전화 061-782-7412 버스 구례 공영 버스 터미널에서 피아골, 연곡사행 군내 버스 탑승 – 종점에서 하차(약 30분 소요)

국보 찾기

동부도: 국보 제 53호 / 북부도: 국보 제 54호

구례 시내권

체험거리가 모여 있는 구례 시내

구례읍은 구례로 들어가는 관문으로, 3일과 8일에 열리는 5일장, 상설 시장도 있다. 상설 시장에는 서울까지 입소문이 퍼진 유명한 맛집도 있다. 구례 시내는 시골의 느낌을 고이 간직하고 있는데, 규모가 있어 둘러볼 만하다.

맛있는 것도 먹고 시장도 둘러봤다면 압화 전시관, 잠자리 전시관, 구례군 농업 기술 센터를 둘러보자. 한 곳에 테마를 가진 여러 전시관을 두었는데, 잠시 둘러볼 만하다.

주소 전남 구례군 구례읍 봉동리 189-5 효사랑 병원 인근 전화 재래시장 상인회 사무실 061-782-8484 버스 구례 공영 버스 터미널 – 마산면 방향으로 도보 10분 – 좌측 구례5일장 입간판을 따라 5분 이동

Fun point
1. 압화 전시관
2. 잠자리 전시관
3. 농업 기술 센터

섬진강과 벚꽃길

꽃에 멋을 더한 벚꽃의 명소

벚꽃이 피면 이곳은 인산인해가 된다. 주변의 모텔도 웃돈을 줘야 겨우 묵을 수 있는 정도이다. 그럼에도 사람들이 구례까지 가는 이유가 있다. 구례에서 경상도로 넘어가 하동까지 갈 수 있는데, 너무도 유명한 화개장터로 연결되고, 가는 길에 오래된 벚꽃 고목이 즐비한 쌍계사까지 도착한다. 벚꽃 길을 목적으로 한다면 코스는 구례읍에서 하동으로 넘어가는 길이 되며, 구례의 짧은 코스를 보고, 구례읍의 맛집을 들러 숙박을 하고, 하동으로 넘어가면서 쌍계사와 화계장터에 들르면 된다.

길이 막혀도 하늘에서 내리는 꽃비를 맞기 때문에 이 또한 추억이 된다. 단지 출출할 수 있으니, 차에서 간단히 먹을 간식을 미리 준비하는 것이 좋다. 간식거리는 구례읍에서 준비하면 된다.

주소 전남 구례군 문척면 죽마리 섬진강변 전화 061-780-2255 버스 구례 공영 버스 터미널에서 문척면 죽마 또는 동해 마을행 군내 버스 탑승(약 10분 소요)

식당

부부 식당

구례군 지정 별미 음식점으로, 남도 음식 명가이다. 얼큰한 된장 국물에 다슬기와 수제비를 넣고 끓인 국을 대사리탕이라고 하는데, 시원한 맛이 일품이다.

주소 전남 구례군 구례읍 봉동리 298-34 전화 061-782-9113 요금 다슬기 수제비(특) 11,000원, 다슬기 수제비(보통) 8,000원

서울 회관

연세 지긋하신 할머니께서 몇 차례에 걸쳐 쟁반에 반찬을 담아 내오는데, 가짓수가 약 40가지이다. 40가지의 밑반찬과 조기, 돼지 불고기, 된장찌개가 나온다.

주소 전남 구례군 구례읍 봉동리 456 전화 061-782-2326~7 요금 산채 한정식 1~3인 3만 3천 원, 4인 4만 4천 원

동아 식당

60년 넘은 허름한 식당에서 남도식 안주에 막걸리를 마실 수 있는 곳으로 계란 프라이를 전처럼 부쳐 낸 것, 가오리찜, 족탕이 인기 있다. 족탕에는 라면 사리를 추가해서 먹어 보자.

주소 전남 구례군 구례읍 봉동리 204 전화 061-782-5474 요금 메뉴 하나당 2만 원 선

화엄사 주변 식사촌

크게 유명하진 않지만, 모두 기본 이상은 한다. 자신의 취향에 맞게 선택하면 되는데, 올라가는 길 왼쪽은 간편하게 한 끼 할 수 있는 간편식이고, 화엄사 올라가는 오른쪽 주차장 뒤쪽으로 닭 백숙과 바비큐를 하는 산장들이 있다.

가오리찜

대사리탕

더 케이 지리산 가족호텔

구례 산수유 마을 올라가는 길목, 지리산 온천 랜드 안에 위치한다.

주소 전남 구례군 산동면 대평리 729 전화 061-783-8100 요금 26~75만 원 홈페이지 www.temf.co.kr/jirisan

오미 은하수 행복 마을

운조루와 곡선재가 위치한 마을을 한옥 민박이 가능한 민박촌으로 조성했다. 이곳은 우리나라 3대 명당 중의 한 곳인 명당 터이다. 명당에서 하룻밤 묵는 것도 좋은 경험이 될 것이다. 홈페이지에서 오미 마을 한옥들 중에서 선택하면 된다.

주소 전남 구례군 토지면 오미리 전화 행복 마을과 사단법인 행복 마을 협의회 061-282-5927, 019-625-8444 요금 25만 원 홈페이지 www.happyvil.net

화엄사 템플 스테이

큰 절이라 스님과의 대화는 쉽지 않다. 하지만 큰 절이라 자유로운 편이니, 템플 스테이를 처음 경험하는 사람에게 추천할 만하다.

주소 전남 구례군 마산면 황전리 12 전화 061-782-7600 요금 당일 2만 원, 1박 2일 6만 원~ / 프로그램에 따라 가격이 상이함 홈페이지 www.hwaeomsa.org

연곡사 오토 캠핑장

계곡과 단풍으로 유명한 지리산 피아골의 오토 캠핑장인 만큼 아이들 물놀이 터로 좋은 계곡이 으뜸이고, 시설로는 물이 있는 개수대가 있고, 화장실 등도 깨끗한 편이다.

주소 전남 구례군 토지면 내동리 99-1 요금 주차장 사용료 5,000원, 야영장 이용료 2,000원

황전 오토 캠핑장

봄맞이 캠핑장으로 추천할 만하다. 화엄사 계곡에서 물놀이하기도 좋다.

주소 전남 구례군 마산면 황전리 41 전화 061-783-9100~2 요금 주차장 사용료 5,000원, 야영장 이용료 2,000원, 샤워장 이용료 어른 1,000원, 1일 전기 사용료 2,000원

순천

푸른 갈대 너울대는 순천만과
드라마 촬영장

순천의 대표적인 관광지는 순천만이다. 푸른 갈대가 바람에 너울대는 장관
을 보고, 데크를 따라 걸으며 갯벌에 살아 있는 생물들을 볼 수 있다. 순천만
은 세계 5대 연안 습지로 규모가 대단하며, 자연생태관, 천문관, 전망대, 탐
조선, 갈대 열차 등을 이용해 자신의 취향에 맞게 충분히 즐길 수 있다. 우리
나라에서 유일하게 세계적 관광 안내서에 이름을 남기기도 한 순천만의 정
취를 만끽하기 위해 매년 많은 사람들이 찾고 있다.

또한 송광사와 선암사가 조계산에 나란히 위치하는데, 삼보사찰의 하나인
송광사, 천년 고찰 선암사는 어느 곳을 선택해야 할지 결정하기 힘들 정도로
규모가 크고 다양한 모습을 보여 준다. 낙안 읍성은 우리나라에서 유일하게
읍성과 마을까지 문화재로 지정된 살아 있는 유적지로 600년 된 은행나무와
관아, 달구지, 낮은 돌담, 앵두나무, 갖가지 꽃들이 시간 여행을 온 듯한 착각
을 불러일으킨다.

마지막으로 순천 드라마 촬영장은 국내 최대 규모이다. 1950~1980년대까지
의 순천읍과 서울의 모습, 달동네의 모습을 세트장에 마련했는데 과거를 회
상하는 재미가 있다. 고루하지 않은 즐거움이 있는 순천으로 떠나 보자.

교통

1. 대중교통

순천까지 대중교통으로 이동한다면 항공은 여수를 이용하여야 하지만 다른 교통은 직행 노선이 많아 타지역 연계 없이 이용할 수 있다. 열차는 1시간 간격으로 운행되고 있고, 버스도 30~40분 간격으로 운행되고 있다. 특히 버스는 심야 12시까지 운행하고 있으므로 편리하게 이용할 수 있다.

항공

여수까지 대한 항공이 2회, 아시아나 항공이 4회 운항한다. 소요 시간은 약 50분이다.

요금 김포 – 여수: 정상 운임, 성수기, 비수기에 따라 8~10만 원, 할인 운임 4~5만 원선

철도

서울(용산)에서 순천까지 KTX 4회, 새마을호 1회, 무궁화호 5회로 1~2시간 간격으로 운행한다. KTX 2시간 30분, 새마을호 4시간 20분, 무궁화호는 4시간 50분이 소요된다.

요금 서울(용산) – 순천: KTX: 44,000원, 새마을호: 37,800원, 무궁화호: 25,400원(일반실 기준)

순천역
주소: 전남 순천시 조곡동 139-1
전화: 061-744-3192

항공과 철도를 잇는 시외버스

여수–순천 배차 간격 10~15분, 소요 시간 50분, 요금 4,000원

문의 여수 터미널(061-652-6977)
홈페이지 www.usquare.co.kr

고속버스

서울(센트럴)에서 순천까지 1일 27회 운행하며 소요 시간은 3시간 50분이다.

문의 센트럴시티 터미널(02-6282-0114)
요금 서울 – 순천: 28,600원(우등)

순천 종합 버스 터미널
주소: 전남 순천시 장천동 18-22
전화: 061-744-6565

2. 승용차

서울 – 경부 고속도로 – 천안논산 고속도로 – 호남 고속도로 – 익산포항 고속도로 – 순천완주 고속도로 – 남해 고속도로 – 순천 IC – 순천(총 거리 315km, 소요 시간 약 3시간 45분)

3. 시티 투어

순천에서는 다양한 코스의 투어를 운영하고 있다. 시티투어(1,2,3코스), 생태 탐조 투어, 에코 투어 등이 있으며 각각의 자세한 내용은 순천시 홈페이지에서 확인하도록 하자. (www.suncheon.go.kr / 061-749-3107)

순천만 자연 생태 공원

▶ 세계 5대 연안 습지 순천만을 감상할 수 있는 곳

순천만은 세계 5대 연안 습지로 규모가 대단하다. 동쪽의 여수 반
도와 서쪽의 고흥 반도로 둘러싸여 크고 작은 섬과 주변의 산과 어
우러진 호수 같은 만으로 해안선에 둘러싸여 있는 21.6km²의 갯
벌과 갈대밭으로 되어 있다. 주차장을 지나 갈대 담을 지나면 입장
하게 된다. 왼편으로 있는 자연 생태관과 천문관에서 습지에 대한
정보를 얻을 수 있다. 천문관에서는 망원경을 통해 태양의 모습을
볼 수 있다.

탐조선이 갈대숲 사이를 가르고, 넓고 넓은 갈대밭 사이에 늘어선
데크 길에 사람들이 줄지어 다니고, 바람이 살랑 불면 갈대가 너울
댄다. 눈을 조금만 크게 뜨면 갈대 사이 갯벌에서 움직이는 게와
짱뚱어를 쉽게 발견할 수 있다. 데크를 따라 조그마한 산에 오르면
그곳에 용산 전망대가 있다. 전망대에 오르면 아름다운 순천만의
절경을 볼 수 있으니 도전해 보자.

산책을 마쳤다면, 순천만 자연 생태 공원 안에 마련된 카페에 들러
보자. 그 지역에서 만든 빵과 제철 과일이 들어간 팥빙수 등을 맛볼 수 있다.

주소 전남 순천시 대대동 162-2 전화 061-749-3006~7 시간 08:00~19:00 요금 성인 8,000원, 청소년(14~19
세) · 군인 6,000원, 어린이(8~13세) 4,000원 홈페이지 www.suncheonbay.go.kr 버스 순천역 또는 순천 종합 버스
터미널 – 순천만 버스 정류장(25분 간격, 15~20분 소요)

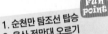

1. 순천만 탐조선 탑승
2. 용산 전망대 오르기
3. 순천만 모노레일 타보기

순천만의 대중교통 이용하기

1. 순천만 관광 열차(갈대 열차)

운행 거리: 왕복 4.8km

운행 시간: 9시 40분부터 50분 간격으로 18시 10분까지 운행한다.
(월요일은 운항하지 않음)

왕복 시간: 약 45분

운행 요금: 성인 3,000원, 어린이 2,000원

탑승 인원: 54명

2. 순천만 탐조선

운행 코스: 대대 선착장 ~ 순천만 S자 갯골 ~ 대대 선착장

운행 거리: 왕복 6㎞

왕복 시간: 약 35분

운행 시간: 오전 9시 40분부터 25분 간격으로 운행하나, 조수간만의 영
향으로 중간에 운항하지 않을 때가 있으니, 순천시 홈페이지
에서 시간을 미리 확인하자. (월요일은 운항하지 않음)

운행 요금: 성인 7,000원, 청소년 3,000원, 어린이 2,000원
(청소년: 만4세~18세, 어린이: 만 5~13세)

3. 순천만 2층 버스

운행: 화~금, 1일 1회

출발: 순천역(11:00 출발, 17:30 도착)

코스: 순천역 – 드라마 촬영장 – 순천만 자연 생태 공원

요금: 5,000원 (자연 생태 공원 생태관 입장료 2,000원, 드라마 촬영장
입장료 3,000원 포함)

예약: 온라인 또는 전화로 사전 예약
(www.suncheon.go.kr / 061-749-3107)

4. 순천만 모노레일(스카이큐브)

순천만 정원에서만 모노레일 표를 판매한다. 자가용으로 여행 중이라면 순천만 정원에 주차를 하고 모노
레일 왕복 티켓을 구매하는 것이 좋고, 대중교통을 이용한다면 편도 편을 이용하면 된다.

운행 코스: 순천만 정원 – 순천문학관 운영

운행 거리: 4.6km

왕복 시간: 12분

운행 요금: 편도 5,000원, 왕복 8,000원

탑승 인원: 8명

낙안 읍성 민속 마을

▶ 현존하는 읍성 중 가장 잘 보존된 곳

낙안 읍성은 현존하는 읍성 중 가장 잘 보존된 곳으로, 고구려 때 왜구의 침입을 피하기 위해 쌓은 성이다. 낙안 읍성 안쪽의 민속 마을에는 280여 동의 초가에 실제로 주민들이 살고 있다. 민속 마을을 지키는 600년 된 은행나무와 관아를 지나면 과거에 쓰던 달구지, 낮은 돌담, 앵두나무, 갖가지 꽃들이 시간 여행을 온 듯한 착각을 불러일으킨다. 생생한 느낌이 살아 있는 낙안 읍성 민속 마을에서는 대장간 등지에서 다양한 체험도 가능하다. 중앙 광장의 주막에서는 파전이나 막걸리를 저렴한 가격에 맛볼 수 있다. 민박도 운영하는데, 시골 할머니 댁에 놀러온 듯한 느낌을 받을 수 있어 인기가 많다.

살아 있는 민속 박물관인 이곳은 영화와 드라마의 촬영장이기도 하다. 성과 마을이 함께 국내 최초로 사적 제302호에 지정된 곳이니, 마을 구경하듯 읍성을 구경해 보자. 돌담을 넘어 사람들의 웃음소리가 새어 나오고, 과거에 쓰던 달구지와 높은 그네, 낮은 꽃들이 지천이라 기분이 좋아진다.

주소 전남 순천시 낙안면 동내리, 서내리, 남내리 전화 061-749-3347 시간 09:00~18:30 요금 성인 4,000원, 청소년 2,500원, 어린이 1,500원 홈페이지 www.suncheon.go.kr/nagan 버스 순천역 또는 순천 종합 버스 터미널 - 낙안 읍성 버스 정류장(60분 간격, 55분 소요)

Fun point

1. 민박 이용하기
2. 대장간 등지에서 하는 체험에 참가하기
3. 주막에서의 간단한 요기

낙안 읍성에 대해 알아보기

1626년 왜구의 침입에 대비하기 위해 쌓은 토성이 낙안 읍성의 전신이다. 산지 지형을 이용한 다른 지역과 달리 넓은 평야 지대에 1~2m 크기의 정사각형의 자연석을 이용하여 성을 쌓았는데, 높이 4m, 너비 3~4m 정도이다. 13만m²에 달하는 마을 3개를 감싸고 있으며, 견고하게 축조되어 지금도 크게 손실된 곳이 없다.

낙안 민속 자연 휴양림

▶ 아담하고 소박한 자연 휴양림

낙안 읍성 민속 마을 2km 전방 가까운 곳에 낙안 읍성 자연 휴양림이 있다. 다른 휴양림에 비해 규모는 작지만, 그 덕에 아담하고 소박한 것이 있다. 숲 속의 집 3동과 산림 문화 휴양관 12실, 야영장, 물놀이장, 잔디 광장, 산책로가 있고, 바비큐를 할 수 있는 시설이 마련되어 있다. 시설 역시 깔끔하고 실용적이다. 계곡 물이 풍부하지 않은 것이 조금 아쉽지만, 편안한 하루를 보내기에 손색이 없다.

주소 전남 순천시 낙안면 동내리 산 3-1 전화 061-754-4400 시간 매주 화요일 휴관 요금 성인 1,000원, 청소년 600원, 어린이 300원 / 프로그램 요금: 목걸이 만들기 1,500원, 열쇠고리 만들기 1,500원, 천연염색체험 손수건 1,500원, 주머니 3,000원 홈페이지 www.huyang.go.kr 버스 순천역 또는 순천 종합 버스 터미널 - 민속 자연 휴양림 버스 정류장(60분 간격, 55분 소요)

Fun point

1. 산책하기
2. 산림문화프로그램 참여하기
   목걸이 만들기
   열쇠고리 만들기
   천연염색체험(손수건, 주머니)

낙안 온천

▶ 건강에 도움을 주는, 물 좋은 목욕탕

욕탕, 사우나, 샤워기, 기타 시설, 식당, 휴게실, 야외 휴식처, 주차장을 갖추고 있으나, 낙안 온천은 겉보기에 그저 조금 큰 목욕탕처럼 보인다. 하지만 물이 다르다. 입욕을 해 보면 물이 미끌미끌하게 느껴지는데, 이는 탄산나트륨을 비롯하여 유황과 게르마늄 및 건강에 도움을 주는 다양한 광물질이 함유된 온천이기 때문이다. 특히 물의 성분 중에 중탄산나트륨은 피부의 지방을 분해시키고, 체내의 바이러스를 억제시키며, 노폐물을 제거한다고 한다. 여행의 피로를 온천에서 날려 보자.

주소 전남 순천시 낙안면 상송리 105-3 전화 061-753-0035 시간 05:30~21:00 요금 성인 6,000원, 어린이 4,000원 홈페이지 www.순천낙안온천.com 버스 순천 종합 버스 터미널 - 낙안 온천 버스 정류장(60분 간격, 1시간 8분 소요)

순천 드라마 촬영장

국내 최대 규모의 오픈 촬영장

순천 드라마 촬영장은 〈사랑과 야망〉, 〈에덴의 동쪽〉, 〈자이언트〉, 〈제빵왕 김탁구〉 등의 드라마를 촬영한 곳이다. 촬영장 담벼락에는 과거의 영화 포스터를 연상시키는 벽화가 있고, 매표소를 지나 안쪽으로 들어서면, 드라마 촬영장이 나타난다. 1950~1960년대 순천읍을 재현한 순천읍 촬영장에는 극장과 주점, 빵집, 양장점, 약국 등이 늘어서 있는데, 시간이 멈춘 듯한 착각을 하게 한다.

〈제빵왕 김탁구〉에서 나왔던 다리를 건너면 1980년대 서울 변두리 세트장이다. 김탁구가 어린 시절 빵 내음에 취해 있던 청산제과의 모습도 보이고, 그 옆으로 솜틀집도 보인다. 각종 전단과 벽보는 또 다른 재미를 준다. 대포집과 주막, 여관을 지나면 탄성이 절로 나오는 달동네 촬영장이 나타난다. 이곳은 마치 과거의 사진 속에 들어와 있는 듯한 느낌을 준다. 1960년대 서울의 달동네를 재현했는데, 언덕 위에 층층이 자리한 집들이 왠지 정감 있게 느껴진다. 골목 사이사이를 돌아다니며 둘러보는 재미가 있다.

주소 전남 순천시 조례동 22 일원 전화 061-749-4003 시간 09:00~18:00 요금 성인 3,000원, 청소년 2,000원, 어린이 1,000원 홈페이지 scdrama.sc.go.kr 버스 순천 종합 버스 터미널 – 드라마 세트장 버스 정류장(777번, 77번, 99번, 99-41번, 20분 간격)

Fun point
1. 촬영장 구경
2. 근처의 죽도봉 공원

죽도봉 공원

순천 시내가 한눈에 들어오는 곳

대나무와 동백 숲이 울창하고 봉우리 모양이 섬과 같다 하여 '죽
도봉'이라고 불린다. 정상에 오르면 순천 시내가 한눈에 들어오
고, 공원 안에는 연자루, 팔마탑, 현충탑, 활터 등의 시설이 있다.
차로 드라이브하듯 또는 걸어서 산책하듯 올랐다 내려오면 좋다.

주소 전남 순천시 장천동 53-1 위치 순천 종합 버스 터미널에서 도보 10분
전화 061-749-3209

송광사

우리나라 3대 사찰 중의 한 곳

일찍부터 소나무(솔갱이)가 많아 솔메(소나무 숲)라고 불렸고,
그 후 자연스레 송광사라는 이름이 붙었다. 우리나라 3대 사찰이
자 전통 불교의 맥을 잇고 있는 곳이다. 삼보는 불교에서 귀하게
여기는 3가지 보물로 불보, 법보, 승보라고 부른다. 부처님의 진
신사리가 있는 불보 사찰 양산 통도사, 고려 대장경판이 있어 법
보 사찰이 된 합천 해인사, 그리고 고려 중기 보조국사 지눌이 타
락한 불교를 바로잡아 새로운 전통을 확립하고 16명의 국사를 배
출한 순천 송광사가 승보 사찰이다.

송광사는 우리나라 3대 사찰이니 만큼 규모가 상당하다. 일주문
에서 경내까지는 꽤 오래 걸어야 하지만, 정원과 편백 숲, 계곡이
있어 그 자체로 즐거움이다. 일주문까지 걸어 올라가는 길은 정
원으로 조성되어 있고, 조금 더 걸어 올라가면 숲 속 계곡을 걸을
수 있다. 송광사 매표소를 지나면 편백나무 숲을 만난다. 숲을 지
나 일주문이 나타날 때쯤 연못의 작은 배가 운치를 더한다. 일주
문을 지나면 경내를 싸고 도는 냇물을 건널 수 있도록 놓은 돌다
리 삼청교 위로 우화각을 세워 놓았는데, 아름답고 특이해서 꽤
나 유명하다. 우화각에서 휴식을 취하며 왼편을 바라보면 임경당

이 보이는데, 이 풍광 역시 사람들이 칭찬을 아끼지 않는다. 우화
각을 지나면 사천왕문이 나타나고, 사천왕문을 지나면 종고루 아래로 송광사의 대웅보전이 나타난다.
종교가 다르더라도 산책하듯 아름다운 정원을 둘러보듯 즐기면 좋을 것이다. 주변 관광으로 주암호와
고인돌 공원을 볼 수 있다.

주소 전남 순천시 송광면 신평리 12 전화 061-755-0107 요금 성인 3,000원, 청소년 2,500원, 어린이 2,000원 홈페
이지 www.songgwangsa.org 버스 순천역 – 송광사(111번 버스, 30분 간격, 80분 소요)

템플 스테이

전화: 종무소 061-755-0107~9, 포교과장 010-2539-2866

요금: 1박 2일 성인 60,000원, 학생 40,000원 (초등학생은 부모님 동반 시에만 가능)

홈페이지: www.songgwangsa.org/templestay

TRAVEL TIP

대웅전에 숨은 불가의 뜻

송광사의 대웅전에는 신앙관이 녹아 있다. 불가에서는 대웅전을 '반야용선'이라 부른다. 지혜를 뜻하는 '반야'와 용의 배라는 '용선'이 합쳐진 것이다. 그 속에 숨은 뜻을 이러하다. 배는 중생을 고통의 세계로부터 고통이 없는 편안한 세상으로 건너가게 해 주는 도구이고, 이 배는 용이 호위하므로 용선이다. 그래서 중생을 편안한 곳으로 인도하고, 용이 지켜 주는 지혜의 배 반야용선이 되는 것이다.

송광사 대웅전은 여수의 흥국사와 쌍둥이다. 먼저, 송광사의 대웅전을 짓고 그 설계도를 가지고 여수의 흥국사를 지었는데, 송광사의 대웅전이 6·25 전쟁 때 소실되어 1955년 재건축됨으로서 여수의 대웅전이 보물로 지정되었다. 송광사와 흥국사의 대웅전은 이러한 반야용선의 모습을 그대로 건물에 녹여내고 있다. 대웅전의 아랫부분을 바다로 표현해서 거북, 게, 해초 등을 조각하고, 계단 양편으로 용을 조각하여 호위하도록 한 것이다. 대웅전 아래의 조각을 자세히 들여다보자.

고인돌 공원

⚡ 선사 시대 유적을 볼 수 있는 곳

고인돌 공원은 주암댐 건설 당시 선사 유적을 복원해 놓은 공원으로 주암호가 내려다보인다. 고인돌로 유명한 곳은 단연 화순이지만, 이곳의 규모도 상당하다. 야외 전시장에서는 고인돌과 움집, 구석기 시대의 집과 솟대, 선돌 등을 볼 수 있고, 유물 전시관에서는 각종 검과 화살촉, 석기와 토기를 볼 수 있다. 묘제 전시관에서는 영상물을 통해 시대별로 어떻게 변화하였는지 알려 준다. 도자기 체험도 가능하니 참고하자. 일정에 따라 한 번쯤 들러 보자.

주소 전남 순천시 송광면 우산리 471 전화 061-755-8363 시간 동절기 09:00~17:00, 하절기 09:00~18:00 요금 성인 1,000원, 청소년 700원, 어린이 500원 홈페이지 www.dolmenpark.com 버스 순천 종합 버스 터미널 – 제일고, 외장행 – 내우산 버스 정류장(2시간 소요)

선암사

▶ 천 년의 역사를 담고 있는 사찰

송광사와 같은 조계산 자락에 위치하고 있다. 선암사도 송광사만큼이
나 큰 규모를 가지고 있고, 올라가는 길도 계곡과 숲으로 운치 있다. 어
디가 더 좋다고 할 수 없을 만큼 좋은 절이니, 이곳도 들러 보자.

선암사 입구에 아치형의 돌다리인 승선교 2개가 놓여 있는데, 사랑하
는 청춘 남녀가 손을 잡고 건너면 사랑이 이루어진다는 전설이 있다. 앞
쪽 작은 승선교와 뒤쪽 큰 승선교를 건너 선암사 경내로 발걸음을 옮겨
보자. 일주문의 처마 문양이 여간 화려하지 않다. 절 안쪽은 정원과 같
고, 홍매화 군락지도 이름난 곳이다.

뒷간이라고 쓰여 있는 화장실은 우리나라 화장실 중에 유일하게 문화
재로 지정되어 있다. 안쪽에서는 밖이 보이지만, 밖에서는 안이 보이지
않는다. "눈물이 나면 기차를 타고 선암사로 가라. 선암사 해우소로 가
서 실컷 울어라." 하고 노래하는 정호승의 시인의 시 〈선암사〉를 읽고
이곳의 화장실을 보기 위해 찾는 이가 있을 정도다. 속세의 아픔과 근심을 선암사에서 떨쳐내 보자. 선
암사 매표소에서 선암사까지 셔틀버스가 있으며, 30분 간격으로 운행한다. 계곡을 낀 숲을 걸어가면서
산책을 하는 것도 좋으니, 선택은 자유다.

주소 전남 순천시 승주읍 죽학리 산 802 전화 061-754-5247 시간 일출~일몰 요금 성인 2,000원, 청소년 1,500원,
어린이 1,000원 홈페이지 www.seonamsa.net 버스 순천 종합 버스 터미널 – 선암사행 – 선암사 버스 정류장(1시간
20분 소요) – 도보 20분

템플 스테이

전화: 061-754-6250

요금: 휴식형 1박 2일 성인 40,000원, 청소년 30,000원 / 꽃이 되어 1박 2일 성인 50,000원, 청소년
40,000원 / 생각하며 2박 3일 성인 100,000원, 청소년 80,000원 / 특별프로그램 3박 4일 성인 150,000
원, 청소년 120,000원 / 빈터 단체숙박(10~30명) 1인당 30,000원

홈페이지: www.seonamtemple.com

식당

조계산 굴목재 보리밥집

조계산을 등산하는 사람들이 들르는 사랑방 같은 보리밥집으로 세상에서 가장 맛있는 보리밥집이라고 부르기도 한다. 산행에 지친 사람들에게 뜨끈한 밥을 내어 주니 맛있지 않을 수 없다. 송광사나 선암사를 찾았다면, 이정표를 따라 보리밥집에 들러 보자. 산행을 조금 해야 하지만 그만한 가치는 있다. 1980년에 시작해서 TV 프로그램 〈굿모닝 대한민국〉, 〈생생정보통〉에 소개될 만큼 유명세를 치르지만, 주인장이 한결 같아 더욱 좋은 곳이다.

주소 전남 순천시 송광면 장안리 522 전화 061-754-3756 요금 보리밥, 동동주, 야채전, 도토리묵, 동동주 6,000원

길상 식당

송광사 입구의 산채 정식집이다. 정식은 1인당 1만 2천 원으로 남도의 정식을 제대로 즐길 수 있다.

주소 전남 순천시 송광면 신평리 132-8 전화 061-755-2173 요금 산채 정식 1만 2천원, 돌솥 비빔밥 8,000원 홈페이지 www.송광사길상식당.kr

대대선창

순천만 주차장 출구 쪽에 위치하고 있으며, 장어구이와 짱뚱어탕을 주메뉴로 한다. KBS 프로그램 〈생생정보통〉에 방영된 맛집이다.

주소 전남 순천시 대대동 572-1 전화 061-741-3157 요금 장어구이 3만 원, 짱뚱어탕 1만 1천 원

양지 쌈밥

고등어 쌈밥, 돼지고기 쌈밥, 정어리 쌈밥, 주꾸미 쌈밥 등이 있다. 여러 가지 야채로 싸 먹는 방식이다. 매일 조금씩 다른 13~15개의 반찬이 나온다.

주소 전남 순천시 행동 103-4 전화 061-752-9936 요금 고등어 쌈밥, 돼지고기 볶음 쌈밥, 정어리 쌈밥 8,000원, 주꾸미 쌈밥 1만 원

동경 낙지

낙지 전골로 유명한 집이다. 밥 위에 낙지와 국물, 김 가루를 넣어서 비벼 먹으면 세상 부러울 게 없다. 함께 나오는 동치미도 매우 맛있다.

주소 전남 순천시 행동 91-1 전화 061-755-4910 요금 낙지 전골 1인 1만 원

중앙 시장 곱창 골목 – 우정 식당

중앙 시장 내 좁은 골목 안으로 5개의 곱창집이 자리 잡고 있다. 다들 비슷한 맛을 내고 있으나 그중 우정 식당이 유명하다.

주소 전남 순천시 남내동 68-3 전화 061-752-5434 요금 돌곱 전골 8천 원, 비빔밥 2천원, 돼지고기 전골 1만 원

🏠 숙박

낙안 읍성 민속 마을

낙안 읍성 내에는 29개의 민박과 4개의 식당이 있다. 민박은 수세식 화장실,
샤워실, 냉난방, TV가 설치되어 있으며, 가격은 희망하는 민박을 선택 후 해당
민박 업소에 문의하면 된다.

주소 전남 순천시 낙안면 동내리, 서내리, 남내리 홈페이지 www.suncheon.go.kr/nagan

낙안 민속 자연 휴양림

숲 속의 집 3동과 산림 문화 휴양관 12실, 야영장, 물놀이장, 잔디 광장, 산책
로가 있고, 바비큐를 할 수 있는 시설이 마련되어 있다.

주소 전남 순천시 낙안면 동내리 산 3-1 전화 061-754-4400 요금 비수기: 숲속의 집
4만 6천 원, 산림문화 휴양관 3만 4천 원~5만 3천 원 / 주말, 성수기: 숲속의 집 8만 5천
원, 산림문화 휴양관 6만 원~9만 4천 원 / 야영 데크 6,000원~7,500원 홈페이지 www.
huyang.go.kr

라비스타 펜션

깨끗하고 고급스러운 인테리어가 인상적이다. 식당도 같이 운영하고 있다.

주소 전남 순천시 대룡동 134-5 전화 010-7689-7690 요금 5~12만 원 홈페이지
www.labista.co.kr

송광사 템플 스테이

누구에게나 자리를 내주는 곳이다. 언제든 원하는 만큼의 쉼을 선사한다. 철저
하게 사찰 생활을 체험해 볼 수도 있고, 혼자만의 사색의 시간도 허락하는 곳
이다. 프로그램을 미리 선택하여 사전 예약만 하면 언제든지, 원하는 템플 스
테이가 가능하다.

주소 전남 순천시 송광면 신평리 12 전화 종무소 061-755-0107~9, 포교과장 010-2539-2866 요금 1박 2일 성인
6만 원, 학생 4만 원 (초등학생은 부모님 동반 시에만 가능) 홈페이지 www.songgwangsa.org/templestay

선암사 템플 스테이

선암사도 큰 사찰인 만큼 템플 스테이도 규모 있게 운영된다. 송광사 템플 스테
이와 차이점은 보다 정적이라는 점이다. 차에 대한 이야기가 많은 곳이 선암사
이고, 차 체험이 가능하다는 점이 장점이다.

주소 전남 순천시 승주읍 죽학리 산 802 전화 061-754-6250 요금 휴식형 1박 2일 성
인 4만 원, 청소년 3만 원 / 꽃이 되어 1박 2일 성인 5만 원, 청소년 4만 원 / 생각하며 2박 3일 성인 10만 원, 청소년 8
만 원 / 특별프로그램 3박 4일 성인 15만 원, 청소년 12만 원 / 빈터 단체숙박(10~30명) 1인당 3만 원 홈페이지 www.
seonamtemple.com

화순

낭만적인 운주사와
물 좋은 온천 워터파크

화순에서 가장 먼저 봐야 할 곳을 꼽으라면 단연 운주사다. 하늘의 별자리를 따라 흩뿌려진 천불천탑이 가득해 조각 공원에 들어선 듯한 착각이 드는 곳이다. 형식에 구애받지 않고, 즐겁게 만든 탑과 불상 들이 누군가의 바람을 품고 그 자리에 있다. 세월의 흔적도 그 감동도 그대로 있는 곳이다.
전남 화순의 온천 단지인 도곡 온천은 우리나라에서 유황 성분이 가장 많은

곳으로 이곳의 온천을 바탕으로 온천 단지가 조성되어 있다. 온천 단지 중에서 특히 이름난 곳은 도곡 스파랜드와 금호 리조트이다. 물이 좋은 건 당연하고, 여러 가지 워터파크 시설을 갖추어 찾는 이가 많다.

유네스코 세계문화유산인 고인돌 유적지는 넓기도 넓고, 많기도 많고, 다양하기도 다양하다. 채석장도 둘러보고, 문화학교와 체험장에서 토기 만들기와 음식 체험도 해 보자.

🚗 교통

1. 대중교통

광주를 거쳐 가야 한다.

🚩 항공

광주까지 아시아나 항공이 3회 운항한다. 소요 시간은 약 50분이다.

요금 김포 – 광주: 정상 운임, 성수기, 비수기에 따라 6~9만 원, 할인 운임 3~5만 원선

🚩 철도

목포행 열차를 타고 광주 송정역으로 가는 방법이 있다. 소요 시간은 KTX 약 2시간 40분, 무궁화호 약 4시간, 새마을호 약 4시간이다.

광주까지는 KTX와 무궁화호, 새마을호가 운행하고 있으며, 소요 시간은 KTX 약 3시간, 무궁화호 약 4시간 반, 새마을호 약 4시간이다.

요금 서울(용산) – 광주: 새마을호 34,300원, 무궁화호 23,000원(일반실 기준)
　　서울(용산) – 광주(송정): KTX 46,800원, 새마을호 33,100원, 무궁화호 22,300원(일반실 기준)

🚩 항공과 철도를 잇는 시외버스

광주(직통)–화순 배차 간격 20~30분, 소요 시간 30분, 요금 2,000원

문의 광주 금호 터미널(062-360-8114)
홈페이지 www.usquare.co.kr

🚩 고속버스

서울에서 화순까지 운행하는 버스는 센트럴시티 터미널에서 1일 2회(09:00, 15:30) 있다. 소요 시간은 약 4시간이다.

문의 화순 시외버스 터미널(061-374-2254), 센트럴시티 터미널(02-6282-0114)
요금 서울 – 화순(장흥행): 21,100원(우등)

2. 승용차

서울 – 경부 고속도로 – 대전회덕 나들목 – 호남 고속도로 – 서광주 나들목 – 광주 – 화순(총 거리 약 318km, 소요 시간 약 4시간 20분)

운주사

✛ 하늘의 별자리 따라 흩뿌려진 천불천탑

조각 공원에 들어선 듯한 착각이 드는 곳이다. 일주문을 지나치면 바로 탑과 석불 들이 여기저기 흩어져 있다. 보통 절이라고 하면 일주문, 금강문, 천왕문을 거쳐 경내로 입장하게 되고, 불상이나 탑의 자리도 정형화되어 있는데, 이곳은 다르다. 불상의 얼굴과 손의 모양까지도 친숙한 느낌의 우리들의 얼굴을 닮았다. 그래서인지 더욱더 편안한 느낌을 준다. 훌륭하게 공들여 하나만을 만들었다기보다는 형식에 구애받지 않고, 즐겁게 만들었다. 세월의 흔적도 그 감동도 그대로 남아 누군가의 바람을 그대로 보여 주는 듯하다.

불상이나 탑의 배치는 일반적인 배치 형태가 아니라, 이에 대한 학설도 다양하다. 먼저, 주목을 받았던 것은 주변 형태가 배의 형상으로 대웅전이 노를 젓는 곳이고, 구층 석탑이 돛대의 자리를 나타낸다고 하는 것이 그럴듯하고, 북두칠성의 모양과 운주사 칠성석의 위치가 일치한다는 것은 왠지 낭만적이다.

주소 전남 화순군 도암면 천태로 91-44 전화 운주사 종무소 061-374-0660 요금 어른 3,000원, 청소년 2,000원, 어린이 1,000원 홈페이지 www.unjusa.org/unjusa 버스 화순 시외버스 터미널 – 월전 정류장 하차 – 도보 1.5km(소요 시간 약 1시간 50분)

와불에 얽힌 전설

운주사에 하룻밤에 1,000개의 불상 모양의 탑이 조성되면 탑을 만든 이들이 원하는 새로운 세상이 열린다는 개벽 예언이 있어, 하룻 동안 999개의 석탑을 세웠지만 1,000번째 와불이 일어서지 못하고 누운 채로 새벽닭이 울어 새세상이 열리지 못한 상태로 잠들어 버렸다고 한다. 그래서 언젠가 와불이 일어서는 날, 새로운 세상이 열린다는 전설이 있다.

고인돌 유적

▶ 넓고, 많고, 다양한 유적

논길 사이 너른 길에 고인돌 유적지 입구가 있다. 입구로 들어가면 왼편으로 고인돌 유적지 관광 안내소가 있고, 뒤쪽으로 고인돌 선사 문화 체험장이 마련되어 있다. 체험장에서는 토기 만들기, 시대 음식 체험 등을 해 볼 수 있다.

우리나라에 고인돌 유적지는 전국에 걸쳐 있다. 그중에서 세계문화유산으로 등재된 곳은 고창, 화순, 강화 고인돌로 유네스코 세계문화유산 997호로 지정되어 있다. 각각의 특징이 있지만, 이곳은 넓고, 많고, 채석장도 볼 수 있다는 점이 특징이다.

주소 전남 화순군 도곡면 효산리 산 68-1 일대　전화 화순군청 문화관광과 061-379-3501~3　홈페이지 www.dolmen.or.kr/index.html　버스 화순 시외버스 터미널 – 모산 정류장 하차 – 도보 400m(총 소요 시간 약 1시간)

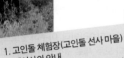
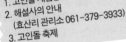

fun point

1. 고인돌 체험장(고인돌 선사 마을)
2. 해설사의 안내 (효산리 관리소 061-379-3933)
3. 고인돌 축제

화순 도곡 온천 관광 단지

도곡 온천은 우리나라에서 유황 성분이 가장 많은 곳으로, 이곳의 온천을 바탕으로 온천 단지가 조성되어 있다. 물이 좋은 것은 당연하고, 여러 가지 워터파크 시설을 갖추고 있어 찾는 이가 많다. 다양하고 풍성한 온천 활동이 가능한 곳이다. 물론 숙박만 원한다면 저렴한 가격의 모텔에서 온천을 즐길 수도 있다.

도곡 가족 스파 랜드

가족들이 함께 가서 휴식하기에 좋은 온천으로, 온천과 찜질방을 이용할 수 있고, 내부에 워터슬라이드, 유아풀장, 수영장 등이 마련되어 있어 아이들도 좋아한다. 도곡 온천 관광지 내에서도 크고 시설이 잘되어 있다. 또한 주변에 골프장이 있어 숙박을 겸한 가족 단위 관광객이 더욱 많은 곳이다.

주소 전남 화순군 도곡면 천암리 788 전화 온천 실내 풀장 061-374-7600 시간 주말 실내 풀장 09:00~18:00, 찜질방 09:00~21:00, 사우나 06:00~21:00 요금 온천: 어른 6,000원, 어린이 5,000원 / 실내 풀장: 어른 1만 5천 원, 어린이 1만 2천 원 / 가족탕 3만 원~4만 원 (3시간 이용, 성인 2명, 유아 2명) 홈페이지 www.okspaland.co.kr

금호 리조트 화순 아쿠아나

넓고 쾌적하고, 바디슬라이더, 아쿠아 플로트, 아쿠아 플레이, 스피드 슬라이스 등의 시설이 모두 새로 구비되어 워터파크로서 다양한 활동이 가능하다. 여기저기 수압과 공기를 이용해 온천의 효과를 높여 주는 마사지 시설도 잘 설비되어 있다. 야외에는 파도풀도 마련되어 있어 더욱 좋다. 그 외에도 온천탕과 대욕실, 부대 편의 시설도 전혀 불편함이 없고 깔끔하다.

주소 전남 화순군 북면 옥리길 14-21 전화 061-370-5070 시간 아쿠아나 09:00~21:30, 대온천탕 06:00~22:00 요금 아쿠아나: 성수기 대인 4만 9천 원, 소인 4만 2천 원 (비수기 및 회원, 투숙객 요금 할인) / 대온천장: 대인 9,000원, 소인 7,000원 홈페이지 www.kumhoresort.co.kr

서유리 공룡 발자국 화석지

▶ 백악기 공룡들의 생활 흔적이 보존된 곳

약 1억 년 전인 중생대 백악기 때 살았던 공룡들의 생활 흔적이 잘 보존된 곳으로, 이곳의 암석은 켜켜이 쌓여 있는 퇴적층으로 되어 있다. 1999년 화순 온천 지구 답사 중 발견되었는데, 전남 내륙 지방에서 공룡 발자국 화석이 발견된 것은 처음이라고 한다. 다양한 형태의 수각류 육식 공룡과 용각류 초식 공룡의 발자국 수 백 점이 양호한 상태로 보존되어 있으며, 20여 개의 공룡 발자국 보행렬이 긴 연장선의 형태로 남아 있다.

경사진 바위에 퇴적층이 보존된 퇴적판을 도는 데크가 설치되어 있는데 관람 데크를 한 바퀴 도는 데는 10~20분 정도가 소요되며, 화순 금호 리조트에서 걸어 올 수 있는 가까운 곳에 위치해 있으며 별도의 관람료는 없다. 이곳만을 목적으로 방문하기에는 좀 무리가 있다. 금호 화순리조트에 온천 관광을 하는 김에 잠시 쉬어 가는 여행지로 들르는 것이 좋다.

주소 전남 화순군 북면 서유리 산 147-5 일대 전화 문화관광과 061-379-3511, 3514

행복한 임금님

화순 온천을 가는 길에 있는 소문난 맛집이다. 분위기와 인테리어도 훌륭하고, 가성비도 훌륭한 곳이다. 깔끔하게 정돈된 한상 차림이 기분 좋은 곳으로, 수제 떡갈비 수라상이 인기 메뉴이다.

주소 전남 화순군 도곡면 원화리 573-70 전화 061-374-0211 요금 2인 수라상 2만 6천 원, 3인 이상 1인 1만 2천 원, 수제 떡갈비 수라상 2인 3만 원

양지 식당

푸짐하게 한 상 먹고 싶다면 양지 식당으로 가 보자. 토속적인 분위기에서 김치 주물럭과 추어탕을 먹을 수 있다.

주소 전남 화순군 능주면 관영리 226-6 전화 061-372-1602 요금 목살 주물럭 2인 2만 4천 원, 추어탕 7,000원

벽오동

저렴한 가격에 밑반찬이 다양할 뿐만아니라 맛도 좋다. 수육과 나물, 생선, 전까지 반찬으로 나오는데, 이 지역 사람들도 지나칠 일이 있으면 이곳에서 꼭 밥을 먹고 간다. 규모 있는, 깔끔하고 맛있는 보리밥집이니 한 번 들러 보자.

주소 전남 화순군 화순읍 계소리 689-2 전화 0613719289 요금 보리밥 정식 1만 1천 원, 정식 1만 1천 원, 불고기 추가 8천 원 홈페이지 www.cityfood.co.kr/h4/byukodong

금호 화순 리조트

물 좋은 곳에서 휴식을 한다는 것은 매우 기분 좋은 일이다. 검증된 유황 온천물에서 즐겁게 놀 수 있는 시설들이 마련되어 있다. 아이들과 함께 가서 놀기 좋은 곳이다. 물놀이를 즐겁게 하는 방법은 그곳에 숙박이 있어 쉬어 가면서 편하게 노는 것이다. 금호 화순 리조트는 도곡 온천 단지 중에서 가장 최신시설로 준비된 곳이다.

주소 전남 화순군 북면 옥리 510-1 전화 061-372-8000 요금 방의 크기에 따라 성수기 16만 7천 원~54만 9천 원 홈페이지 www.kumhoresort.co.kr

도곡 가족 스파 랜드

온천수는 당연한 이야기고, 시설이 금호 화순 리조트보다 오래됐지만, 가격 면에서 많이 저렴해서 찾는 이가 많다.

주소 전남 화순군 도곡면 천암리 788 전화 061-374-7600 요금 방의 크기에 따라 성수기 8~60만 원 / 비수기 5~50만 원 홈페이지 www.okspaland.co.kr

나주

고혹적인 옛 읍성과
담백한 나주 곰탕

나주는 유서 깊은 고장이다. 운치 있는 나주 읍성을 걷고 살피며 옛 문화에
젖어 보자. 고려 시대 중앙 정부의 관리들이 지방에 내려왔을 때 묵었던 객
사도 둘러보고, 우리나라 3대 향교인 살아 있는 나주 향교도 둘러보고, 그 앞
멋진 찻집에서 차도 한잔 마셔 보자. 나주 관아의 안채로 쓰이던 곳에서 하
룻밤을 묵는다면 더욱 좋다.

읍성 관광이 끝났다면 예쁜 공원과 바람에 너울거리는 아름다운 쪽빛을 보러 천연 염색관에도 가고, 촬영장과 세트장이 아닌 진짜 영상 테마 파크에서 황토 돛배 타고 바람도 쐬어 보고, 각종 체험에도 참여해 보자.

사랑이 이루어지는 사람의 샘 완사천에서 기분 좋은 상상도 해 보고, 깔끔한 나주 곰탕으로 속도 든든하게 채워 보자. 조금 더 욕심을 낸다면 코끝 찡한 홍어도 도전해 보자.

1. 대중교통

항공편은 광주나 무안이 인접해 있어 많은 시간이 소요되지 않으며, 열차의 경우에도 KTX 나주역이 있어 손쉽고 빠르게 이용할 수 있다. 또한 고속버스도 하루에 6차례 운행되고 있으니, 희망하는 대중교통을 선택해 보자.

항공

광주까지 아시아나 항공이 3회 운항한다. 소요 시간은 약 50분이다.

요금 김포~광주: 정상 운임, 성수기, 비수기에 따라 6~9만 원, 할인 운임 3~5만 원선

항공을 잇는 시외버스

광주(직통) - 나주 배차 간격 5분, 소요 시간 40분, 요금 3,700원

홈페이지 www.usquare.co.kr

철도

KTX 6회, 새마을호 1회, 무궁화호 3회 운행한다. 각각의 소요 시간은 KTX 2시간, 새마을호 4시간, 무궁화호 4시간 25분 정도 소요된다.

요금 서울(용산) - 나주: KTX 48,200원, 새마을호 34,700원, 무궁화호 23,300원(일반실 기준)

나주역(기차역)
주소: 전남 나주시 송월동 262-2
전화: 061-332-7788

고속버스

서울에서 나주까지 직행으로 운행하는 버스는 1일 5회 있다. 첫차는 7시 10분, 막차는 18시 35분에 출발한다. 소요 시간은 약 4시간이다.

문의 나주 시외버스 터미널(061-333-3226), 금호고속 나주 영업소(061-333-5522), 센트럴시티 터미널(02-6282-0114)
요금 서울 - 나주: 우등 27,200원, 일반 18,400원

2. 승용차

서울 - 경부 고속도로 - 천안논산 고속도로 - 무안광주 고속도로 - 나주 IC
(총 거리 322.2km, 소요 시간 약 3시간 50분)

나주 읍성 관광

구석구석 옛 모습이 남은 고려 시대 읍성

고려 시대에 쌓은 성으로, 조선 세조(1457년)에 성을 확장했고, 임진왜란(1592년) 이후에 대대적인 보수 공사가 있었다. 면적이 약 1만 4천m²로, 1990년 사적 제337호로 지정되었다.

읍성은 돌을 쌓아 만든 것으로 둘레 약 940m, 높이 약 2.7m이며 성벽에 포루가 3개, 우물이 20여 개 있었다고 한다. 동서남북에 성문이 4개 있었으나 현재는 모두 없어지고 북문 터에 기초석만 남아 있다. 1993년 남문 터에 복원한 남고문이 있는데, 2층으로 된 누각은 지붕이 팔작지붕으로 되어 있어 옛 나주 읍성의 일부분을 보여 준다.

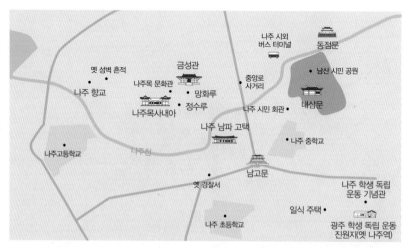

추천 코스: 동점문 – 남고문 – 광주 학생 독립 운동 진원지 – 나주 학생 독립 운동 기념관 – 일식 주택 – 옛 경찰서 – 나주 남파 고택 – 망화루 – 정수루 – 금성관 – 나주목 사내아 – 나주목 문화관 – 나주 향교

동점문

나주 읍성 관광의 시작은 시내인 동점문에서 시작하는 것이 좋다. 동점문 안으로 성이 둘러져 있고, 안쪽으로 들어가 내부를 둘러볼 수 있다. 최근 복원되었으며, 나주 읍성의 4대문 중 동문이다. 동점문이라는 말은 '나주천 물이 동쪽으로 흘러 바다로 들어간다'는 뜻으로 나주 사람의 정신이 작은 개울에서 시작되어 큰 바다에 이른다는 뜻을 담고 있다. 현판은 도올 김용옥 선생의 작품이다.

주소 전남 나주시 중앙동 100-1(사적 제337호)

남고문

Sighting

나주 시내 중심가 주위로 도로가 둘러져 있어 차들이 달린다. 4대문 중에 남쪽에 놓인 문이며, 고려 시대에 축성된 것으로 추정된다.

주소 전남 나주시 남내동 2-20

광주 학생 독립 운동 진원지

Sighting

영화에나 나올 법한 고즈넉한 분위기의 옛 나주역이다. 1913년 호남선 개통에 따라 신축된 일제 강점기 건물로, 그저 사진을 찍기에 멋진 곳이라고 생각할 수 있지만, 이곳은 광주 학생 운동의 발상지가 된 역사적인 장소이다.

주소 전남 나주시 죽림동 60-172(전라남도 기념물 제183호) 문의 화~일 061-334-5393, 010-2353-6222

나주 학생 독립 운동 기념관

Sighting

광주 학생 독립 운동이 궁금하다면, 바로 옆으로 발걸음을 옮기자. 광주 학생 운동은 식민지 노예 교육 철폐, 조선인 본위의 교육 실시를 요구한 항일 학생 운동이다. 2층에 있는, 광주 학생 독립 운동을 그린 커다란 그림이 당시의 상황을 생동적으로 전한다.

주소 전남 나주시 죽림동 60-173

일식 주택

나주역 주변은 일제 강점기에 일본인들이 많이 살던 곳이다. 코스대로 걷다 보면, 낡은 일식 주택들을 곳곳에서 볼 수 있다. 하지만 보존이 잘 되어 있지 않아 아쉽다.

옛 경찰서

민족 운동가들이 고초를 겪은 곳으로, 유치장 등의 시설이 그대로 남아 있다. 일제 강점기 때 일본인이 지은 붉은 벽돌의 경찰서이다. 경찰서 앞으로 뚫린 시원한 메타세쿼이아 가로수길이 왠지 서글픈 곳이다.

주소 전남 나주시 금성동 39-2(등록문화재 제34호)

나주 남파 고택

조선 시대 후기(1884년)에 남파 박재규가 건립하여 후대에 이르면서 1910년대와 1930년대에 개축한 건물이다. 전라남도에 있는 단일 건물로는 가장 큰 규모의 개인 주택이다. 안채를 지을 때 장흥 관아를 참조하여 지어, 가옥인데도 관아처럼 지어졌다. 사랑채 건물은 '사랑채 전통 식당'이라는 한식집으로 사용되고 있다. 가격은 2인 1만 5천 원이며, 3인 이상일 때에는 1인당 6,000원이 추가된다.

주소 전남 나주시 남내동 95-7 일원 (중요민속자료 제263호)

망화루, 정수루

Sighting

곰탕 끓이는 구수한 향이 나는 나주 곰탕 거리 근처에 망화루와 정수루가 보인다. 망화루는 고위 관직자들이 묵는 숙소인 금성관의 정문이고, 정수루는 나주 목관아의 정문이다. 2층으로 지어진 정수루의 북은 신문고 기능을 하던 것이다.

주소 전남 나주시 금계동 33-18

금성관

Sighting

고려 공민왕 때 금성군의 정청(政廳)으로 사용하기 위해 창건되었다. 쉽게 말해 중앙 정부의 관리들이 지방에 내려왔을 때 묵을 수 있는 객사이다. 외삼문(망화루), 중삼문, 내삼문을 거쳐 금성관이 있는데, 금성관의 내부는 현재 비어 있다.

주소 전남 나주시 과원동 109-5

나주목사내아

Sighting

조선 시대 관아의 안채로, 조선의 상류 주택의 안채와 같은 구조로 이루어져 있어, 현재는 숙박 시설로 이용이 가능하다. 본래 숙박 시설의 기능을 하던 것은 금성관이었던 걸 생각하면 세월의 흐름이 보여 주는 재미있는 변화라고 할 수 있다.

이름을 따져 보면, 나주는 지명이고 목은 고려 시대의 행정 단위이다. 그래서 나주목에 파견된 지방관이 '나주목사'인 것이다. 내아는 지방관의 안채이므로, 나주 지역에 파견된 지방관의 안채가 나주목사내아다.

주소 전남 나주시 금계동 33-1

나주목 문화관

Sighting

고려 · 조선 시대 나주목(羅州牧)의 역사를 알리기 위해 세운 문화관이다. 옛 금남동사무소를 개조하여 2006년 10월 개관했다. 크거나 화려하지 않지만, 고려 때부터 나주 관찰부가 설치될 때까지의 역사를 볼 수 있다. 8개의 주제관으로 이루어져 있으니 찬찬히 둘러보자.

주소 전남 나주시 금계동 11-3

나주 향교

Sighting

나주 읍성 관광의 핵심이라고도 말할 수 있는 곳으로. 우리나라의 3대 향교이다. 그런 만큼 현재도 분주하게 누군가에게 쉼 없이 지혜를 전하고 있음이 느껴진다. 제사도 지내고, 각종 프로그램도 진행한다. 일요일에는 전통 문화 학교도 회원제로 운영하여, 지역에서 맏어른으로서 교육의 기능을 담당하고 있다. 향교의 내부는 누구나 살펴볼 수 있는데, 정원이 아름다워 둘러보기에 좋다. 향교 앞쪽의 비석들은 대부분 향교 출신 과거 합격자들이 세운 것이다.

영산포 등대

내륙에 있는 국내 유일한 등대

영산포 등대는 영산강의 수위를 확인하기 위해 만든 등대이다. 바다가 아닌 내륙에 있는 국내 유일한 등대이다. 등대 주변 영산강 줄기 하천변은 운동을 할 수 있는 하천 공원으로 조성되어 있다. 시설이나 조경은 전혀 없어 쉬어 가기에는 아쉬움이 있다.

영산포 등대를 찾아가면 코끝을 간지럽히는 홍어 냄새가 제일 먼저 반긴다. 크고 작은 상점들이 홍어 간판을 내걸고 홍어 요리를 팔고 있기 때문이다. 홍어 요리는 참으로 익숙해지기 힘들지만, 한 번 익숙해지면 도저히 끊을 수 없는 중독성이 있다.

주소 전남 나주시 영산동 280-1 전화 062-600-8313(영산강 홍수 통제소)
버스 나주역 - 백운 광장, 구천, 영상포 터미널 방면 버스 탑승 - 노인 복지 회관
버스 정류장(5분 소요) - 도보 5분

TRAVEL TIP

홍어의 유래
흑산도에서 잡은 물고기들을 영산포까지 운반하는데, 돛배로 며칠씩 걸려 운반하는 도중 물고기가 상하기 일쑤였다고 한다. 이때 상한 물고기 중에서 먹어도 탈이 나지 않는 생선이 홍어였고, 그때부터 별미로 막걸리와 함께 홍어를 먹기 시작했으며, 그것이 지금까지 이어진다.

완사천

사랑이 이루어지는 샘물

말 탄 장군에게 물을 바치는 여인의 동상이 세워져 있는 완사천은 왕건의 사랑 이야기가 전해지는 샘물이다. 왕건이 궁예의 장군이던 시절, 이곳에서 빨래하는 아름다운 여인에게 물을 부탁하였더니 물에 버들잎을 띄워 공손히 바쳤다. 이 여인이 훗날 장화왕후이고, 아들이 고려의 2대 왕 혜종이다. 사랑이 이루어진다는 샘물이 비밀스러운 숲 속이 아닌 큰 도로변에 자리 잡고 있어 조금 아쉽기는 하지만 상징적인 곳이니 한 번쯤 들러 보자.

주소 전남 나주시 송월동 1096-7

나주 천연 염색 문화관

▶ 예쁜 공원과 바람에 너울거리는 아름다운 쪽빛

천연 염색관에 들어서자마자 정원이 발길을 이끈다. 덩굴식물로 덮인 터널에 열매가 열리고, 뒤쪽으로 돌아가니 체험장 앞 잔디 위로 쪽빛 천이 너울거린다. 하늘과 쪽빛 염색, 푸른 잔디가 기분 좋은 곳이다. 천연 염색관으로 들어서면, 2층까지 뻥 뚫린 천장에서 1층으로 천이 늘어져 있다. 내부는 화사하고, 깔끔하며, 천연 염색에 대해 자세히 설명해 준다. 천연 염색에 관련된 상품도 구입할 수 있고, 체험 프로그램도 참여할 수 있다.

주소 전남 나주시 다시면 회진리 163 전화 061-335-0091(게스트 하우스), 061-335-0098(기획전 문의 및 예약), 061-335-0160(제품 구입 및 판매) 시간 09:00~18:00 / 연중무휴 / 체험시간: 오전반 10:00~12:00, 오후반 13:00~15:00 홈페이지 www.naturaldyeing.or.kr 버스 나주역 – 나주 교육청 버스 정류장 – 영삼거리, 제창, 시청 광장 방면 버스 탑승 – 제창 버스 정류장 하차(10분 소요)

체험 프로그램 체험비용
· 기본 물들이기
손수건 5,000원 / 필통, 복주머니 6,000원 / 티셔츠, 가방 9,000원 / 스카프 15,000원
· 쪽 물들이기
손수건 6,000원 / 필통, 복주머니 7,000원 / 티셔츠 16,000원 / 가방 12,000원 / 스카프 16,000원

나주 영상 테마파크

▶ 촬영장과 세트장이 아닌 진짜 영상 테마파크

이곳은 〈주몽〉, 〈바람의 나라〉, 〈태왕사신기〉, 〈이산〉, 〈전설의 고향〉, 〈쌍화점〉 등을 촬영한 곳이다. 주차장에 도착하자마자 영화 포스터가 쭉 늘어서 있다. 테마파크 안으로 들어가 보면, 보통 촬영지나 세트장과는 차원이 다르다. 전체적으로 정돈되어 있으며, 그럴듯한 멋진 석성과 건물이 늘어서 있어 실제 과거로 돌아간 듯한 착각을 일으킨다. 풍경도 아기자기하고 아름답다. 산책하듯 거닐면서 다양한 건물에서 갖가지 체험을 즐겨 보자.

주소 전남 나주시 공산면 신곡리 산 2 전화 061-335-7008 시간 09:00~18:00(3~10월), 09:00~17:00(11~2월) 요금 성인 2,000원, 청소년·군인 1,500원, 어린이 1,000원 홈페이지 themepark.naju.go.kr 버스 나주역 – 나주 교육청 버스 정류장 – 천주교 사거리, 사동, 석기네 방면 버스 탑승 – 사동 버스 정류장 하차(50분 소요)

체험 프로그램 체험비용

- 전통 공방체험, 도자기 공예, 천연염색 공예 5,000원
- 전통 복식체험, 민속놀이체험, 고구려역사문화 전시체험관, 손으로 만지는 명화 미술관, 동물의 집 무료

TRAVEL TIP

황포 돛배 탑승하기

영산포 선착장에서 승촌보 선착장과 천연염색박물관 선착장을 오가는 배가 있다. 영산포 선착장과 승촌보 선착장 두 곳에서 출발하며 티켓도 이곳에서 구매할 수 있다. 매주 화요일부터 일요일, 오전 10시부터 오후 5시까지 운항된다. 가격은 5,000원 ~8,000원 선이다. 사전 예약을 하면 왕복 40km~50km 구간을 움직이는 돛배 탑승이 가능하며 이때 가격은 40,000원~50,000원이다.

영산포 선착장 주소: 전남 나주시 등대길 80
승촌보 선착장 주소: 전남 광주광역시 남구 승촌보길 90
전화: 061-332-1755

노안집

나주 곰탕의 특징은 국물이 맑다는 것이다. 흔하지 않은 맑은 곰탕에 정성 들인 고기 고명이 맛을 더한다. 나주에는 유명한 곰탕 집에 세 군데 있는데 노안집, 남 평 할매집, 하얀집이 바로 그곳이다. 모두 나주 시내 금성관 근처에 있다.

주소 전남 나주시 금계동 23-5 전화 061-333-2053 요금 곰탕 9,000원, 수육 곰탕 1만 2천 원, 수육 2만 원

남평 할매집

KBS 예능 프로그램 〈1박 2일〉 팀이 다녀간 곳이다. 조리하는 모습을 볼 수 있 는 오픈 키친 형태로 되어 있다.

주소 전남 나주시 금계동 19 전화 061-334-4682 요금 곰탕 9,000원, 수육 곰탕 1만 2천 원, 수육 3만 5천 원 홈페이지 www.남평할매집.kr

하얀집

입구에 들어서면 무쇠솥 두 개에 곰탕을 끓여 내고 있는 모습을 볼 수 있다. 나 주 곰탕은 김치를 얹어 먹으면 더할 나위 없는 맛을 느낄 수 있다.

주소 전남 나주시 중앙동 48-17 전화 061-333-4292 요금 곰탕 9,000원, 수육 곰탕 1만 2천 원, 수육 3만 5천 원

홍어 1번지

홍어 명인의 집이다. 홍어 요리가 다양하고, 전국으로 택배를 보내 주기도 한다.

주소 전남 나주시 영산동 252-7 전화 061-332-7444 요금 홍어 정식 2인 5만 원 (국내 산 7만 원), 3인 6만 원 (국내산 9만 원), 4인 8만 원 (국내산 12만 원), 보리애국 7,000원, 삼합 소 2만 5천 원 (국내산 5만 원)

나주목사내아

전라남도 문화재 자료 제132호로 지정된 나주목사내아에서 하룻밤을 지낼 수 있다. 이곳은 나주목사가 기거하던 곳으로 다른 한옥 숙박과는 다른 여유를 느 낄 수 있다. 욕실과 화장실은 따로 있지만, 시설은 만족할 만하다.

주소 전남 나주시 금계동 33-1 전화 061-332-6565 요금 5만~15만 원 홈페이지 www. najumoksanaea.com

나주 영상 테마파크 숙박체험장

귀속촌 숙박 체험을 할 수 있다. 한 채에 방 2개, 욕실1개 구조로 이루어져 있 는데, 주방 시설이 없는 것이 단점이다. 하지만 야외 바비큐 그릴은 대여가 가 능하다.

주소 전남 나주시 공산면 신곡리 산 2 전화 061-335-7008 요금 무홀, 소서노, 주몽 10만 ~15만 원 홈페이지 www.najuthemepark.com

함평

자연의 선물이 가득한
살아 있는 박물관

함평은 자연을 감상하는 것을 넘어 자연을 체험할 수 있도록 공원화되고 가꾸어져 있다. 볼거리, 체험거리가 가득한 함평은 가족 단위 관광객들이 꼭 한 번은 찾는 곳이 되었다.

함평 엑스포 공원은 지루한 곤충 박물관이 아니라, 나비가 날아다니고 사슴벌레가 움직이는 것을 직접 볼 수 있다. 함평 자연 생태 공원은 자연적 휴식 공간으로서의 즐거움이 있는 곳으로 동화 나라에 온 듯한 느낌을 준다. 용천

사 꽃무릇 공원은 한국적 정원의 느낌을 자아내는 공원으로 절, 꽃무릇 공원
의 장독대, 작은 연못이 여유를 선물한다.

숲을 충분히 즐겼다면 바다도 즐겨 보자. 돌머리 해변의 1km에 이르는 넓은
모래사장에서 해수욕과 갯벌 체험을 동시에 할 수 있다. 또한 함평 해수점은
바닷물의 미네랄과 달군 유황 돌에서 나온 유황 성분이 혈액 순환, 관절염,
신경통, 당뇨 등에 효과를 나타내는 것이 입증되었다.

함평장은 '큰 소장'이라고 불릴 만큼 역사와 전통이 있다. 함평장에서는 육
회 비빔밥과 함평 삼합이 유명하다. 엑스포 주변 앞쪽으로 함평 축협에서 운
영하는 함평 천지 한우플라자에서 질 좋은 함평 한우를 맛볼 수 있다.

교통

1. 대중교통

대중교통으로 함평까지 이동한다면, 항공의 경우 광주에 도착한 후 기차나 버스를 이용하여 이동할 수 있고, 기차와 버스는 함평으로 바로 연결되어 있어 손쉽게 이용할 수 있다.

하지만 함평으로 바로 연결된 대중교통의 경우 하루에 편성된 운행 노선이 많지 않으므로 시간대를 잘 고려해야 한다. 아니면 대중교통이 밀집된 광주와 인접해 있으므로, 광주까지 대중교통을 이용한 후에 다시 함평으로 이동하는 방법을 이용할 수 있다.

▶ 항공

광주까지 아시아나 항공이 3회 운항한다. 소요 시간은 약 50분이다.

요금 김포 – 광주: 정상 운임, 성수기, 비수기에 따라 6~9만 원, 할인 운임 3~5만 원선

▶ 철도

새마을호 2회, 무궁화호 6회씩 운행한다. 소요 시간은 새마을호 4시간, 무궁화호 4시간 40분 정도 소요된다.

요금 서울(용산) – 함평: 새마을호 36,300원, 무궁화호 24,400원

▶ 항공과 철도를 잇는 시외버스

광주 – 함평 1일 19회, 배차 간격 30분~1시간, 소요 시간 30분, 요금 3,600원

문의 광주 금호 터미널(062-360-8114)
홈페이지 www.usquare.co.kr

▶ 고속버스

서울에서 함평까지 직행으로 운행하는 버스는 1일 3회(08:35, 14:30, 16:40) 있다. 소요 시간은 약 4시간 20분이다.

문의 센트럴시티 터미널(02-6282-0114), 함평 공영 터미널(061-322-0660)
요금 서울 – 함평: 우등 21,800원, 일반 19,500원

2. 승용차

서울 – 서해안 고속도로 – 함평IC – 함평(총 거리 318km, 소요 시간 약 4시간)

불갑 저수지

내산 서원

모악산

불갑산

용천사

군유산

838

838

12

23

함평천지 휴게소

함평 자연 생태
공원

함평 신흥 해수찜   함평 주포 해수찜

함평

돌머리 해수욕장

함평만

24

함평천지 휴게소

대흥 식당

함평군청   화랑 식당   함평 5일장

뉴상젤리제 호텔

함평 천지
한우 프라자   함평엑스포공원   함평 공영 터미널

문평

함평나비 CC

동함평

함평나비 휴게소

함평

부무안

함평역

1

고막원역

무안

60

함평다이너스CC

무안군청

23

함평엑스포공원

▶ 환상적인 나비에 물놀이로 재미를 더한 공원

1. 나비 곤충 생태관
2. 주제 영상관
3. 황금박쥐 생태 전시관

함평엑스포공원은 약 60만m²의 규모를 자랑한다. 정문은 나비의 문이라고 부르는데, 알록달록한 나비들이 가득하고 바람개비가 돌아가는 모습이 동화 속 세상 같은 느낌을 자아낸다. 내부로 들어가면 곳곳에 곤충을 소재로 한 조형물이 자리를 잡고 있는데, 분위기를 한껏 돋우는 역할을 한다. 시설물로는 상설 운영하는 자연 생태관, 나비 생태관, 황금박쥐 생태관과 비상설인 농업의 세계관, 주제관, 숲속의 곤충마을, 물놀이 시설이 있다.

여름이라면 물놀이 시설을 이용해 보자. 3천여m² 규모에 파도 풀, 키즈 풀 등의 물놀이 시설뿐 아니라 동화 나라에 발을 디딘 듯 야자수, 악어, 바다사자, 바다거북, 하마 등의 조형물이 곳곳에 배치되어 있다. 요금은 성인 8,000원, 어린이 6,000원이며, 개장 시간은 오전 10시부터 오후 18시까지이다.

자연과 생태를 주제로 한 함평 자연 생태 공원과 헷갈리는 경우가 많다. 처음으로 함평을 찾는 사람들은 간혹 혼란스러워하기도 하니 미리 잘 알아 두자.

주소 전남 함평군 함평읍 수호리 1153-2 전화 061-320-2213 시간 09:00~18:00(매주 월요일 휴관) 요금 공원 입장료: 성인 5,000원, 청소년 · 군인 3,500원 , 어린이 2,500원, 유치원생 1,500원 / 물놀이장 입장료: 성인 8,000원, 어린이 6,000원 홈페이지 www.hampyeongexpo.org

함평 5일장

▶ 우시장 규모가 큰 재래시장

전남 함평장은 5일마다 한 번씩 여는 장으로 함평의 우시장 규모가 커서 '함평 큰소장'이라고도 부른다. 예부터 이 자리에 있었던 함평장은 활력을 잃지 않아 시골 시장을 경험해 보고 싶은 사람들이 이곳을 찾는다. 함평장을 찾는 또 다른 이유는 식도락이다. 함평 한우, 키조개, 버섯을 함께 먹는 함평 삼합과 육회 비빔밥이 대표 메뉴이다.

주소 전남 함평군 함평읍 기각리 전화 061-320-3610 시간 매월 2, 7일

함평 자연 생태 공원

▶ 다양한 방법으로 자연을 즐기는 아름다운 생태 공원

함평엑스포공원이 시설 위주의 공원이라면, 함평 자연 생태 공원은 수목원과 비슷하며 자연을 가깝게 느낄 수 있도록 전시된 공원이다.

이곳에는 한국 춘란 분류관, 나비 · 곤충 표본 전시관, 풍란 및 새우란관, 동양란관, 나비 · 곤충애벌레 생태관, 양란 전시관, 자생란 전시관 등 5개의 전시관과 수서곤충 관찰 학습장, 장미원, 자란 동산, 우리꽃 생태 학습장, 모란원, 괴석원, 외래꽃 생태 학습장, 곤충 야외 학습장, 독도 조형물, 어린이 드라마 〈후토스〉 촬영지, 반달가슴곰 관찰원, 무궁화 동산, 산삼포 관찰 학습장, 수련 전시포, 사군자 동산, 국화 들녘, 국화원, 자생란 군락

지, 정크 아트 조각 공원 등 19개의 관람 시설이 있다. 뿐만 아니라, 전망대, 인공 폭포, 음수대, 생태 연못, 휴게실, 주차장, 화장실, 바닥 분수 및 부력 분수, 청소년 야영장, 관리동,

다목적 집회장, 취사장, 캠프 파이어장, 모험 시설 등 각종 편의 시설도 훌륭하다.

나무로 만든 조형물, 고철을 이용해 만든 동물 모양 정크아트 등도 즐비하다. 또한 무당벌레 모양을 한 곤충 야외 학습장, 나무처럼 입구를 치장한 아열대 식물원, 돌무지로 장식한 동양란 전시관 등 건축물 위에 돌과 나무 등으로 장식을 해 딱딱한 느낌이 없으며, 그냥 보기에도 자연과 어긋남이 없는 것이 특징이고, 물론 아이들의 관심을 끌기에도 충분하다. 함평 곤충 연구소는 농업 기술 센터에서 운영하는 곤충 연구소로 함평 나비 축제 때 사용할 나비를 사육하는 곳이다.

주소 전남 함평군 대동면 운교리 500-1 전화 061-320-3514 시간 성수기(4~10월) 09:00~18:00 / 비수기(11~3월) 09:00~17:00 요금 성수기: 성인 5,000원, 청소년 3,000원, 어린이 2,000원 / 비수기: 성인 3,000원, 청소년 1,500원, 어린이 1,000원 홈페이지 www.ecopark.or.kr 버스 함평 공영 터미널 – 호덕 마을 버스 정류장 하차 – 함평 자연 생태 공원

TRAVEL TIP

캠핑카

함평 자연 생태 공원은 캠핑카 체험 캠핑 트레일러를 이용해 캠핑카를 이용할 수 있게 하고 있다. 5인용 8대, 6인용 2대를 보유하고 있다. 사용 시간은 당일 14시부터 익일 11시까지이다. 캠핑카 요금은 아래와 같다. 1시간 초과부터 2시간까지 10,000원, 4시간까지 20,000원, 4시간 이후 1일 사용료가 추가된다.

구분		사용료	
		5인용	6인용
성수기(4월~11월)	월, 화, 수, 목, 일	7만 원	8만 원
	금, 토, 공휴일	8만 원	10만 원
비수기(12월~3월)	월, 화, 수, 목, 일	4만 원	5만 원
	금, 토, 공휴일	5만 원	7만 원

돌머리 해수욕장

▶ 긴 백사장과 넓은 소나무 숲이 아름다운 해수욕장

1. 숙박 텐트촌 이용
2. 원두막
3. 샤워장

전남 전체의 해수욕장 중에서 제법 규모가 있는 해변이다. 깨끗한 물과 1,000m에 이르는 백사장, 넓은 소나무 숲 사이로 원두막과 야영장 등이 보인다.

돌머리 해수욕장은 조수간만의 차가 커서 해수욕을 하는 데 좋지 않은 환경이었지만, 얼마 전 공사를 해서 일부 구역에서 시간에 구애받지 않고 물놀이를 계속 즐길 수 있게 되었다. 갯벌에는 게, 조개, 해초류가 많아 해수욕 시즌에 함께 진행되는 갯벌 체험도 인기 있다.

수산 자원 보호 구역으로 지정된 함평만(돌머리 해변 내)에서의 갯벌 생태 체험도 가능하다. 하지만 해수욕 시즌에 맞추어 갯벌 체험이 진행되니 갯벌 체험이 우선 순위에 있는 사람이라면 전문적으로 상시 진행하는 무안 송계 어촌 체험장 쪽이 좋다.

주소 전남 함평군 함평읍 석성리 203 전화 061-322-0011(함평군 관광과) 시간 개장 기간 6월 24일~8월 22일

함평 해수찜

▶ 해수찜의 정석, 해수약찜

이곳은 나무로 된 욕장이 건물 안에 마련되어 있다. 불에 달군 유황 돌을 바닷물에 넣어 데운 다음 뜨거워진 해수를 몸에 끼얹는 방식이다. 바닷물에 포함된 미네랄 성분이 신진대사에 도움을 주고, 혈액 순환 장애에 탁월한 효능을 준다는 것이 밝혀진 바 있다. 그 밖에도 살균 작용이 있으며 신경통, 고혈압, 관절염 등에 효과가 있다.

주소 전남 함평군 손불면 궁산리 신흥 마을 전화 함평 주포 해수찜 061-322-9489, 신흥 해수찜 061-322-9900, 함평 신흥 해주찜 061-322-9487 요금 약찜 (1~2인) 33,000원 / 1인 추가 시 11,000원 / 식사 6,000원 버스 함평 공용 터미널 – 하신흥 버스 정류장 하차 – 함평 해수찜

용천사

▶ 꽃무릇이 지천으로 피어나는 절

용천사에 도착하면 가장 눈에 띄는 것이 꽃무릇 공원이다. 9~10월이면 꽃무릇이 지천으로 피어나 장관을 이루고, 축제도 벌어진다. 조형물들이 한국적 아름다움을 자아내는데, 특히 항아리를 탑처럼 쌓아 올려 전통적인 장독대를 조성한 것이 눈에 띈다. 휴식 공간이 잘 마련되어 있고, 공원 앞쪽 호수에는 용 분수대가 있다.

지금의 대웅전 자리에 있는 샘에 용이 살다가 황해를 통해 승천했다고 하여 이 샘을 '용천'이라고 불렀으며, 그 자리에 생긴 절의 이름도 '용천사'가 되었다. 백제 시대 때 창건되었으며, 조선 명종 때 중수하여 큰 절로 성장하여 3천 명의 승려가 머물렀다고 전해진다. 6·25 전쟁 때 소실되었다가 1964년 절을 다시 세우고, 1996년 대웅전을 재건하였다. 그래서 오래된 절의 고풍스러움을 느끼긴 힘들지만 조선 시대에 세워진 석등이 남아 아쉬움을 달래준다.

주소 전남 함평군 해보면 광암리 415 전화 061-322-1822 홈페이지 www.yongchunsa.com 버스 함평 공용 터미널 – 유스퀘어 – 화정중흥파크 버스 정류장 하차 – 용천사

꽃무릇 공원 산책하기

9~10월에 붉은 꽃망울을 터뜨리는 꽃무릇은 '상사화'라고도 불린다. 꽃이 시든 후 잎이 피어 서로 만나지 못해 상사화라는 애틋한 이름을 붙여졌다고 한다. 뿌리를 말려 가루로 만들어 불교 탱화의 방부제로 사용하였기에 사찰 근처에서 자주 눈에 띄는 꽃이다.

꽃무릇 공원 산책 코스는 미니 초가 산책로 → 물레방앗간 → 구름다리 → 야생 차밭 → 왕대밭 숲 → 정자 쉼터 → 야생화 단지이다. 공원을 한 바퀴 도는 데 약 40분이 걸린다.

화랑 식당

오랜 전통의 맛이 이어져 내려오는, 담백한 육회 비빔밥이 일품이다. 육회는 파, 깨, 참기름 등으로 양념이 되어 있고 씹히는 맛이 꼬들하고 쫄깃하다.

주소 전남 함평군 함평읍 기각리 982-34 전화 061-323-6677 요금 육회 비빔밥 (특) 1만 2천 원, (보통) 8천 원, 생고기 3~5만 원, 육회 3~5만 원

대흥 식당

놋그릇에 비벼 먹는 부드러운 육회 비빔밥이 유명한 맛집이다. 묵은지, 겉절이, 돼지 껍데기 무침, 선짓국이 반찬으로 나온다.

주소 전남 함평군 함평읍 기각리 980 전화 061-322-3953 요금 육회 비빔밥(보통) 7,000원, 육회 비빔밥(특) 1만 원, 생고기 3만 원, 육회 3만 원

함평 천지 한우 프라자(명품관)

함평 천지 한우 프라자 2층에 있으며, 일반 음식점처럼 모든 서비스가 제공되는 음식점이다. 한우구이는 숯불에 구워 먹는 방식이라 더욱 입맛을 돋운다.

주소 전남 함평군 함평읍 내교리 47 요금 꽃등심(150g) 4만 2천 원, 황제 스페셜 모듬 4인 16만 원, 천지 한우 스페셜 4인 14만 5천 원, 육회 비빔밥 9천 원, 생고기 비빔밥 1만 원

뉴샹젤리제 호텔

함평 나비 축제장에서 도보로 5~10분 거리에 위치해 있으며, 숙박 시설 외에 함평에서만 즐길 수 있는 넓은 규모의 창포 목욕탕 및 오락실 등이 있다. 함평천 고수부지 주차장을 이용해 대규모 관광객이 이용하기에도 편리하다.

주소 전남 함평군 함평읍 기각리 261 전화 061-324-3702~3 요금 3만 5천~5만 원 / 주말 성수기 4인 1실 기준 5만~6만 원 홈페이지 www.hampyeonghotel.com

신안 증도

느림의 미학이 살아 있는
슬로 시티

증도는 '보물섬'이라는 별명을 가진 섬으로, 우리나라의 대표적인 슬로 시티로 손꼽히는 곳이다. 증도는 유인도 8개와 무인도 91개로 형성되어 있다. 서쪽으로는 4km의 천연 해수욕장이 있고, 주변에는 염전이 많다.

증도에 들어서면 태평 염전의 소금 박물관과 만난다. 소금 박물관은 조형물과 설치 미술을 이용해 소금에 대한 지식을 재미있고 이해하기 쉽게 설명해준다. 소금을 만지고 보고 눈으로 즐겼다면, 솔트 레스토랑에서 소금을 이용

해 만들어 내는 음식을 맛보고, 소금 동굴에서 소금이 뿜어내는 좋은 에너지를 받으며, 지친 몸을 잠시 쉬어 보자.

소금 세상을 나오면 왼편으로 보이는 태평 염전이 탁 트인 볼거리를 선사한다. 태평 염전에서는 염전 체험을 할 수 있다. 이제 갯벌 위 데크를 따라 염생 식물을 친구 삼아 산책하듯 거닐어 보자. 서해안 일대에는 이름난 갯벌이 많지만, 이곳만큼 농게, 칠게, 짱뚱어가 분주하게 뛰노는 풍경이 한눈에 들어오는 곳은 드물다.

우전 해수욕장은 곱고 넓은 백사장, 해송 숲, 야자나무, 짚 파라솔, 벤치 등 이 국적인 모습을 연출한다. 매년 7월 중순부터 한 달간 신안 게르마늄 갯벌 축제가 열리는데, 갯벌 자연 탐험, 머드 마사지, 갯벌 썰매 등을 즐길 수 있다.

🚗 교통

1. 대중교통

신안의 대다수 섬들은 다리로 연결되어 있으나, 대중교통을 이용하여 타 지역에서 오고자 한다면 광주, 목포를 거쳐서 이동할 수 있다. 항공과 철도가 광주까지 운행하고 있으며, 광주에서 지도까지는 시외버스가 운행되고 있다. 또한 증도까지 직행으로 운행하는 대중교통이 없으므로 지도를 꼭 거쳐서 움직여야 한다. 시간대를 잘 알아보고 루트를 짜야 할 것이다. 섬으로 이루어진 신안은 대중교통이 많지 않고 다른 지역을 연계해야 한다는 점에서 대중교통보다는 자가용을 이용하는 것이 편리하다. 따라서 자가용이 없는 경우 대중교통으로 이동후 차를 렌트하여 섬을 둘러보는 것도 좋은 방법이다. 특히 증도의 경우, 섬 면적이 30km²에 불과하므로 자가용을 이용하여 섬 구석구석을 둘러보는 것이 좋다.

⏹ 항공

광주까지 아시아나 항공이 3회 운항한다. 소요 시간은 약 50분이다.

요금 김포 – 광주: 정상 운임, 성수기, 비수기에 따라 6~9만 원, 할인 운임 3~5만 원선

⏹ 철도

철도는 광주까지 KTX, 무궁화호, 새마을호가 운행하고 있으며, 소요 시간은 KTX 약 3시간, 무궁화호 약 4시간 반, 새마을호 약 4시간이다.

요금 서울(용산) – 광주: 새마을호 34,300원, 무궁화호 23,000원(일반실 기준)

⏹ 항공과 철도를 잇는 시외버스

광주 - 지도(증도 하차) 소요 시간 1시간 20분, 요금 9,400원

문의 광주 금호 터미널(062-360-8114)
홈페이지 www.usquare.co.kr

⏹ 고속버스

서울에서 지도까지 직행으로 운행하는 버스는 1일 2회(07:30, 16:20) 있다. 소요 시간은 약 4시간 10분이다.

문의 센트럴시티 터미널(02-6282-0114), 지도 여객 자동차 터미널(061-275-0108)
요금 서울 – 지도: 우등 25,200원, 일반 21,900원

2. 승용차

서울 – 서해안 고속도로 – 북무안 IC – 현경, 지도 방면(24번 국도) – 지도읍 – 지신개 선착장 – 증도대교 – 증도(총 거리 357km, 소요 시간 약 4시간 40분)

****신안 증도는 슬로시티의 자연 경관 보호를 위해 입장료를 징수합니다.
어른 1,000원, 청소는 800원, 어린이 500원.**

신안 증도

태평 염전 소금 박물관

▶ 작은 금 '소금'을 재미있게 설명하는 박물관

증도에 들어서면 처음으로 만나는 태평 염전의 소금 박물관은 마치 작은 미술관 같다. 박물관에 들어서면 소금의 어휘, 어사 박문수와 소금, 소금에 포함된 원소 등이 보이는데, 그중에서도 투명한 바닥 아래에 소금으로 바닷속을 표현한 솔트 스크린이 눈에 띈다. 소금에 대한 지식을 재미있게 설명하고 있다.

주소 전남 신안군 증도면 대초리 1648 전화 061-275-0829 시간 09:00~18:00(매주 화요일 휴관, 단 7~8월은 화요일에도 정상 개관) 요금 어른 3,000원, 소인 1,500원 홈페이지 www.saltmuseum.org 버스 지도 여객 자동차 터미널 – 우전, 대초, 엘도라도 방면 공영 버스 탑승 – 소금 박물관 버스 정류장 하차(35분 소요)

Fun point
1. 과거에는 소금 창고로 쓰이던 곳
2. 국내 유일의 소금 박물관

소금 세상 (솔트 레스토랑, 소금 가게, 소금 동굴 힐링 센터)

▶ 소금 상품이 모여 있는 공간

현대적인 방법으로 다양하게 소금을 즐길 수 있는 곳이다. 솔트 레스토랑에서는 소금을 다양하게 이용해 흔히 볼 수 없는 음식을 훌륭하게 차려 내고, 소금 동굴에서는 소금이 뿜어내는 좋은 에너지로 몸을 쉴 수 있게 해 준다. 마지막으로 다양하고 품질 좋은 소금을 살 수 있는 소금 가게도 마련되어 있다.

홈페이지 blog.naver.com/babmaga03

함초 식당

해산물과 함초 그리고 소금을 주재료로 음식을 하는 곳이다. 함초를 이용한 샐러드, 찜, 샤부샤부가 있는데, 무엇보다도 소금으로 전체를 싸서 구운 해산물 요리가 이곳의 대표 메뉴다. 소금 이글루는 전복, 새우 등의 각종 해산물을 소금으로 싸서 구운 것이고, 소금 동굴 생선구이는 계절에 따라 민어나 농어를 소금으로 싸서 불에 구운 형태이다. 소금이 단단하게 굳어 소금 그릇처럼 원재료를 감싸고 있어, 그 특이함으로 유명세를 탔다. 소금 이글루를 메인 메뉴로 한 정식은 1인 2만 5천 원, 생선을 메인 메뉴로 한 정식은 3만 5천 원이다.

전화 061-261-2277 요금 천일염 숙성 목살 구이 쌈밥 정식(2인이상) 15,000원, 천일염 숙성 목살 구이 정식(2인 이상)12,000원, 함초 묵밥 굴비 정식 12,000원

소금 가게

아기자기한 선물의 집에 들어선 것 같다. 신안 방문 기념으로 실속 있는 선물을 사기에 좋은 곳이다. 함초간장, 토판염, 섬들채 함초볼 등 신안에서 정성들여 생산한 좋은 소금과 관련된 상품들을 기본으로, 천연야채 오일 비누, 글리세린 바, 입욕제 등도 함께 판매한다.

전화 061-261-2266 시간 09:00~18:00 / 휴가철 21:00까지 (정시~45분간) 요금 제품별로 가격이 다름

소금 동굴 힐링 센터

우리나라는 천일염이라고 해서, 바다에서 소금이 만들어지는데, 유럽에서는 소금을 광산에서 캐내어 사용한다. 천연 소금 동굴에 들어가면 미세한 소금 입자를 호흡할 수 있는데, 이는 기관지 관련 질병이나 알레르기성, 신경성 피부염 등에 효과가 있다. 뿐만 아니라 심리적 안정 효과도 뛰어난 것으로 알려져 영혼의 마사지라고 불리기도 했다. 소금 동굴 체험은 여행 중에 지친 심신을 쉬어 가기 좋은 휴식처이다.

전화 061-261-2266 시간 09:00~18:00 / 휴가철 21:00 까지(정시~45분간) 요금 어른 10,000원, 어린이 5,000원

태평 염전 (소금 박물관, 소금밭 체험)

우리나라 최대 규모의 단일 염전

소금 박물관을 나오면 왼편에 태평 염전이 있다. 근대 문화유산 제360호이며, 연간 1만 6천 톤, 우리나라 천일염의 약 6%를 생산한다. 면적은 여의도의 2배인 약 460만m²로, 우리나라에서 가장 규모가 크다. 한 줄로 길게 늘어선 60여 채의 소금 창고가 있고, 염전 주변은 자연 생태를 그대로 간직하고 있다. 흰 소금이 덮인 넓은 염전, 저수지 등이 어우러져 천혜의 아름다운 경관을 연출하는데 이른 아침과 해가 질 무렵의 풍경이 특히 멋지다. 염전에서 직접 소금을 채취하는 모습을 볼 수 있으며 데크를 돌며 염생 식물을 관찰할 수 있다.

소금밭 체험 순서

소금 박물관 관람(30분) → 소금밭 갯벌 길(20분) → 소금밭 체험(40분) → 염전 창고 견학(30분) → 소금밭 습지 견학(30분) → 소금 전시 판매장 (전망대, 소금 구매)

예약 061-275-0829(최소 3일 전 전화, 홈페이지로 사전 예약), 직접 채염한 소금 1kg 증정 주소 전남 신안군 증도면 대초리 1648 전화 061-275-0829 체험 운영 기간 3~10월(11월부터 2월까지는 소금이 생산되지 않아 체험 불가) 요금 어른 15,000원, 어린이 13,500원, 유치원생 13,000원(최소 3일 전 예약 필수) 홈페이지 www.saltmuseum.org, www.sumdleche.com

Fun point

1. 근대 문화유산 제360호
2. 염전 체험(소금 채취)

태평 염생 식물원

▶ 바다의 다양한 식물을 볼 수 있는 곳

갯가를 따라 쭉 늘어선 데크와 중간에 쉴 수 있는 전망대가 여기저기 거미줄처럼 연결되어 있다. 데크 옆으로는 붉은 칠면초가 넓게 자라 붉은 꽃밭처럼 보인다. 넓은 염생 식물 단지를 걸으면 갈대, 갯개미 취, 갯질경이, 나문재, 비쑥, 조매자기, 지채, 천일사초, 퉁퉁마디, 해홍나물, 갯그령 등 다양한 바다 식물 과 만날 수 있다. 유네스코 생물 다양성 보전 지역으로 지정된 곳이니 꼭 들러 보자.

태양광 발전소

동양 최대의 태양광 발전소

태평 염전을 지나면 넓은 들판에 빛을 받아들이는 태양광 발전소가 나타난다. 자칫 그냥 지나칠 수도 있지만, 사실 이곳은 66만㎡ 규모의 동양 최대 태양광 발전소이며, 최첨단 시스템으로 태양광 발전을 하고 있는 곳이다. 지나치지 말고 들러 보자.

주소 전남 신안군 증도면 대초리 산 4-1 전화 061-275-0490

버지 선착장

칠게와 농게의 놀이터

철부선이 오가는 선착장이다. 하지만 2010년 4월 증도대교가 개통되면서 비교적 한산해졌다. 이렇게 한산해진 풍경이 오히려 운치가 있어 농게와 칠게가 부지런히 움직이는 갯벌과 조용한 선착장이 사람을 취하게 한다. 멋진 자연에 현대적 건축물이 어우러지는 태평 염전 쪽과는 사뭇 다른 풍광을 연출한다.

주소 전남 신안군 증도면 대초리

화도 〈고맙습니다〉 촬영장

▶ 드라마의 배경이 된, 작고 조용한 어촌

화도는 물이 빠지면 육지가 되고 물이 들어오면 섬이 되는 곳으로, 물이 빠졌을 때, 갯벌 사이에 난 노두를 따라 화도로 들어갈 수 있다. 작은 섬이라 한 시간 정도면 충분히 둘러볼 수 있다.

사방이 바다가 보이는 작고 조용한 어촌이다. 곳곳에 드라마 〈고맙습니다〉 촬영지라는 안내가 붙어 있고, 흔적을 찾을 수 있다.

주소 전남 신안군 증도면 대초리

TRAVEL TIP

노두

증도와 화도를 연결해 주는 1.2km의 다리로, 폭이 좁은 편이다. 갯벌에 돌을 놓아 건너다니던 징검다리를 지금의 모습으로 바꾸어 놓은 것이며, 교량이 아니라 갯벌 위에 놓은 시멘트길이다. 그래서 밀물 때 종종 잠기기도 한다. 차 한 대가 지날 수 있는 정도 너비의 길이 갯벌을 가로질러 뚫려 있어, 바다 위를 걷는 정취를 느끼게 해 준다.

신안 갯벌 센터 · 슬로 시티 센터

▶ 갯벌에 대한 호기심을 채워 주는 곳

갯벌에 대한 이야기를 자세히 들을 수 있는 갯벌 센터에서는 뻘 속에서 움직이던 짱뚱어와 칠게의 사진들이 호기심을 구체화시켜 주고, 갯벌에서 채집을 위해 사용하던 도구들과 도구를 이용하는 사진이 함께 전시되어 있어 갯벌을 더 재미있게 오래도록 기억하게 해 준다.
입구에 들어서면 색색의 알록달록한 바람개비들이 돌아가는 모습이 예쁘다. 마차도 있어 색다른 볼거리가 가득하다.

주소 전남 신안군 증도면 우전리 77 전화 061-275-8400 시간 오전 9시~오후 5시(매주 월요일 휴관) 요금 어른 2,000원, 청소년 1,000원, 어린이 800원 버스 지도 여객 자동차 터미널 – 우전, 대초, 엘도라도 방면 공영 버스 – 엘도라도 리조트 버스 정류장 하차(50분 소요)

우전 해수욕장

▶ 우리나라에서 가장 먼저 개장하는 해수욕장

우전 해수욕장은 규모나 시설 모두 만족할 만한 곳으로, 서해안의 해수욕장 중에서 다섯 손가락 안에 꼽히는 곳이다. 곱고 넓은 백사장을 둘러 해송 숲이 있고 야자나무, 짚 파라솔, 벤치 등 이국적 모습을 연출한다. 매년 7월 중순부터 한 달간 신안 게르마늄 갯벌 축제가 열리는데 갯벌 자연 탐험, 머드 마사지, 갯벌 썰매 등을 즐길 수 있다. 또한 우전 해수욕장이 내려다보이는 엘도라도 리조트는 전망이 좋아 여행객들에게 인기 있다.

주소 전남 신안군 증도면 우전리 전화 061-271-7619(증도 면사무소) 요금 몽골 텐트 개당 2만 원 버스 지도 여객 자동차 터미널 – 우전, 대초, 엘도라도 방면 공영 버스 – 우전 해수욕장 버스 정류장 하차(48분 소요)

짱뚱어 다리

▶ 풍요로운 갯벌 탐사

짱뚱어 다리는 밀물, 썰물 상관없이 언제 찾아도 좋은 곳으로, 특히 밀물 때 찾으면 바다 위를 걸을 수 있다. 시원한 풍광과 발 아래 찰랑이는 바다는 색다른 기분을 주기에 충분하다. 또한 썰물 때는 분주한 갯벌 생물들을 보면서 다리를 건널 수 있다.
갯벌 생물은 무엇을 상상하든 기대 이상을 보여 준다. 넓은 갯벌에 농게, 칠게, 짱뚱어의 분주한 풍경이 한눈에 들어와 갯벌 생물의 세계를 자세히 관찰할 수 있다.

주소 전남 신안군 증도면 증동리 버스 지도 여객 자동차 터미널 – 검산, 방축, 염산 방면 공영 버스 – 증도 면사무소 하차 (40분 소요)

보물섬 전망대

신안 앞바다의 보물선

신안 앞바다에서 보물선을 발견했다는 뉴스가 온 나라를 시끌벅적하게 했던 적이 있다. 송·원대 유물 총 2만 8천 점을 발굴해 낸 곳이 이곳이다. 이것을 기념하기 위해 보물섬 전망대와 신안 해저 유물 발굴 기념비를 세웠다.

그런데 이보다도 눈길을 확 잡아 끄는 것은 바위 위에 우뚝 선 보물선 모양의 레스토랑이다. 보물선이 잠들어 있던 곳을 바라보며 식사를 할 수 있으며, 카페는 관람만 해도 된다. 입장료는 1,000원이며, 1층은 카페와 음식점이고, 2층은 유물의 모형을 전시한 전시장이다.

주소 전남 신안군 증도면 방축리 버스 지도 여객 자동차 터미널 – 검산, 방축, 염산 방면 공영 버스 – 보물섬 전망대 버스 정류장 하차(1시간 소요)

증도 작은 도서관

증도읍에 있는 섬마을 도서관

소외 지역에 책을 통한 나눔을 전달하기 위해 문화체육관광부, 작은 도서관 만드는 사람들, MBC가 후원하여 건립한 문화 소외 지역 건립 1호 도서관이다. 〈고맙습니다〉라는 드라마를 증도 옆에 있는 화도에서 촬영했는데, 이 드라마의 이름을 따 '고맙습니다 작은 도서관'이라고도 부른다. 낮은 책장에 책들이 빼곡하고, 알록달록한 매트 위에서 섬 아이들이 책을 읽고 이야기하는 놀이터 같은 곳이다.

주소 전남 신안군 증도면 증동리 버스 지도 여객 자동차 터미널 – 검산, 방축, 염산 방면 공영 버스 – 증도 면사무소 버스 정류장 하차(40분 소요) – 증도 작은 도서관 – 도보로 5분

식당 & 숙박

안성 식당

안성 식당이라는 간판 뒤로 증도 갤러리라는 말이 함께 붙어 있다. 토속적인 느낌이 나는 한옥식의 식당 벽에 그림이 쭉 늘어서 있는 것이 이곳의 특징이다. 무엇보다 이 집은 짱뚱어탕이 맛있다.

주소 전남 신안군 증도면 증동리 1691-10 전화 061-271-7998 요금 짱뚱어탕 1만 원, 갈낙탕 1만 8천 원

이학 식당

별다른 양념 없이 백합만으로 국물을 내는, 백합탕이 끝내주는 집이다. 여행 당일보다는 여행 다음 날 아침 식사를 하기에 좋은 곳이다.

주소 전남 신안군 증도면 증동리 1691-7 전화 061-271-7800 요금 짱뚱어탕 1만 원, 갈낙탕 1만 8천 원, 백합탕 3만 5천 원

고향 식당

병어회와 병어찜은 고향 식당이 가장 맛있다. 두툼한 병어를 뼈째로 먹기 좋게 썰어 참기름을 넣은 된장에 찍어 먹는다.

주소 전남 신안군 증도면 증동리 1691-7 전화 061-271-7533 요금 짱뚱어탕 1만 원, 낙지 비빔밥 1만 원 홈페이지 고향식당.b24.kr

엘도라도 리조트

증도에 위치한 유럽풍의 별장 리조트이다. 다도해 요트 크루즈, 제트스키, 워터슬라이드 등의 해양 레저 이용이 가능하며, 전용 해수욕장에서 바비큐를 할 수 있는 시설을 갖추고 있다. 조식 뷔페도 무료로 이용 가능하다. 리조트 바로 앞에 우전 해수욕장이 있으며, 다도해가 한눈에 보인다.

주소 전남 신안군 증도면 우전리 233-42 전화 061-260-3300 요금 31만 4천 원~91만 8천 원 / 사이버 회원 12만 7천 원~56만 8천 원(성수기 요금은 별도로 적용, 조식 포함) 홈페이지 www.eldoradoresort.co.kr

무안

다양한 갯벌 체험과
백련사 연꽃

무안은 갯벌을 체험하기에 좋은 곳이다. 무안 생태 갯벌 센터는 갯벌에 대해 3D 영상으로 이해하고, 모형으로 갯벌을 간접적으로 경험할 수 있도록 꾸며 놓았다. 센터 내부에서 갯벌에 대한 정보를 습득한 다음에, 송계 갯벌 체험 장으로 가자. 송계 갯벌 체험장은 갯벌 체험을 위한 시설과 장비 등이 잘 마련되어 있고, 체험을 진행하는 직원들도 매우 전문적이라 체험에 대한 만족 도가 높다. 미리 예약만 하면 되는데, 도착해서 트럭을 타고 깊은 갯벌로 이

동해 지역 주민과 함께 여러 가지 수산물을 잡는다. 특히 야간에 하는 횃불 체험도 찾는 이가 많다.

무안의 또 다른 볼거리는 연꽃이다. 동양 최대 규모로 30만여m²에 가득 핀 백련은 탄성을 저절로 자아내게 한다. 7~9월에 연꽃이 절정을 이루는데, 백련으로 꽉 찬 호수 사이를 연배를 타고 누비는 기분은 남다르다.

마지막으로 분청사기 도예 체험도 놓치지 말자. 무안은 본래 분청사기로 유명한 곳으로, 지금도 13도요지가 운영 중이다. 그중에서도 몽평요에서의 도예 체험은 편안한 휴식을 선사한다. 직접 분청사기를 만들고, 분청사기 장인이 내어 주는 아름다운 다기에 차를 마시며, 여행의 쉼표를 찍어 보자.

🚗 교통

1. 대중교통

무안까지 대중교통으로 이동한다면 무안으로 향하는 차편이 다양하지 않기에 직행보다는 인근의 광주, 목표를 통하여 환승하는 방법이 비교적 편리하다. 항공이 광주까지 운행하고 있으며, KTX를 포함한 열차가 광주를 지나 목포까지 운행한다.

▶ 항공

무안에 공항이 있지만 김포에서 무안까지 운항하는 항공이 없다. 서울에서 이동을 한다면, 광주까지 아시아나 항공을 이용해서 연계 교통망을 이용해야 한다. 광주까지 아시아나 항공이 3회 운항하며, 소요 시간은 약 50분이다.

요금 김포 – 광주: 정상 운임, 성수기, 비수기에 따라 6~9만 원, 할인 운임 3~5만 원선

▶ 철도

서울에서 무안까지 무궁화호가 매일 4회 운행한다.

요금 서울(용산) – 무안: 새마을호 24,900원

▶ 항공과 철도를 잇는 시외버스

광주 – 무안 배차 간격 20분, 소요 시간 45분, 요금 4,800원

문의 광주 금호 터미널(062-360-8114)
홈페이지 www.usquare.co.kr

▶ 고속버스

서울(센트럴)에서 무안까지 1일 2회 07:30분과 16:20분에 운행된다. 소요 시간은 3시간 40분이다.

문의 센트럴시티 터미널(02-6282-0114), 무안 고속버스 터미널(061-453-2518)
요금 일반 19,700원, 우등 20,600원

2. 승용차

서울 – 경부 고속도로 – 천안논산 고속도로 – 당진상주 고속도로 – 서천공주 고속도로 – 서해안 고속도로 – 무안(총 거리 315km, 소요 시간 약 3시간 25분)

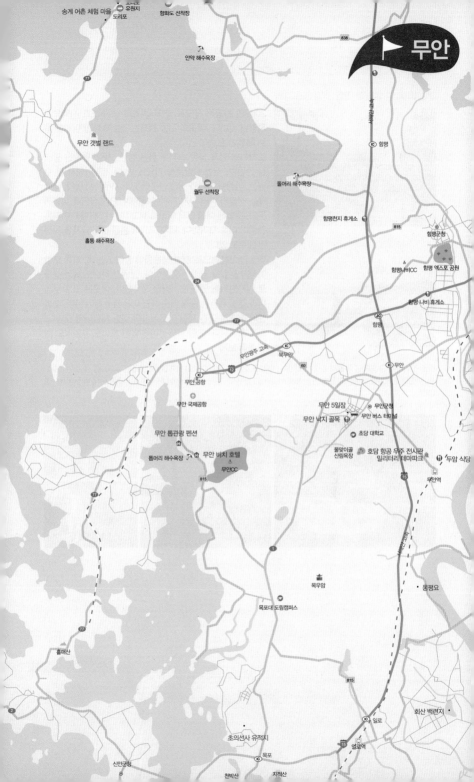

무안 갯벌 랜드

2009년 완공된 곳으로, 전국 최초로 습지 보호 지역으로 지정된 곳이다. 이곳의 갯벌 랜드는 갯벌에 대한 이해를 돕는 데 많은 도움이 된다.

도착하면 먼저 넓은 습지에 붉은 칠면초들이 펼쳐진 광경을 만난다. 갯벌 탐방로를 거닐며 좀 더 가까이에서 볼 수 있고, 야생화 단지와 생태 연못이 있어 지루하지 않다. 내부에는 갯벌의 여러 가지 가치에 대하여 3D 영상으로 설명해 준다. 갯벌에 대해 먼저 영상을 보고 나면 그 뒤에 이어지는 관람이 더욱 재미있다. 낙지 구멍에 손을 넣어 낙지를 직접 만질 수도 있다.

데크의 오른편으로 갯벌 생물들이 놓여 있는데, 비록 모형이지만 눈길을 끌기에 충분하다. 망원경 하나도 해양 생물로 디자인되어 있어 호기심을 자극한다. 이곳은 보호 구역이라 갯벌 체험은 송계 어촌 체험 마을에서 해야 한다. 갯벌 센터와 송계 어촌 체험 마을에서의 갯벌 체험이면 갯벌 코스로 충분하다. 또한 보물선이 인양된 도리포 유원지도 함께 들러 보자.

주소 전남 무안군 해제면 유월리 1-1 전화 061-450-4365~7 시간 09:00~18:00 요금 성인 4,000원, 청소년 3,000원, 어린이 2,000원 홈페이지 http://getbol.muan.go.kr 버스 무안 고속 터미널 하차 후 도리포행 군내 버스 이용(1일 9회)

송계 어촌 체험 마을

▶ 직접 참여할 수 있는 갯벌 체험

무안 생태 갯벌 센터를 방문하고 나면 직접 갯벌에 들어가고 싶은 마음이 든다. 내친 김에 갯벌 체험까지 이어 가고 싶을 때 방문하면 좋은 곳이다. 송계 어촌 체험 마을은 아름다운 어촌으로 선정된 곳으로, 백사장이 어우러진 바다 뒤로 해송림이 있고, 산책로도 마련되어 있다. 일출과 일몰을 동시에 볼 수 있는 것도 이곳의 큰 장점이다.

발에 닿는 촉감이 좋은 갯벌에서 조개, 낙지 등 어패류를 잡을 수 있다. 트럭을 타고 멀리까지 나가는 2시간 정도의 코스로 운영되며, 송계 어촌 마을 체험 안내소에서 샤워도 가능해 더욱 편리하다. 꼭 예약을 해야 한다는 점을 인지하자.

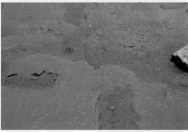

호미, 삽, 후릿그물 등은 대여 가능하며, 바다에는 조개껍데기가 많으므로 두꺼운 양말을 꼭 챙겨 가는 것이 좋다. 야간에 하는 횃불 체험도 좋은 경험이 될 것이다. 마을 주민들이 운영하는 횟집에서 저렴하게 해산물을 맛보는 것도 좋다. 홈페이지를 방문해 다양한 프로그램을 살펴본 후 전화로 상의해서 예약하자.

주소 전남 무안군 해제면 송석리 전화 061- 454-8737 시간 총 90분 소요(강의 30분, 체험 60분), 5~10월까지만 운영 요금 어른 2만 원, 어린이 1만 원 홈페이지 http://songgye.muan.go.kr 버스 무안 고속 터미널 하차 후 도리포행 군내 버스 이용(1일 9회), 해제 터미널에서 택시 이용 가능(10여분 소요)

근처 즐길거리: 도리포 유원지
주소: 전남 무안군 해제면 송석리 30-4
전화: 061-450-5319

초의선사 유적지

▶ 다도의 성지라 불리는 곳

초의선사는 조선을 대표하는 대선사로서 한국의 차 문화를 중흥시킨 분이다. 그래서 이곳을 '다도의 성지'라고도 부른다. 초의선사 유적지의 높은 대문을 넘어 들어가면 중앙으로 길게 뻗은 길 옆으로 녹차가 재배되고 있고, 그 위로 초의선사 유적지가 있다. 초의선사 유적지를 지나면 아름다운 연못에 떠 있는 정자, 백로정이 보인다.

연꽃이 피는 백로정에서 잠시 쉰 후에 명선관과 기념관을 지나면 제일 꼭대기에 초의선사의 영정을 모신 다성사가 있다. 오른쪽에는 조선 차 역사 박물관이 있는데, 그곳에서 차에 대한 유물을 살펴보자. 아래쪽으로는 차 문화 교육관이 있는데 미리 문의하면 체험도 가능하다. 아래쪽 판매장에서 차 한잔을 즐기는 여유를 부려도 좋다. 차를 좋아하는 사람에게는 다분히 매력적인 곳이다.

위치 전남 무안군 삼향면 왕산리 94-3 전화 061-285-0302 요금 무료
버스 무안 고속버스 터미널 – 목포행 군내 버스 – 왕산 버스 정류장 하차
(1시간 소요)

몽평요

▶ 흙으로 분청사기를 굽고 차도 한잔하며 여유를 부릴 수 있는 곳

우리나라 분청사기의 40%가 이곳에서 만들어졌을 만큼 무안은 분청사기로 유명하다. 현재 13곳 정도의 도요지(도기를 굽는 가마의 터)가 운영되는데, 그중에서도 몽평요를 찾는 사람이 많다.

몽평요는 1975년 정철수 씨가 낙향해 운영하는 도요지로, 도자기 체험은 물론 아름다운 다기에 주인이 내어 주는 차 한잔과 다과의 고마움 때문에 이곳을 찾는 이가 더욱 많아졌다. 마치 친한 친구의 집에 놀러간 느낌이 들 만큼 편안하게 사람들을 맞이해 준다. 단순한 도예가 아닌 문화를 체험하는 곳이라고 해도 과언이 아니다.

주소 전남 무안군 몽탄면 사천리 66-1 전화 061-452-3343 요금 체험비 20,000원 버스 무안 고속버스 터미널 – 600번, 200번, 700번 버스 탑승 – 몽평요에서 하차(30분 소요)

회산 백련지

🔸 백련으로 가득 찬 33만㎡ 저수지

1955년 일제가 농업 용수로 사용하기 위해 33만㎡ 규모의 저수지를 만들면서 조성된 곳이다. 이 넓은 저수지에 마을 사람들이 백련 12그루를 심었고, 지금은 호수에 연이 가득 피어 동양 최대의 규모를 이루고 있다. 법정 스님이 이곳을 찾고 정든 사람을 만나고 온 듯한 두근거림과 감회를 책에 쓴 적이 있다.

33만㎡ 규모의 회산 백련지는 백련으로 가득 차 있다. 첫발을 내딛으면 파란 하늘과 그 아래 초록의 연잎 사이로 얼굴을 내민 연꽃들이 빼곡하고, 데크를 걸어 온실로 발걸음을 옮기는 사람들과 호수 사이로 지나다니는 연꽃배가 황홀경을 연출한다. 7월에서 9월까지 3개월 동안 꽃이 피므로 이 시기에 맞춰서 방문하는 것이 좋다.

호수 중앙에는 유리 온실이 있는데, 연꽃에 대한 이해를 돕기 위한 전시를 하고 있고, 1층에는 카페테리아를 운영하고 있다. 백련지 탐사 보트는 9시부터 19시까지 운영하며, 요금(4인 기준)은 1회 1만 원이다.

주소 전남 무안군 일로읍 복용리 83 전화 061-285-1323 시간 09:00~18:00(개화기), 09:00~17:00(비 개화기) 요금 성인 4,000원, 청소년 3,000원, 어린이 1,500원 버스 목포 방면 800번 버스 이용(30분 간격, 5분 소요) – 일로역 하차 – 회산행으로 환승 – 회산에서 하차(1일 4회, 10분 소요)

Fun point
1. 연잎 맥주, 연잎 쌈밥 등 연잎 관련 음식
2. 수상 온실

호담 항공 우주 전시관 밀리터리 테마파크

옛날식 전시관

몽탄면 사창리 출신 전 공군 참모총장 옥만호 씨가 설립한 곳이다.
우주 관련 전시관 하면 고흥이 먼저 떠오르는 것이 당연한 지금 무
안의 전시관은 고흥에 비교하면 작은 규모지만, 백련지와 가까운 곳
에 위치하고 있어 들러 봐도 좋은 곳이다. 9천여m²의 전시장에 훈
련기, 전투기, 적기 등 실물 항공기가 11대 전시되어 있고, 소박한
건물이지만 안쪽도 깔끔하게 우주 항공 분야의 발전상을 볼 수 있도
록 전시되어 있다. 다른 곳과 연계하여 방문하기에 좋다.

주소 전남 무안군 몽탄면 사창리 720-1 전화 061-452-3055 시간 3~10월
09:00~18:00, 11~2월 09:00~17:00 요금 성인 2,000원, 어린이 1,000원
/ 시뮬레이션 체험장 탱크 1,000원, 비행기 1,000원, 사격 2,000원 버스 무안
고속버스 터미널 – 사창 버스 정류장에서 600번, 200번, 700번 버스 탑승(20
분 소요)

무안 5일장

장날의 복적거림을 느낄 수 있는 곳

무안장은 서해안 일대 재래시장 가운데 꽤 큰 규모로 4, 9일에
열리는 5일장이다. 요즘은 도시 근처에서 보기 힘든 시끌벅적
한 장날 풍경이 무안 5일장에서 연출된다. 제각기 상품을 늘어
놓고 여기저기 흥정하는 소리가 들린다. 장이라는 것에 익숙하
지 않은 사람들에게 좋은 추억거리가 될 곳이다. 황토에서 자란
무안 양파가 가장 유명하고, 무안 낙지도 살 수 있다. 별미로는
목포 식당의 선지 국수가 있다.

주소 전남 무안군 무안읍 성남
리 813-2 위치 무안 고속버스
터미널에서 도보로 10분 전화
061-450-5353 시간 4, 9일

무안 낙지 골목

무안 버스 터미널 바로 옆으로 낙지다리 아치를 지나면 양쪽 길로 낙지집이
쭉 늘어서 있다. 이곳에서 특히 인기 있는 메뉴는 큰 낙지를 갈아서 계란 노
른자와 고추 등을 넣고 비벼 먹는 '낙지 당고'와 나무 젓가락에 낙지를 둘둘
말아 양념해 구운 '낙지 호롱'이다. 시가라고 써 있으니, 가게 앞에서 가격
을 흥정하고 들어서는 것이 좋다. 소규모 여행객에게는 낙지 비빔밥이 인
기 있다.

주소 전남 무안군 무안읍 성남리 268 전화 061-454-5434 요금 낙지 비빔밥 1만 5천 원

두암 식당

이곳은 짚불구이가 유명하다. 짚불구이는 암퇘지의 삼겹살과 목살을 볏짚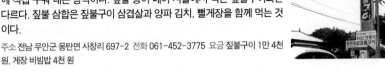
에 직접 구워 내는 방식이다. 짚불 향이 배어 서울에서 먹는 짚불구이와는
다르다. 짚불 삼합은 짚불구이 삼겹살과 양파 김치, 뻘게장을 함께 먹는 것
이다.

주소 전남 무안군 몽탄면 사창리 697-2 전화 061-452-3775 요금 짚불구이 1만 4천
원, 게장 비빔밥 4천 원

무안 비치 호텔

모든 객실이 바다 전망이 가능한 객실로 구성되어 있으며, 객실 면적도 일
반 호텔보다 넓어 침대를 2개씩 배치하여 편안한 객실이 되도록 하였다. 객
실은 2인실, 4인실, 12인실, 20인실, VIP 펜션 등 다양하며, 온돌과 침대로
구성되어 있다. 무안 국제 공항이나 무안 골프장에서 가깝다.

주소 전남 무안군 망운면 피서리 812-1 전화 061-454-4900 요금 비수기 5만~11만
원 / 성수기 8만~12만 원 홈페이지 www.topmeori.com

무안 톱관광 펜션

남해안 여행에서 몇몇 지역을 제외하고는 관광 인프라가 잘 되어 있지 않
아 불편한 점이 적지 않지만, 이곳은 경기도권 펜션과 비교해도 좋을 만큼
예쁘고 쾌적하고 편안하다. 톱머리 해수욕장 바로 앞에 위치해 있어 가족
단위 관광객들에게 인기가 많다. 족구장, 바비큐장, 휴게 시설도 마련되어
있어 대가족이 와도 넉넉하게 쉬어 갈 수 있다. 골프 연습장, 세미나실, 족
구장, 바비큐장, 휴게실 등 부대 시설도 잘 갖추어진 편이다.

주소 전남 무안군 망운면 피서리 809-54 전화 061-454-7878 요금 비수기 9만~35만 원 / 성수기 12만~55만 원 홈
페이지 www.topmeori.com

목포

근대 역사와 문화가
살아 숨 쉬는 도시

목포는 1897년 일제의 조선 수탈 기지로 만들어진 도시이다. 현재는 아픈 역
사와 함께 맛과 멋이 어우러져, 마치 어디선가 〈목포의 눈물〉 노래가 흘러나
올 것만 같은 낭만적인 도시이기도 하다.
유달산은 낮은 산이지만 목포 시내와 다도해를 내려다볼 수 있고, 걷기 좋으
며, 볼거리가 많다. 40여 분의 등산이 부담된다면 유달산 일주 도로를 시원
하게 차로 달려도 좋다. 유달산 아래에는 또 하나의 일본이 있다. 유달산 아

래 유달동은 개항 후 일본인들이 살았던 구역으로, 건축된 일본식 건축물과
가옥 등이 지금도 많이 남아 있다. 카페로 개조된 나상수 가옥에서 차를 마
시며 일본에 온 듯한 착각을 즐겨 보는 것도 즐겁다.
천연기념물 제500호로 지정된 갓바위는 바람과 물이 깎아 만든 신기한 바위
로 삿갓 쓴 사람처럼 보인다. 갓바위를 보고 나서 주변에 밀집한 박물관으로
가 보자. 문예 역사관, 자연사 박물관, 생활 도자 박물관, 목포 문학관, 중요무
형문화재 전수 교육관, 문화 예술 회관, 국립 해양 문화재 연구소 등이 있으
니 자신의 취향에 맞게 선택해서 둘러보자. 북항에서는 항구에 떠 있는 배들
과 멀리 보이는 압해대교, 태양광 풍차, 이동 중인 소형 어선 등 분주한 풍경
이 눈앞에 펼쳐진다.

1. 대중교통

목포까지 대중교통으로 이동한다면 비교적 차편이 많아 다양하게 고려할 수 있다. 항공은 광주를 통해야 하지만 KTX를 포함한 다양한 열차가 40분 간격으로 운행되고 있으며, 버스도 40분 간격으로 운행되고 있다. 특히 버스의 경우 22시 이후로는 심야 버스가 새벽 1시까지 1시간 간격으로 운행되고 있으니 차편의 제약 없이 목포를 오갈 수 있다.

항공

서울에서 이동을 한다면, 광주까지 아시아나 항공을 이용해서 도착 후 연계 교통망을 이용해야 한다. 김포–광주는 일 3회 운항하며, 소요 시간은 약 50분이다.

요금 김포 – 광주: 정상 운임, 성수기, 비수기에 따라 6~9만 원, 할인 운임 3~5만 원선

항공을 잇는 시외버스

광주 – 목포 배차 간격 15~20분, 소요 시간 50분, 요금 7,500원

문의 광주 금호 터미널(062-360-8114)
홈페이지 www.usquare.co.kr

철도

KTX 7회, 새마을호 1회, 무궁화호 2회 운행한다. 각각의 소요 시간은 KTX 2시간 30분, 새마을호 4시간 30분, 무궁화호 5시간 정도 소요된다.

요금 서울(용산) – 목포: KTX 52,800원, 새마을호 39,600원, 무궁화호 26,600원(일반실 기준)

고속버스

서울에서 목포까지 운행하는 버스는 05:35~23:55까지 1일 26회 있으며, 소요 시간은 4시간이다.

문의 센트럴시티 터미널(02-6282-0114), 목포 시외버스 터미널(1544-6886)
요금 서울 – 목포: 일반 20,500원, 우등 30,400원

2. 승용차

서울 – 경부 고속도로 – 천안논산 고속도로 – 당진상주 고속도로 – 서천공주 고속도로 – 서해안 고속도로 – 목포(총 거리 340km, 소요 시간 약 3시간 40분)

3. 시티 투어

목포역 – 근대 역사관 – 국도1, 2호선 기점 – 구 일본 영사관 – 유달산 – 유달 유원지 – 심학도 평화의 광장 – 갓바위 해상 보행교 – 갓바위 문화 타운 – 목포 종합 수산 시장 – 목포역

운행 연중 매일(09:00~15:00), 월요일 휴무 요금 성인 5,000원, 학생 2,000원(초, 중, 고등학생) 예약 초원 여행사 061-245-3088 / 관광 안내소 061-270-8599 / 관광 기획과 061-270-8430 출발 장소 목포역 시티 투어 승강장 홈페이지 http://citytour.mokpo.go.kr

유달산

🔖 산 전체가 공원으로 조성된 곳

유달산은 해발 228m의 산으로 다른 지역의 명산, 등산을 위한 산과는 많은 차이가 있다. 산 전체가 공원으로 조성되어 있다고 해도 과언이 아니다. 산은 낮지만 이곳에서 내려다보는 목포 시내와 다도해의 풍경이 아름답다. 또한 걷기 좋으며, 볼거리가 많아 인기가 많다.

유달산은 크게 3가지 코스가 있다. 가장 기본이 되는 코스는 노적봉에서 일등 바위까지 오르는 것으로, 2km 정도 되는 거리를 40분 남짓 걷게 된다. 새천년 시민의 종, 노적봉, 이순신 장군 동상, 오포대, 〈목포의 눈물〉 노래비, 달산각, 유선각, 관운각, 마당 바위, 일등 바위가 차례로 늘어서 지루할 틈이 없다. 제2등산로는 조각 공원에서 출발하여 이등 바위에 오르는 것이다. 중간에 별다른 것은 없지만, 20분 정도 걸려 1km의 거리를 걸어 무리없이 산책할 수 있다는 것이 특징이다. 마지막으로는 등산은 하지 않고 유달산 일주 도로를 타고 산을 크게 한 바퀴 도는 것이다. 노적봉, 라이온스 동산, 목포 시사(詩社)*, 난 전시관, 조각 공원을 지나 산의 뒤쪽으로 돌아간다. 어떤 방법으로 즐겨도 아름다운 곳이니, 자신에게 맞는 코스를 가볍게 그려 보자.

주소 전남 목포시 죽교동 산 27-1 전화 061-270-8357 주차 요금 경승용차(30분 단위 500원, 정액권 1,500원) / 승용차, 승합차(30분 단위 1,000원, 정액권 3,000원) / 대형 버스, 4톤 이상 화물차(30분 단위 1,000원, 정액권 4,000원) / 장애인, 유공자 50% 할인 버스 목포 종합 버스 터미널 - 유달산·버스 정류장 - 유달산(42분 소요)

*시사(詩社): 시인들이 조직한 문학 단체

유달산 등산 코스

❶ 유달산 1코스: 새천년 시민의 종 – 노적봉 – 이순신 장군 동상 –
오포대 – 대학루 – 〈목포의 눈물〉 노래비 – 달산각 – 유선각 – 관
운각 – 마당 바위 – 일등 바위

❷ 유달산 2코스: 노적봉 – 오른편 차도 이용 – 난 전시관 – 조각 공원
– 이등 바위

❸ 유달산 3코스(드라이브 코스): 새천년 시민의 종 – 노적봉 – 라이온
스 동산 – 목포 시사 – 달성 관광 안내소 – 달성 공원 – 난 전시장 –
어민 동산 – 유달 유원지

❹ 유달산 4코스(하루 종일 코스): 1코스 + 소요정 – 이등 바위 특정
자생 식물원 – 조각 공원 – 난 전시관 – 목포 시사 – 노적봉 – (주차
장에서 차량 탑승) – 유달산 일주 도로 – 어민 동산 – 유달 유원지

유달산 포인트

❶ 새천년 시민의 종: 밀레니엄을 기념하는 종각으로 유달산 입구에 있다. 21세기를 뜻하는 21톤으로
제작되었으며, 종각의 현판은 목포 출신인 김대중 전 대통령의 친필 글씨이다.

❷ 노적봉: 이순신 장군이 임진왜란 때 짚과 섶으로 둘러 군량미가 산더미같이 쌓인 것처럼 위장 전술을
펼친 바위이다.

❸ 이순신 장군 동상: 유달산과 인연이 있는 이순신 장군을 기념하기 위한 동상이다.

❹ 오포대: 오포대에는 천자 총통이 있다. 천자 총통은 임진왜란 당시에 거북선에 장착하던 가장 큰 총
통이다. 거북선의 총통을 직접 발포해 보는 의미 있는 체험을 할 수 있다.

❺ 대학루: 오포대 옆으로 경치를 관람할 수 있는 정자.

❻ 〈목포의 눈물〉 노래비: 일제 강점기에 처음 불리기 시작한 〈목포의 눈물〉의 노랫말을 적은 노래비이다. 〈목포의 눈물〉은 목포항을 배경으로 한 이별의 아픔을 그린 곡으로, 노래를 부른 이난영은 판소리처럼 흐느끼는 듯한 창법으로 노래의 애잔함을 더했다. 당시 국민들은 나라를 잃은 슬픔을 달래 주는 상징적인 노래로 〈목포의 눈물〉을 불렀다. 목포의 애국가, 전남을 대표하는 노래로도 꼽힌다.

❼ 달선각: 유달산의 5개의 정자 중 하나이다.

❽ 유선각: 산 중턱에 위치한 정자이지만, 유달산의 정자 중에 전망이 가장 좋아 사람들이 오래 머무는 곳이다. 유선각 돌비는 목포 문화 예술 발전에 앞장선 차재석 선생의 글이고, 유선각의 현판은 독립운동가 신익희 선생의 글이다.

❾ 관문각: 유달산의 5개의 정자 중 하나이다.

❿ 마당 바위: 자연이 만든 전망 데크 같은 느낌이다.

⓫ 일등 바위: 유달산의 정상으로, 사람이 죽어서 영혼의 심판을 받는다 하여 율동 바위라고도 한다.

⓬ 소요정: 유달산의 정자 중 하나로 일등 바위와 이등 바위 중간쯤에 위치한다.

⓭ 이등 바위: 유달산의 두 번째 봉우리이다.

⓮ 난 전시관: 춘란, 풍란 등 동양란 위주로 전시하고 있다.

⓯ 특정 자생 식물원: 온실 155㎡, 야외 3,300여㎡의 식물원으로 250여 종의 식물이 전시되어 있다.

⓰ 조각 공원: 자연, 문화, 조각이라는 주제로 조성되어 있다.

⓱ 달성 공원: 관광 안내소와 우달산 공원 조성 기념비, 지압로, 휴식처가 마련되어 있다. 이곳을 통해 소요정으로 갈 수 있다.

⓲ 달성사, 보광사: 달성 공원 뒤쪽으로 오르면 왼편으로 달성사, 오른편으로 보광사가 보인다. 꽤 운치 있다.

⓳ 목포 시사: 전라남도 기념물 21호이다. 이곳은 시인 묵객들이 서로 교류를 하던 곳으로 문인들에게 시문을 가르치고 백일장을 주도하던 곳이다.

⓴ 라이온스 동산: 라이온스 클럽에서 지은 정자가 있는 곳이다.

㉑ 어민 동산: 유달산 입구와 반대쪽에 있는 물이 있는 공원으로, 밤이 되면 분수대에 조명이 들어와 더욱 아름답다.

● 유달 유원지는 시티 투어 코스에도 있지만, 2006년 유달 해수욕장이 폐쇄되면서 흥미를 많이 잃은 지역이니, 스치듯 지나가도 된다.

● 삼학도, 평화 광장은 목포 시민들의 공원으로, 관광 목적지로는 조금 아쉬운 곳이다. 밤이 되면 평화의 광장을 찾는 것이 좋다. 세계 최대의 바다 분수인 '춤추는 바다 분수'가 있기 때문이다. 오색의 빛이 분수를 비추면 물방울이 그림을 만들어 낸다.

개항장 거리

▶ 이색적인 느낌을 풍기는 도시 속의 도시

유달산 아래 유달동, 대의동, 중앙동, 서산동, 금화동, 만호동, 온금동 주변은 '목포 구도심'이라고 부르기도 하고 '개항장 거리'라고 부르기도 하는데, 일제 강점기에는 '야마테 마치'라고 불렸다. 1897년 개항 후 일본인들이 살았던 구역이다. 일제는 당시 갯벌을 간척하여 바둑판 모양으로 도시를 건설하였는데, 그 안에 건축된 일본식 건축물과 가옥 등이 아직 많이 남아 있다. 지금은 목포의 근대 문화유산으로 보존 중이다.

목포 근대 역사관에서 일제 강점기의 아픈 배경에 대해 이해하고 거리를 둘러보자. 이색적인 분위기를 가진, 도시 속의 새로운 도시가 나타난다. 역사관을 뒤로하고 오른쪽으로 올라가면 빨간 대문의 일본인 교회와 나상수 가옥이 나타난다. '행복이 가득한 집'이라는 카페로 개조된 나상수 가옥은 아기자기하다. 이곳에서 차 한잔을 하며, 이국적 풍경에 젖어 봐도 좋다. 위쪽으로 올라가 산을 둘러 내려오는 큰길 쪽으로 가 보자. 과거의 일본 영사관을 시작으로 그 길을 따라 이훈동 정원, 목포심상소학교, 성옥 기념관이 쭉 늘어서 있다. 산책하듯 둘러봐도 이 건물들은 모두 만날 수 있다. 이 건물 외에도 중간중간 2층으로 지어진 일본식 건물들을 쉽게 볼 수 있다.

추천 이동 경로 목포 근대 역사관 – 행복이 가득한 집 카페(나상수 가옥) – 목포 근대 문화 역사 전시관 – 이훈동 정원 – 성옥 기념관 버스 목포 종합 버스 터미널 – 유달산 우체국(32분 소요)

목포 근대 역사관

과거에는 일본이 한국 경제를 독점하기 위해 설립한 동양척식주식회사의 목포 지점 건물이었다. 정면 입구의 태양 무늬와 벚꽃 무늬가 일본을 상징하고 있다. 전라남도 기념물 제174호로 지금은 목포 근대 역사관으로 사용되고 있다. 일제 침략의 아픔을 보여 주는 사진, 조선 왕조의 마지막 모습, 일제 강점기의 목포의 모습을 전시하고 있는데, 건축물 자체를 보는 것에도 의의가 있다.

주소 전남 목포시 중앙동 2가 6 전화 061-270-8728
시간 09:00-18:00 요금 무료

행복이 가득한 집 카페(나상수 가옥)

일제 강점기 때 지은 2층 가옥으로, 현재는 개조하여 카페로 운영 중이다. 아름다운 카페에서 식사를 하고 차를 마시고 있으면 일본에 온 듯한 착각이 든다. 하지만 가격이나 맛은 조금 아쉽다.

주소 전남 목포시 중앙동 3가 1-3 전화 061-247-5887 요금 차 6,600원부터

목포 근대 역사 문화 전시관(구 일본 영사관)

국가 사적 제289호로, 1897년 목포항이 개항되고 1900년 12월에 완공된 목포 지역 최초의 서구적 근대 건축물이다. 르네상스 양식의 건축물로 목포 이사청, 목포 부청, 목포 시립 도서관, 목포 문화원 등으로 사용되었다. 건립 당시의 외형을 거의 그대로 유지하고 있으며, 실내의 천장 장식, 벽난로, 거울 등도 건축 당시의 모습 그대로 남아 있다. 현재는 목포 근대 역사 문화 전시관으로 이용 중이다.

주소 전남 목포시 대의동 2가 1-5 전화 061-270-8728 시간 09:00~18:00 요금 무료 홈페이지 www.mokpoculture.or.kr

방공호

일제 강점기 말 미군의 공습과 상륙에 대비하기 위해 일제가 한국인을 강제 동원해 파 놓은 인공 동굴이다. 해방되면서 다른 곳들은 거의 다 메워졌지만 이곳은 아직 남아 있다. 길이 82m, 높이 2m, 폭은 넓은 곳이 3.3m 정도이며 출입문은 3개이다.

주소 전남 목포시 대의동 2가 1-5 위치 목포 근대 역사 문화 전시관 뒤편

이훈동 정원

지나가다 보면, 정원이 눈에 띄게 아름다운 녹색 지붕 집이 있다. 문패를 보면 이훈동이라고 쓰여 있다. 일제 강점기 때 만들어진 일본식 정원으로, 이훈동 선생이 1950년대에 구입했다. 나무 종류가 100여 종이 넘고, 호남에서 가장 큰 규모의 일본식 개인 정원이다.

유달 초등학교 강당

1929년에 지어진 건물로, 일본인들의 자녀 교육을 위해 세워진 목포 심상 고등소학교의 건물이었던 곳이다. 등록문화재 제30호로 지정되어 보호되고 있는 곳으로, 현재는 유달 초등학교 강당으로 사용된다. 타일 마감을 한 외장이 눈에 띈다.

주소 전남 목포시 유달동 8

성옥 기념관

이훈동 정원 바로 옆에 세워진 성옥 기념관은 조선내화(朝鮮耐火) 창업자이며 〈전남일보〉 발행인인 성옥(聲玉) 이훈동 선생의 88세 미수(米壽)를 기리기 위하여 2004년 선생의 자녀들이 건립한 문화 공간이다. 성옥 선생이 평생 모은 근현대 서예 대가의 작품과 한국화, 도자기 등을 감상할 수 있다.

주소 전남 목포시 유달동 4-2 시간 09:00~17:00 토요일, 일요일, 공휴일, 명절, 우기(7월 10일~8월 10일), 동절기(1월) 휴관

북항

▶ 큰 항구의 분주함과 싱싱한 회가 있는 곳

연간 120만 명의 여객 수송을 담당하고 있는 북항에 도착하면 항구에 떠 있는 많은 배, 멀리 보이는 압해대교, 태양광 풍차, 이동 중인 소형 어선 등 분주한 풍경이 눈앞에 펼쳐진다. 이곳은 풍경도 좋지만, 수산물 시장도 구경하고 회센터에서 회를 즐기기 위해 찾는 경우가 많다.

주소 전남 목포시 죽교동 버스 목포 종합 버스 터미널 – 북항 회센터 버스 정류장(30분 소요)

갓바위

▶ 효에 대해 다시 생각하게 하는 바위

천연기념물 제500호로 지정된 갓바위는 바위 하나이지만 충분히 들러 볼 가치가 있는 곳이다. 갓바위에 도착하면 물 위에 떠 있어 흔들거리는, 제법 잘 정비된 데크를 만나게 된다. 데크의 중앙으로 가면 갓바위의 절묘한 모습이 눈에 가득 찬다. 바람과 물이 깎아 만든 이 신기한 바위는 마치 삿갓 쓴 사람처럼 보여서 갓바위라는 이름이 붙여졌다. 갓바위에는 전설이 전해져 온다. 병든 아버지를 봉양하기 위해 머슴 살러 간 아들이 돌아왔을 때, 혼자 남겨진 병든 아버지는 이미 돌아가셨다고 한다. 관까지 바다에 빠뜨려 불효를 통회하며, 그 자리를 지키다가 결국 청년은 아버지를 따라갔다. 그 후 그곳에 두 개의 바위가 솟아올랐다고 한다. 갓바위에 얽힌 전설을 통해 사람들은 부모님과 가족에 대해 다시 생각해 보는 기회를 갖게 된다.

위치 전남 목포시 용해동 문화의 거리 내 전화 061-273-0536 시간 05:00~23:00(동절기), 05:00~24:00(하절기)
요금 없음 버스 목포 종합 버스 터미널 – 갓바위 터널 – 갓바위(20분 소요)

TRAVEL TIP

갓바위 전설

갓바위 전설은 2가지가 있다. 첫 번째는 가난하지만 효심 있는 아들 이야기이다. 소금을 팔아 병든 아버지를 모시는 젊은이가 있었는데, 형편은 넉넉하지 못했으나 효심이 지극했다. 하지만 아버지의 병을 치료하기 위해 부잣집에 머슴살이로 들어갔는데, 주인이 돈을 주지 않아 한 달 만에 집으로 돌아왔을 때 아버지는 이미 돌아가신 후였다. 자신의 어리석음을 한탄하며, 양지바른 곳에 아버지를 모시고자 했으나, 관을 바다에 빠뜨리고 말았다. 아들은 하늘을 바라볼 수 없다며 갓을 쓰고 그 자리를 지키다가 죽고 말았다. 훗날 이곳에 바위 두 개가 솟아올라 사람들은 큰 바위를 아버지 바위, 작은 바위를 아들 바위라고 불렀다.
두 번째는 스님 이야기이다. 부처님과 아라한(번뇌를 끊고 세상의 이치를 깨달은 성자)이 영산강을 건너 이곳을 지날 때 잠시 쉬던 자리에, 쓰고 있던 삿갓을 놓고 간 것이 바위가 되어 이를 스님 바위로 부른다는 이야기가 전해진다.

목포 관광 유람선

장소 갓바위 선착장 소요 시간 1시간
운항 코스 갓바위 선착장 – 문화 예술 회관 – 삼학도 – 여객선 터미널 – 목포 수협 – 신안 비치 호텔 – 목포해양대학교 – 고하도(용머리) – 학섬 – 대물항 – 영산호 – 평화의 광장 – 갓바위 선착장
운항 시간 11:00~22:00(20명 이상 수시 운항) 운항 요금 성인 1만 2천 원 연락처 061-281-1110

갓바위 주변 박물관들

하루 종일 봐도 시간이 모자란 박물관 투어

정면으로 문예 역사관이 보이고, 왼쪽으로 자연사 박물관, 생활 도자기 박물관, 목포 문학관, 중요무형 문화재 전수 교육관이 있고, 길을 건너면 문화 예술 회관과 국립 해양 문화재 연구소가 있다. 티켓 한 장 이면, 문예 역사관, 자연사 박물관, 생활 도자기 박물관을 한 번에 볼 수 있다. 자신의 취향에 맞게 선택 해서 둘러보자. 갓바위에 들렀다가 도보로도 이동이 가능하다. 이 부근 버스 정류장의 명칭은 자연사 박 물관이다. 자연사 박물관에서 하차하여 자신의 목적지로 이동하면 된다.

버스 목포 종합 버스 터미널 – 우성 아파트 – 자연사 박물관 버스 정류장(23분 소요)

자연사 박물관

46억 년의 자연사를 담은 이곳은 공룡 화석, 동식물, 곤 충, 조류, 어류 표본을 전시하는 곳인데, 꼭 한 번 가 볼 만 한 곳이다. 전시 품목이 교육적이라 자녀들과 함께 가기 에 좋다. 중앙홀의 공룡과 지질관의 아름다운 광물, 육상 생명관의 살아 있는 듯한 동물 등이 강한 인상을 주기에 충분하다. 4D 입체 영상 관람이 가능하며, 위험에 처한 백악기 공룡을 돕기 위해 시간 여행을 하는 내용을 담고 있다. 외부 정원은 코끼리, 코뿔소, 판다, 하마 등 동물 조 형물이 자리하고, 나무는 새의 형상으로 다듬어 아이들에 게 인기가 좋다. 홈페이지를 통해 교육 신청도 가능하니 자녀들을 위한 교육 활동에 참여해 보자.

주소 전남 목포시 용해동 9-28 전화 061-276-6331, 274-3655 시간 09:00~18:00(3~10월 토요일, 일요일, 공휴일 은 1시간 연장 개관. 입장은 1시간 전까지, 매주 월요일 휴관) 요금 어른(19~64세) 3,000원(20인 이상 단체 2,500원) / 청소년(13~18세), 군경 2,000원(단체 1,500원) / 초등학생(7~12세) 1,000원(단체 700원) / 유치원생(5~6세) 500원 (단체 500원) / 4D 입체 영상 2,000원 홈페이지 http://museum.mokpo.go.kr

문예 역사관

문예 역사관은 수석 전시실, 운림산방 전시실, 호남이 배 출한 서양화의 거장 오승후 작품관, 우리나라 근대 문화예 술을 이끈 목포의 문화를 설명하는 문예 역사실, 화폐 전 시실로 구성되어 있다. 외부 정원은 운치 있고 단정하다.

시간 09:00~18:00(3~10월 토요일, 일요일, 공휴일은 1시간 연장 개관, 입장은 1시간 전까지, 매주 월요일 휴관) 요금 자연사 박물관 입장권으로 문예 역사관, 생활 도자기 박물관까지 관람 가능

생활 도자기 박물관

Sighting

생활 도자기의 역사를 볼 수 있는 곳이다. 어린이 체험실에서는 3D 도자기 만들기, 도자기 흙 밟기 모션 게임 등 놀이형 전시 공간과 알록달록한 도자기 집이 있어 아이들이 좋아한다. 외부 공원은 타일로 꾸며 아기자기하고, 한쪽에 물 놀이터도 있다.

주소 전남 목포시 용해동 9-1 전화 061-270-8480 시간 09:00~18:00(3~10월 토요일, 일요일, 공휴일은 1시간 연장 개관, 입장은 1시간 전까지, 매주 월요일 휴관) 요금 자연사 박물관 입장권으로 문예 역사관, 생활 도자기 박물관 관람 가능 홈페이지 http://doja.mokpo.go.kr/kor

남농 기념관

Sighting

운림산방의 3대 주인 남농 허건 선생이 건립한 미술관으로, 조선조 유명 화가들의 작품이 전시되어 있다. 이곳은 문예 역사관 중에서도 운림산방 전시관을 확대한 미술관이라고 보면 된다.

주소 전남 목포시 용해동 9-36 전화 061-276-0313 시간 3~10월(09:00~18:00), 11~2월(09:00~17:00) 요금 어른 개인(1,000원), 단체(800원) / 초·중·고생 개인(500원), 단체(400원)

목포 문학관

Sighting

본래 구 일본 영사관을 목포 문학관으로 사용했었는데, 2007년 10월 이곳으로 이전하면서 규모를 확대했다. 한국 연극사에서 최초로 서구 근대극을 연구한 김우진, 6·25 전쟁 이후 사회 현실에 대한 풍자와 비판 의식이 강한 연극 작품을 발표한 목포 출신 작가 차범석, 1925년 문단에 나와 해방 전까지 많은 소설을 창작한 목포 출신의 여류 작가 박화성의 작품과 유물 등을 볼 수 있다.

주소 전남 목포시 용해동 11-28 전화 061-270-8400 시간 09:00~18:00 요금 어른 2,000원, 청소년1,500원, 어린이 1,000원 / 단체 500원 할인, 목포 시민 50% 할인 홈페이지 www.mpmunhak.or.kr

중요무형문화재 전수 교육관

중요무형문화재 장주원 님의 옥 공예품을 전시
하는 곳이다. 전시관과 체험관 두 건물로 나뉘어
있다.

주소 전남 목포시 용해동 924-1(남농로 100) 전화 061
-270-8484, 8487, 8488 시간 09:00~18:00 (1월 1일,
매주 월요일 휴관) 요금 성인 2,000원, 어린이 1,000원

문화 예술 회관

공연을 관람할 수 있는 공연장으로, 목포의 예술
의 전당이라고 말할 수 있는 곳이다. 홈페이지를
통해 현재 공연되고 있는 내용을 확인하고, 공연
을 예매할 수 있다. 무료 공연도 간혹 있으니, 관
심 있다면 미리 홈페이지를 통해 공연 현황을 확
인하고 찾아가자.

주소 전남 목포시 용해동 924-1 전화 061-270-8484,
8487, 8488 시간 09:00~21:00 요금 공연에 따라 가
격이 다르며, 무료 공연도 있음 홈페이지 http://art.
mokpo.go.kr/home/art/

국립 해양 문화재 연구소

우리나라 유일의 해양 유물 전시관으로, 신안과
완도 앞바다에서 발굴, 인양된 도자기와 동전,
총포류와 선박이 전시되어 있다. 선박의 발달사
와 함께 해양 문화를 볼 수 있다. 수중 문화유산,
고려 시대 완도선, 고려 시대의 항해와 선상 생
활, 바닷길로 운송하는 도자기라는 주제로 전시
실을 운영한다.

주소 전남 목포시 용해동 8 전화 061-270-2000 시간
09:00~18:00(3~10월 토요일, 일요일, 공휴일은 1시
간 연장 개관. 입장은 1시간 전까지) 요금 무료 홈페이
지 www.seamuse.go.kr

장터

꽃게살이라는 메뉴로 인기 있는 곳이다. 살만 바른 양념 게장을 기름 두른 밥과 비벼 김과 싸 먹거나 콩나물을 얹어 먹는다. 짜지 않고 매콤달콤하다.

주소 전남 목포시 금동1가 1-1 전화 061-244-8880 요금 꽃게살(2인) 2만 4천 원, 꽃게 무침(2인) 2만 4천 원, 꽃게탕 대 4만 원, 소 3만 원

금메달 식당

요즘은 구경하기 힘든 진짜 흑산도 홍어를 대접하는 곳이다. 그래서 가격이 비싼 편이다. 한 상차림으로 돈을 받으므로 4명 이상 가는 것이 좋다.

주소 전남 목포시 용당1동 946-37 전화 061-272-2697 요금 홍어 풀코스(2~3인) 20만 원, 홍어 삼합(3~4인) 20만 원, 홍어찜(3~4인) 12만 5천 원, 홍어 삼합(2인) 8만 원, 홍어 초무침(2인) 2만 5천 원

신안 뻘낙지

매일 신선한 재료를 사용하기로 유명한 곳이다. 〈1박 2일〉에서도 나온 맛집으로, 더욱 유명하다.

주소 전남 목포시 호남동 409 전화 061-243-8181 요금 낙지볶음 4~6만 원, 산낙지 4만 원, 낙지 소고기 탕탕 4~6만 원

인동주 마을

홍어 삼합, 게장 등이 유명하다. 이곳의 최대 장점은 가격으로, 5만 원 정도로 4명이 배불리 먹을 수 있다.

주소 전남 목포시 옥암동 1041-7 전화 061-284-4068 요금 꽃게장 백반(4인) 4만 8천 원, 홍어 삼합 3만 원, 인동초 막걸리 5천 원 홈페이지 www.indongju.kr

고기잡이

팔뚝만한 '갈치 구이'로 유명하다. 갈치와 함께 갖은 밑반찬이 나오는데, 반찬으로 함께 나오는 조기 조림은 비린내가 전혀 나지 않는다.

주소 전남 목포시 대성동 1789-30 전화 061-274-4116 요금 갈치구이 1만 5천 원

다미 횟집

기본적인 밑반찬부터 메인 회까지 푸짐하고 깔끔한 손맛이 입을 즐겁게 하는 곳이다.

주소 전남 목포시 죽교동 620-175(북항 회 센터) 전화 061-244-0733 요금 기본상 10만 원, 고급상 12만 원, VIP상 15만 원

낙지 엄마 횟집

정말 먹을 게 많은 밑반찬과 두툼한 회 덕분에 배가 부르지만 매운탕 또한 포기할 수 없게 만드는 곳이다.

주소 전남 목포시 산정동 1110-32(북항 씨푸드타운) 전화 061-245-5392 요금 A코스(2인) 8만 원, B코스 10만 원, C코스 12만 원 (4인까지 1인 추가 시 1만 원 추가)

샹그리아 비치 관광 호텔

바다가 한눈에 들어오는 야경이 멋진 곳이다. 주변에 광장 및 편의 시설이 많아 편리하다.

주소 전남 목포시 상동 1144-7 전화 061-285-0100 요금 한실 11만 원 / 양실 13만~30만 원 홈페이지 www.shangriahotel.co.kr

신안 비치 호텔

수려하고 아름다운 항구 도시 목포에 위치한 신안 비치 호텔은 호남 제일의 리조트 호텔이다. 첩첩이 뻗은 유달산 자락과 호텔을 붉게 물들이는 낙조가 아름답다.

주소 전남 목포시 죽교동 440-4 전화 061-243-3399 요금 유달산 전망 10만 원 / 바다 전망 12만~35만 원 홈페이지 www.shinanbeachhotel.com 부대 시설 사우나, 노래방

진도

흥겨운 민속 여행과 시원한 바다

진도는 우리의 문화가 살아 숨 쉬고 있는 곳이다. 진도의 아름다움을 찾아서, 먼저 운림산방에 가 보자. 조선 시대의 화실이라는 이름에 걸맞게 운림산방의 정원은 그림 같다. 초록의 잔디와 연못 그리고 분홍색 배롱나무까지, 그 나무그늘에 앉아 있으면, 세상이 멈춘 것 같은 착각에 빠진다.

다음으로, 남진 미술관으로 가 보자. 멋진 한옥에 아기자기한 조경을 더해 미술관이 더욱 재미있어지는 곳이다. 그냥 예쁘기만 한 아담한 미술관 같지만 이곳에는 훌륭한 작품이 많이 전시되어 있다. 향토 문화 회관에서는 매주

토요일이면 강강술래, 남도들노래, 진도 씻김굿, 다시래기, 진도 북춤, 진도
만가, 진도 아리랑, 사물놀이, 남도 민요 등 다양한 춤과 노래가 진도를 흥겹
게 한다.

문화로 충분히 몸과 마음을 적셨다면, 이젠 바다로 가 보자. 잘 정리된 가계
해수욕장에서 즐겁게 놀 수 있다. 또 시간이 되면 열리는 넓고 긴 신비의 바
닷길을 거닐면서 조개도 캐 보자. 마지막으로 바다로 지는 해를 보면서 유람
선을 타고 황홀한 순간을 만끽해 보자. 밤이 더 깊어지면 녹진 전망대로 가
자. 진도대교가 연출하는 야경이 멋지다.

마지막으로 기간이 맞는다면 이순신 장군의 명량대첩을 기념하는 축제에도
참여해 보자.

 교통

1. 대중교통

진도는 전남 서부 끝자락에 위치하고 있어 교통편이 그리 많지 않은 편이니 타 지역을 연계하거나 희망하는 교통편의 시간대를 사전에 파악하여 여행 계획을 세워 놓고 이용하여야 한다. 진도까지 대중교통으로 이동한다면 항공은 광주까지, 철도는 목포까지 이용이 가능하며, 광주, 목포까지 이용 후에는 터미널에서 버스를 타고 진도로 이동해야 한다.

버스를 이용하여 진도까지 한 번에 가고자 한다면 하루에 차편이 많지 않고 운행 시간이 길기 때문에 출발 시간보다는 도착 시간을 고려하여 이용하도록 하자.

▶ 항공

서울에서 이동을 한다면, 광주까지 아시아나 항공을 이용해서 도착 후 연계 교통망을 이용해야 한다. 김포-광주는 일 3회 운항하며, 소요 시간은 약 50분이다.

요금 김포 - 광주: 정상 운임, 성수기, 비수기에 따라 6~9만 원, 할인 운임 3~5만 원선

▶ 철도

KTX 7회, 새마을호 1회, 무궁화호 2회 운행한다. 각각의 소요 시간은 KTX 2시간 30분, 새마을호 4시간 30분, 무궁화호 5시간 정도 소요된다.

요금 서울(용산) - 목포: KTX 52,800원, 새마을호 39,600원, 무궁화호 26,600원

▶ 항공과 철도를 잇는 시외버스

광주 - 진도 소요 시간 2시간, 1일 운행 횟수 9회, 요금 12,200원
목포 - 진도 소요 시간 1시간, 1일 운행 횟수 22회, 요금 6,500원

문의 광주 금호 터미널(062-360-8114), 목포 터미널(061-276-0220)
홈페이지 www.usquare.co.kr

▶ 고속버스

서울에서 목포까지 운행하는 버스는 1일 2회(15:30, 17:35)있다. 소요 시간은 4시간 40분이다.

문의 진도 시외버스 터미널(061-544-2121), 센트럴시티 터미널(02-6282-0114)
요금 서울-진도: 일반 23,200원, 우등 34,600원

진도 공용 터미널
주소: 전남 진도군 진도읍 남동리 782-1
전화: 061-544-2121

2. 승용차

서울 – 서해안 고속도로 – 목포 IC – 영산호 하구둑 – 영암 방조제 – 금호 방조제 – 77번 국도 – 우수영 – 진도(총 거리 398km, 소요 시간 약 5시간 10분)

진도

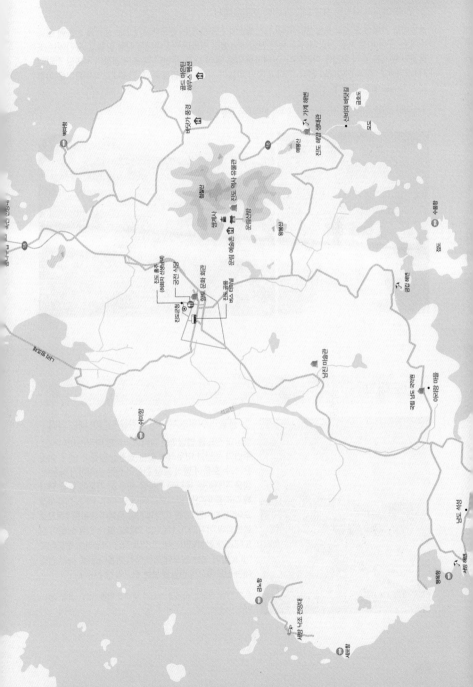

녹진 전망대

🔹 진도 여행의 시작은 진도 최고의 전망 포인트에서

울돌목과 거북선 모양의 유람선이 떠다니고, 해남과 진도를 잇는 진도대교가 있는 풍광을 한눈에 담을 수 있는 곳이 바로 녹진 전망대이다. 녹진 전망대는 빨간 벽돌로 전망대까지 길을 만들고, 중간에는 조형물과 벤치로 휴식 공간을 마련했다. 산책하듯 길을 올라 보자. 주변이 탁 트여 경관이 시원한 전망대가 나타난다. 흰색 전망대와 잔디, 그리고 파란 하늘이 시원한 느낌을 준다. 진도대교의 아름다운 야경을 보기에도 좋은 곳이다.

주소 전남 진도군 군내면 전화 061-542-0088 버스 진도 공용 터미널 – 녹진(수시 운행)

진도대교

🔹 풍광과 어우러져 멋진 경관을 만들어 내는 다리

해남과 진도를 연결하는 다리로 거대한 다리는 아니지만, 주변의 풍광과 어우러져 멋진 경관을 만들어 낸다. 이곳은 조수 흐름이 빨라 교량 건설이 힘든 위치이기 때문에, 힘을 지탱하는 육지에 기둥을 세우고, 기둥에 줄을 연결해 다리를 매다는 방식으로 지어진 우리나라 최초의 사장교이다. 하지만 32톤 이상의 차량 통행이 곤란한 2등교로 불편함이 야기되어, 1등교의 역할을 할 수 있는 쌍둥이 진도대교가 건설되었는데 그것이 지금 이용하는 진도대교이다. 밤에 보는 진도대교가 특히 아름다운데, 녹진 전망대는 진도대교의 전망을 보는 최고의 장소이다.

주소 전남 진도군 군내면 녹진과 문내면 학동 사이 전화 061-544-0151

해남 우수영 여객선 터미널(울돌목 거북선)

깨끗하고 아담한 여객 터미널이다. 하나 특이한 것이 있다면, 울돌목 거북배가 있다는 것이다. 울돌목 거북배는 거북선 모양을 한 노란색 유람선이다. 368톤, 최대 길이 49.5m, 폭 10.4m, 승선 인원 170명을 태울 수 있으며, 기념품 판매점, 애니메이션, 2층 전망대 등이 있다. 유람선은 진도대교 아래 울돌목의 거친 물살을 뚫고 녹진 전망대, 조력 발전소, 녹도를 거쳐 벽파진에서 회항한다. 운항을 쉬는 때가 있으니, 울돌목 거북배를 이용하려면 전화를 통해 확인하고 계획을 세우는 것이 좋다. 탑승 시 신분증이 반드시 필요하니 준비하도록 하자.

주소 전남 진도군 문내면 선두리 421-6번지 전화 061-535-0653 시간 11:00, 14:00, 16:00
요금 어른 15,000원, 청소년 10,000원, 어린이 6,000원(대인 기준 18명 이상일 때 탑승이 가능해 연락 필수)

명량대첩 축제
명량대첩 해전 재현, 주민 참여 프로그램, 체험 등을 진행하는데, 충무공 이순신의 명성만큼 찾는 사람이 많다.

신비의 바닷길

▶ 한국판 모세의 기적
남해안 일대의 관광 안내도를 보면 여기저기 신비의 바닷길이라고 쓰인 것을 쉽사리 볼 수 있다. 신비의 바닷길은 다른 것이 아니고, 조수간만의 차로 바다가 갈라지고, 바다 사이로 길이 나는 것이다. 이곳이 다른 곳보다 특별한 이유는 고군면 회동리와 의신면 모도리 사이 약 2.8km가 40여m의 폭으로 똑같은 너비의 길이 나타난다는 점이다.

주소 전남 진도군 고군면 회동리   전화 061-540-3348(진도군청 문화관광과)   홈페이지 http://miraclesea.jindo.go.kr 버스 진도 공용 터미널 - 가계(2시간 간격, 30분 소요)

TRAVEL TIP

뽕 할머니의 전설
조선 초기에 손동지라는 사람이 제주도로 유배 가는 도중에 풍파로 이곳에 표류하여 마을을 이루고 살게 되었는데, 호랑이가 자주 나타나 마을 앞 모도라는 섬으로 피신을 하면서 황망 중에 뽕 할머니 한 분을 남겨 두고 말았다. 뽕 할머니는 마을 사람과 가족을 만나게 해 달라고 매일같이 용왕님께 기원한 끝에, 바닷길이 열려 마을 사람과 가족들을 만나게 되었으나 그 자리에서 숨을 거두고 말았다. 이때부터 해마다 음력 3월이면 마을 사람들은 이곳에서 풍어와 소원 성취를 기원하는 영등계를 지내고 회동과 모조리 사람들이 바닷길 현장에서 서로만나 바지락 등 조개를 줍고 해산물을 채취하며 하루를 보낸다.

진도 해양 생태관

▶ 해양 생물의 모형이 가득한 곳

입구 오른쪽에 커다란 조개 조형물이 인상적인 이곳은 큰 수족관 모형 안에 상어 등의 해양 생물 모형이 가득하다. 바다거북, 조개, 불가사리, 화석 외에도 실제 수족관도 있다. 해수욕을 하면서 부족한 부분까지 꽉 채워 준다. 최근에 지어져 깔끔하고 전시관의 내용도 좋다. 해수욕도 하고, 자유롭게 해양 생태관에도 들러 보자.

주소 전남 진도군 고군면 금계리 153-1 전화 061-540-6287 시간 09:00~18:00 요금 어른 1,500원, 청소년 800원, 어린이 500원

가계 해변

▶ 와글와글 사람 많은, 잘 준비된 해수욕장

Fun point

1. 해수욕과 캠핑
2. 진도 해양 생태관
3. 청소년 수련관

1km의 넓은 모래사장에 모래도 많고 쾌적한 데다, 진도읍에서 차로 20분 정도 거리라 교통도 편리하다. 9만여㎡의 넓은 주차장, 샤워장, 음수대, 화장실, 몽골 텐트 임대, 민박까지 갖춰져 있는 해수욕장으로 여름이면 피서객이 많다. 시원하게 트인 바다와 와글와글하니 사람들이 모여 한적한 해수욕장과는 사뭇 다른 흥이 나는 곳이다.

주소 전남 진도군 고군면 가계리 전화 061-540-3063(고군면사무소) 버스 진도 공용 터미널 – 가계(2시간 간격, 30분 소요)

운림산방

▶ 조선 후기의 화가가 머물며 그림을 그리던 화실

들어서자마자 넓은 잔디밭에 동그란 연못과 대비를 이루는 배롱나무가 멋진 곳이다. 돌길, 꽃들, 대나무 등이 운치를 더해 나무 아래서 잠시 쉬어가기에도 좋은 곳이다. 이곳은 조선 후기 화가 허유(1807~1890)가 말년에 머물면서 그림을 그리던 화실로 운림각이라고도 불린다. 뒤편으로 돌아가면, 허련이 기거했던 살림집도 있다. 아기자기한 운림산방을 찬찬히 둘러보자.

주소 전남 진도군 의신면 사천리 64 전화 061-543-0088 시간 월요일 휴관 요금 어른 2,000원, 청소년 1,000원, 어린이 800원 버스 진도 공용 버스 터미널 – 운림산방(3시간 간격, 15분 소요)

진도 역사 유물관

▶ 진도 출신 화가들의 작품을 볼 수 있는 곳

운림산방 바로 옆에 커다란 전시관이 있는데, 운림산방이 조선 시대 화방이었던 만큼 기획 전시실에는 진도 출신 화가들의 작품을 전시하고 있고, 진도의 역사 문화도 알 수 있게 잘 설명되어 있다.

주소 전남 진도군 의신면 사천리 61 전화 061-540-3560
시간 매주 월요일 휴관 요금 2,000원

진도 아리랑 비

▶ 진도 문화원이 건립한 비석

운림산방 근처에 걸어서 얼마 안 되는 거리에 진도 아리랑 비가 있다. 단지 아리랑 비만 있을 뿐이니 굳이 찾아볼 필요는 없지만, 지나는 길이라면 '이것이 진도 아리랑 비구나' 하고 알아보면 좋을 것이다. 민요 '진도 아리랑'을 널리 알리기 위해 진도 문화원이 건립한 제법 큰 비석이고, 앞면에는 진도 아리랑의 노랫말이, 뒷면에는 진도 아리랑에 대한 글이 쓰여 있다.

주소 전남 진도군 의신면 사천리 첨찰산 입구

쌍계사

▶ 숲과 상록수림이 어우러지는 아름다운 절

857년 신라 시대에 창건되었다. 절 양옆으로 시냇물이 흘러서 쌍계사라 불렀다고 하며, 조선 시대를 거치며 수차례 중건되었다. 현존하는 건물로는 대웅전과 명부전, 해탈문, 종각, 요사채 등이 있다. 이 중 대웅전은 정면 3칸, 측면 3칸 맞배지붕 건물로 1985년 전라남도 유형문화재 제121호로 지정되었다.

아름다운 숲, 상록수림과 어우러져 한 번 들러 볼 만한 곳이다. 운림산방에서 바로 옆이니 함께 들러 보자. 템플 스테이도 가능하다.

주소 전남 진도군 의신면 사천리 76 전화 061-542-1165 시간 일출~일몰

향토 문화 회관

▶ 전통 민속 문화를 체험할 수 있는 곳

매주 토요일 오후 2시부터 강강술래, 남도들노래, 진도
씻김굿, 다시래기, 진도북춤, 진도 만가, 진도 아리랑, 사
물놀이, 남도 민요 등 신명나는 우리가락 한마당과 고유
의 전통 민속 문화를 직접 체험할 수 있다.

주소 전남 진도군 진도읍 동외리 1189 위치 진도 공용 버스 터미
널에서 도보로 5분 전화 061-540-6253

TRAVEL TIP

남진 미술관

▶ 작지만 소소한 아름다움이 있는 미술관

고전적이면서도 운치 있는 곳이다. 입구의 솟을 대문과 안쪽의
정원 툇마루가 있는 기와집 마당 이곳저곳 자리한 꽃과 조형물
이 미소를 띠게 만든다.

서예가 하남호 선생이 수집한 글과 그림을, 집에 전시관을 만들
어 일반에게 공개하는 것으로, 자손이 그곳에 살며 전시관에 대
해 설명을 해 준다. 우암 송시열의 글, 다산 정약용의 그림, 흥성
대원군의 글과 그림, 추사 김정희 선생의 글 등이 있어 더욱 볼
거리가 많다. 꼭 한 번 들러 보자.

주소 전남 진도군 임회면 삼막리 477-1 전화 061-543-6622 버스 진도
공용 버스 터미널 – 하미 정류장 하차 – 남진 미술관 318m

Fun point

1. 미술관 설명 듣기
2. 사진 찍기

남도 석성

▶ 아직도 마을을 지켜 주는 듬직한 석성

보통 읍성과 석성을 찾아가면 실망하기 일쑤
다. 성벽의 일부가 조금 남아 있는 넓은 터의
형태가 대부분이기 때문이다. 하지만 남도 석
성은 다르다. 돌로 쌓은 석성이 푸른 자연 경
관과 어우러져 예쁘고, 석성을 휘감은 덩굴
식물과 그 아래 꽃이 정취를 돋운다.

성 건너편에는 돌다리 아래로 작은 개울이 휘
감는다. 성 안의 마을로 발걸음을 옮기면, 아
담한 마당에 꽃이 피어 있고, 따뜻한 느낌이
풍긴다.

주소 전남 진도군 임회면 남동리 149 전화 061-
544-0151 버스 진도 공용 터미널 – 팽목, 서망행
군내 버스 – 남동 버스 정류장 하차(10회, 1시간 25
분 소요)

쉬미항

▶ 시원하게 달리는 유람선에서 즐기는 낙조

과거에는 시끌벅적한 항구였지만, 진도대교가 생기면서, 조용한
곳이 되었다. 쉬미항을 찾는 이유는 세방 낙조에서 보이는 풍경
사이를 달리며, 낙조를 보기 위해서이다. 관광객 요청 시 매일 일
몰 1시간 전 '낙조 체험' 특별 유람선 운항하는데, 화려하지 않은
낡은 배이지만, 낙조만큼은 황홀하다.

주소 전남 진도군 진도읍 산월리 전화 061-544-0075 시간 오전 10시부
터 15명 이상이면 수시 운항 요금 대인 1만 5천 원, 소인 1만 원 버스 진도
공용 터미널 – 쉬미, 소포행 군내버스 – 쉬미항 버스 정류장 하차(7회, 25분
소요)

유람선 운항 코스
쉬미항 – 저도 – 작도도 – 광대도(사자섬) – 송도 – 혈도 – 주지도(손가락섬) – 양덕도(발가락섬) – 방고
도 – 쉬미항

세방 낙조

▶ 다도해 바다 낙조의 진수

다도해 낙조를 충분히 느낄 수 있는 곳이 바로 이곳 세방 낙조 전망대이다. 넓은 바다 중간중간 섬들이 둥실 떠 있고, 섬 사이로 빛이 부서져 바다는 반짝거리는 황홀경을 연출한다.
해가 지기 30분 전쯤 여유 있게 도착해 낙조를 기다리고 천천히 빛이 잦아드는 모습을 보며 낙조를 감상하자.

주소 전남 진도군 지산면 세방리 전화 061-544-0151 (진도군청 문화관광과) 버스 진도 공용 터미널 – 가학, 마세행 군내버스 – 세방리 버스 정류장 하차(6회, 1시간 20분 소요)

아리랑 마을

▶ 아리랑과 홍주에 대해 알아볼 수 있는 곳

언덕 위에 장구 모양의 건물이 눈에 띈다. 아리랑 마을의 아리랑 박
물관이다. 아리랑 박물관에는 아리랑에 대한 역사, 유래, 아리랑과
관련된 여러 가지 상품을 전시한다. 언덕 아래로 이어진 조각 공원
에서는 연꽃이 떠 있는 연못 위 정자에서 휴식을 취하고, 홍주를 주
제로 한 조각도 살펴보자.

홍주 마을에는 홍주를 내릴 때 사용하는 기구들이 전시되어 있다.
홍주 전시도 하는데, 판매는 이루어지지 않는다. 홍주 구입은 진도
읍에서 쉽게 살 수 있으며, 진도읍 큰 마트에서 저렴하게 구입할 수
있다.

위치 전남 진도군 임회면 상만리 전화 061-544-0151 홈페이지 www.jindo.
go.kr

진도 홍주

홍주는 소주에 초근목피와 나무 열매, 한약재 등을 침출하여 향미와 빛깔을 보강한 미주(쌀로 담근 술)이다. 고려 시대 증류주가 도입되면서 진도 홍주가 처음 빚어졌다고 하며, 조선 시대에는 진도 홍주를 '지초주'라 하여 최고 진상품으로 꼽았다.

증류주이니, 살짝 독하지만 입안에서 향이 오래 남는 것이 특징이다. 그날 빚는 술마다 맛이 다르고, 색이 다르다. 그것이 홍주가 가진 재미이기도 하다.

진도 홍주 제조 업체는 진도군수의 품질 인증을 획득한 업체에 한해 진도군 관내 5개 업체(대대로홍주, 예향홍주, 진도대복홍주, 진도아리랑홍주, 진도한샘홍주)가 제조를 하고 있다.

궁전 식당

뜸북국이 유명하다. 뜸북국은 듬부국이라고도 하는데 진도의 향토 음식으로 잘잘하게 생긴 해조류인 뜸부기를 소갈비와 함께 푹 우려낸 국인데 시원하면서도 진한 국물 맛이 으뜸이다.

주소 전남 진도군 진도읍 쌍정리 15-4 전화 061-544-1500 요금 뜸북국 1만 2천 원

통나무집

실속 있는 게장 백반집. 간장 게장이 맛있는 10년 전통의 한식당으로 진도대교 근처의 통나무로 만든 집이다. 간장 게장과 맛깔스러운 밑반찬이 한 상 차려진다.

주소 전남 진도군 군내면 녹전리 1-6 (진도대교 건너자마자 왼편에 있다) 전화 061-542-6464 요금 꽃게장 2만 5천 원, 돌게장 백반 1만 원

운림 예술촌

저렴한 요금에 조용하고 깔끔한 한옥식 방에서의 하룻밤이 좋지만, 운림 예술촌의 밤이 특별한 이유는 따로 있다. 농촌 체험을 바탕으로 특별한 문화 체험도 가능하기 때문이다. 특히 국악 관련 체험과 춤사위를 배우는 체험이 인기가 있으며, 아침도 주문이 가능하다는 장점도 크다. 예약이 필수인 진도의 가장 인기 있는 숙박 시설이다.

주소 진도군 의신면 사천리 전화 061-543-5889, 011-611-7310 요금 15만~20만 원 홈페이지 http://www.jindoullim.com

골드 마운틴 하우스 펜션

바다를 내려다보는 탁 트인 경치가 제일이다. 창을 열고 있으면 바로 바다의 시원함이 방 안으로 스민다. 골드 마운틴 하우스 펜션은 콘도형 펜션이라 더욱 편하고 안락한 점이 있다.

주소 전남 진도군 고군면 원포리 산 26 전화 061-543-8991, 010-8608-8737 요금 비수기 7만~22만 원, 성수기 9만~32만 원 홈페이지 www.gmhouse.kr

바닷가 풍경

시원한 바다 풍경은 당연하고, 각각 단독채로 예약이 가능하다는 장점이 있다. 게다가 실내가 모두 원목으로 되어 있어 더욱 시원하다. 마당도 아기자기하게 꾸며져 있어 좋다. 성수기에도 작은 독채는 다른 곳보다 상대적으로 저렴한 15만 원 선에 이용할 수 있다. 주소 전남 진도군 고군면 원포리 439-4 전화 010-3043-9482 요금 비수기(10명 기준) 25만 원, 성수기(10명 기준) 28만 원 (1명 추가 시 2만 원) 홈페이지 http://blog.naver.com/qkekrk32

해남

매실이 익고 공룡이 움직이는 땅끝 마을

해남은 땅끝이라는 이름만으로도 마음이 흔들리는 곳이다. 시원한 모노레일, 한라산과 돌고래가 보이는 땅끝 전망대, 덤으로 얻는 사구미 해수욕장, 바다 사나이가 혼자 모은 수집품이 가득한 해양 자연사 박물관, 땅끝 조각 공원과 미술관까지 둘러볼 곳이 참 많다.

바다를 눈으로만 보는 게 아니라 취향에 맞게 느껴 보자. 바다가 갈라지고 길이 만들어지는 송호 해수욕장에서 해수욕도 즐기고, 발도 담가 보자. 아섭

다면 대죽 마을로 발걸음을 옮겨 조개잡이 체험에도 참여해 보자.

해남에는 멋진 산도 있는데, 바로 두륜산이다. 케이블카를 타고 정상까지 단숨에 오르면, 정상에서의 한 폭의 수묵화 같은 풍경과 상쾌한 공기를 느낄 수 있다. 시원한 계곡, 100년 된 유선관, 그리고 웅장한 경내를 뽐내는 대흥사도 꼭 들러 보자. 두륜산과 대흥사에 가려졌지만, 달마산이 품은 미황사는 아늑함을 느끼기에 충분히 멋진 절이다.

영화 〈너는 내 운명〉의 촬영지인 보해 매화 농장은 이른 봄에 찾아가자. 또한 해남 공룡 박물관은 테마 공원으로 조성되어 거대하고 알록달록한 공룡들이 공원 곳곳에 설치되어 있어 보는 재미를 더한다.

 **교통**

1. 대중교통

해남까지 대중교통으로 이동한다면 항공은 광주까지, 철도는 목포까지 이용 가능하다. 광주, 목포에서는 터미널에서 버스를 타고 해남까지 이동해야 한다. 반면 고속버스는 해남까지 바로 갈 수 있으며, 비교적 해남을 방문하는 여행객이 많아 위치상으로 멀리 있음에도 불구하고 버스 편이 제법 있는 편이다. 하지만 소요 시간이 길기 때문에 다양한 루트를 고려해 보는 것이 낫다.

▶ 항공

서울에서 이동을 한다면, 광주까지 아시아나 항공을 이용해서 도착 후 연계 교통망을 이용해야 한다. 김포-광주는 일 3회 운항하며, 소요 시간은 약 50분이다.

요금 김포 – 광주: 정상 운임, 성수기, 비수기에 따라 6~9만 원, 할인 운임 3~5만 원선

▶ 철도

KTX 7회, 새마을호 1회, 무궁화호 2회 운행한다. 각각의 소요 시간은 KTX 2시간 30분, 새마을호 4시간 30분, 무궁화호 5시간 정도 소요된다.

요금 서울(용산) – 목포: KTX 52,800원, 새마을호 39,600원, 무궁화호 26,600원

▶ 항공과 철도를 잇는 시외버스

광주 - 해남 소요 시간 1시간 40분, 배차 간격 40~60분, 요금 10,500원
광주 - 해남 소요 시간 1시간 50분, 배차 간격 30~40분, 요금 10,500원
목포 - 해남 소요 시간 1시간, 배차 간격 30~40분, 요금 5,800원

문의 광주 금호 터미널(062-360-8114), 목포 터미널(061-276-0220)
홈페이지 www.usquare.co.kr

▶ 고속버스

서울에서 해남까지 직행으로 운행하는 버스가 센트럴시티에서 1일 3회(14:00, 16:00, 17:55) 운행된다.

문의 해남 버스 터미널(061-534-0884), 센트럴시티 터미널(02-6282-0114)
요금 서울 – 해남: 일반 23,100원, 우등 34,400원,

해남 종합 버스 터미널
주소: 전남 해남군 해남읍 해리 401
전화: 061-534-0884

2. 승용차

서울 – 서해안 고속도로- 목포 IC – 남부 순환로 – 해남군(총 거리 393.2km, 소요 시간 약 5시간 15분)

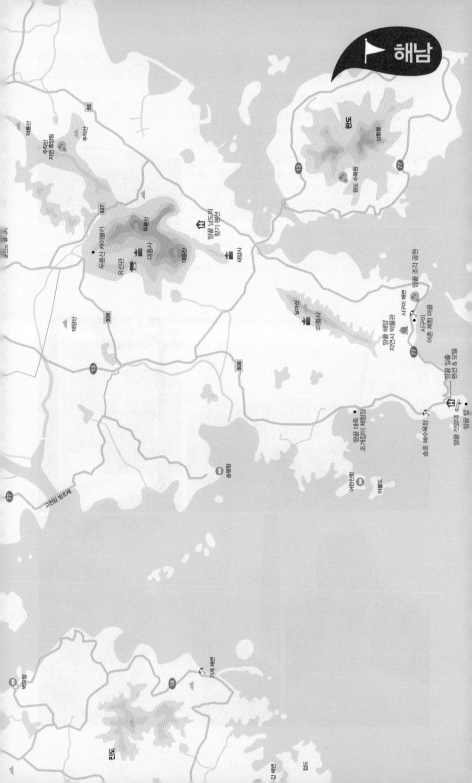

두륜산 케이블카

▐▌ 남해안 다도해를 한눈에 내려다볼 수 있는 곳

<1박 2일> 팀에서 방문하면서 유명세가 더해진 이곳은 전국에서 가장 긴 케이블카(1.6km)로, 두륜산의 산세를 헤치고 해발 586m까지 8분만에 오른다. 케이블카에서 내려 산책로를 따라 해발 638m 고계봉에 오르면, 멋진 풍광을 볼 수 있다. 이곳에서 제주도와 남해안 다도해를 내려다볼 수 있는 풍광은 1년에 몇 번 안 된다. 하지만 날이 꼭 좋지 않아도 뻥 뚫린 하늘과 발 아래 능선을 따라 굽이굽이 낮아지는 산세는 한 폭의 수묵화 같다. 등산을 통해야만 얻을 수 있는 산 정상에서의 풍광과 공기의 상쾌함을 케이블카를 타고 편안하게 느껴 보자.

주소 전남 해남군 삼산면 구림리 138-6 전화 061-534-8992 시간 08:00~18:00(4~11월), 08:00~17:00(12~3월)
요금 어른 10,000원, 어린이 7,000원 홈페이지 www.haenamcablecar.com 버스 해남 터미널 – 대흥사 주차장(30분 간격, 15분 소요)

대흥사

▶ 시원한 계곡, 100년 된 유선관, 그리고 웅장한 경내

대흥사는 아주 큰 사찰이다. 사찰의 건물 하나하나도 크고 선이 곧으며, 석조물도 크기가 크고 웅장하다. 큰 사찰로 유명하기도 하지만, 대흥사가 유명한 이유에는 계곡도 빠질 수 없다. 넓은 계곡을 풍성한 나무들이 에워싸 여름이면 피서객으로 매우 붐빈다. 유명한 전남의 계곡들 중에서도 단연 좋다.

입장료를 내고 대흥사 일주문까지 가는 방법은 두 가지이다. 단풍나무, 벚나무, 소나무가 터널을 이룬 숲길을 30분 정도 산책하듯 걸어 보자. 널직한 폭에 무릎까지 오는 깊이의 계곡이 대흥사까지 쭉 이어진다. 여름이면 계곡 근처 넓은 자리에 자리를 잡고 더위를 피하는 사람들로 가득 차는 곳이다. 시원한 물 소리와 새 소리가 운치를 더한다. 만약 빨리 대흥사를 보고 싶다면 쭉 뚫린 길을 차로 올라가자. 두 길은 주차장에서 만난다.

주차장을 따라 계속 올라가면 계곡을 가로지르는 다리 아래쪽에서 파전과 동동주를 먹을 수 있다. 조금 더 올라가면 〈1박 2일〉에도 소개되었던, 100년 된 유선관이 보이는데, 유명세를 톡톡히 치르고 있어 언제나 사람들로 북적거린다. 이곳에서 숙박을 하는 사람들도 더욱 많아졌다. 숙박을 하는 사람에게는 맛있는 아침을 저렴하게 먹을 수 있는 혜택도 주어진다. 숙박을 하지 않더라도, 언제든지 파전과 동동주, 4인 기준 한 상차림 정식을 먹을 수 있다.

주소 전남 해남군 삼산면 구림리 799 전화 061-534-5502~3 시간 08:00~19:00 요금 어른 3,000원, 중·고등학생 1,500원, 초등학생 1,000원 홈페이지 www.daeheungsa.co.kr 버스 해남 터미널 – 대흥사 주차장(30분 간격, 15분 소요) – 도보 30분

대흥사 즐기기

대흥사에는 언제나 문화 해설사가 있다. 이 분들이 말해 주는 대흥사 이야기를 들어 보자. 여느 절과 마찬가지로 절에 대한 설명도 듣고, 각각의 전각에 대한 설명도 들어 보자. 충무공 이순신의 전쟁에 관한 이야기도 들어 보자. 이순신 장군과 승병들의 전쟁 이야기가 생생하다. 아는 만큼 재미있어지고, 그만큼 많이 보게 될 것이다.

이순신 장군의 이야기가 흥미로웠다면 명량대첩이 일어난 울돌목으로 가 보자. 축제 기간에는 멋진 이벤트들이 벌어진다.

❶ 대흥사 둘러보기

대흥사 입구 오른편으로 넓은 부도 밭이 있다. 경내는 구역을 나눠서 살펴보자. 계곡을 경계로 북원과 남원 2개 구역으로 나뉘는데, 북원에는 대웅보전을 중심으로 명부전, 응진전, 산신각, 침계루, 백설당, 청운당, 대향각 등의 전각과 생활관들이 하나의 무리를 형성하여 배치되어 있으며, 남원에는 천불전을 중심으로 용화당, 가허루, 봉향각, 동국선원, 그리고 종무소 등의 전각과 생활관들이 또 하나의 무리를 형성하여 배치되어 있다. 남원의 오른편에는 서산대사의 사우인 표충사와 그 부속 건물인 비각, 조사전, 의중당, 강례제, 명의제, 그리고 최근에 증축한 성보 박물관이 있으며, 표충사 뒤편에는 대광명전과 보련각, 그리고 생활관으로 이루어진 대광명전이 위치하고 있다.

❷ 템플 스테이

많은 사찰에서 템플 스테이를 진행한다. 템플 스테이를 경험하는 것도 여러 가지 방법이 있지만, 사찰마다 같은 프로그램을 진행한다고 해도 느껴지는 분위기와 느낌은 절마다 사뭇 다르다. 대흥사의 템플 스테이는 전문적으로 운영되고 있는데, 프로그램은 일반, 단체, 기획 3가지가 있다. 일반적으로 가장 많이 하는 '일반 과정'은 강요된 프로그램 없는 1박 2일 프로그램과 예불과 공양 등의 사찰 프로그램이 진행되는 2박 3일 프로그램이 있다.

전화 061-534-5775   요금 어른 1박 50,000원부터 프로그램과 기간에 따라 가격이 다름   홈페이지 www.daeheungsa.kr/templestay(온라인 신청 가능)

미황사

▶ 달마산의 기암괴석으로 둘러싸인 아늑한 사찰

기암괴석과 빼곡한 나무들이 둘러싸고 있는 절이지만, 그 큰 규모에 압도된다. 10년 동안 4만여 명이 템플 스테이를 위해 이곳을 찾았다. 다른 곳들보다 지리적으로 불리함에도 이곳을 찾는 이유는 아마도 대한민국 최남단의 절이자 아름다운 절, 참선하기 좋은 절이기 때문이며, 템플 스테이로 마음의 고향을 만들어 주고 싶어 하는 주지 스님의 노력 때문일 것이다.

보물 947호인 대웅보전, 보물 1183호인 응진당과 명부전, 삼성각, 만하당(선원), 달마전(승방), 세심당(수련원), 요사채(생활관), 향적전(객실), 안심료(후원), 보제루(누각), 감로다실(종무소)이 있다.

주소 전남 해남군 송지면 서정리 247 전화 061-533-3521 시간 일출~일몰 홈페이지 www.mihwangsa.org 버스 해남 종합 버스 터미널 – 서정리(일 5회 운행, 40분 소요)

미황사 어린이

미황사 템플 스테이

접수: 미황사 홈페이지
이메일: dalmaom@hanmail.net
전화: 061-533-3521
요금: (1박 2일 프로그램) 성인 5만 원, 초등학생~청소년 3만 원, 유치원생 무료

땅끝 대죽 조개잡이 체험장

다도해의 일몰이 아름다운 대죽 마을

하루에 두 번 물때가 되면 바다가 좌우로 열리고 갯벌이 드러난다. 노루목 바다가 갈리는 풍경을 볼 수 있는 곳은 여러 군데가 있지만, 대죽 마을 바다가 열리면 숨어 있던 게, 꼬막, 굴, 바지락이 얼굴을 내민다. 이때가 조개잡이 체험시간이다. 마을에 참가비를 내면 고무신, 호미, 바구니를 받고 조개를 캘 수 있다. 2001년부터 어촌계에서 조개잡이 체험장 9만㎡를 개장한 이후 많은 사람이 이곳을 찾는다. 준비된 체험장이라서 누구나 손쉽게 채취가 가능하다. 오래 운영해 온 체험장이니 만큼 자원도 풍부하고 많이 알려져 있다.

Fun point
1. 드라마 〈허준〉 촬영지
2. 신비의 바닷길 갯벌 체험
3. 노루목 사이로 보이는 낙조

샤워장, 화장실 등의 편의 시설이 잘 마련되어 있고, 조개 구이 시식도 가능하다. 갯벌 체험이 목적이라면 이곳을 추천한다.

주소 전남 해남군 송지면 대죽리 전화 061-533-2733, 061-530-5419 요금 어른 5,000원, 어린이 3,000원 (1인 1kg 채취 가능) 버스 해남 종합 버스 터미널 – 엄남 정류장 하차 – 대죽 마을 약 800m(1시간 50분 소요)

송호 해수욕장

소나무로 둘러싸인 호수 같은 해수욕장

소나무로 둘러싸인 호수 같다고 하여 '송호'라고 불리는데, 한반도에서 가장 남쪽에 있는 해수욕장이다. 소나무가 우거진 곳에서 계단을 내려가면 바로 백사장에 발을 디딘다. 길이 2km, 너비 200m의 백사장이 있으며, 아담하고 수심은 얕은 편이다. 100~200년 된 소나무 숲에서 바다를 끼고 야영하기에 좋은 곳이다. 썰물 때 갯벌이 드러나는 신비의 바닷길도 열린다.

주소 전남 해남군 송지면 송호리 전화 061-530-5544(땅끝 관광지 관리 사무소) 버스 해남 종합 버스 터미널 – 사구미행 군내 버스 탑승 – 송호 버스 정류장 하차(1시간 50분 소요)

Fun point
1. 오토 캠핑장
2. 야영
3. 낚시

땅끝 마을 관광지

▶️ 땅끝이라는 이름만으로도 사람들의 여행 동기를 자극하는 곳

이곳의 전망대까지 가는 방법은 능선을 따라 숲길을 걸어 올라가는 방법과 모노레일을 타는 방법 2가지가 있다. 먼저 걸어서 올라가는 경우에는 30분에서 1시간 정도가 소요되지만, 숲을 산책하는 느낌이 있어 좋고, 모노레일을 타면 쉽고 편하게 바다 풍경을 감상하며, 전망대까지 올라갈 수 있다.

전망대는 타오르는 횃불을 형상화하여, 통일과 조국 수호 그리고 새 천 년의 빛이 되길 바라는 염원을 담았다고 한다. 내부로 들어가면 9층까지 엘리베이터로 올라갈 수 있다. 계단으로 오르면 멋진 사진과 그림들을 볼 수 있다.

땅끝 전망대에서 보는 경치도 멋있지만, 땅끝 탑에서 바람을 직접 쐬면서 보는 것은 색다르다. 땅끝 탑으로 발걸음을 옮기자. 높은 곳이라 약간 무섭지만, 풍경은 바다를 품에 안은 느낌으로 기분이 좋아지는 곳이다.

맑은 날에는 한라산도 보이고 돌고래도 보인다고 하지만, 볼 수 있는 확률은 높지 않다. 만약 봤다면, 정말 운이 좋은 사람이다.

주소 전남 해남군 송지면 갈두부락 전화 061-533-9324 시간 땅끝 전망대: 하절기 오전 8:00~오후19:00, 동절기 오전 8:00~오후 17:30 요금 땅끝 전망대: 성인 1,000원, 청소년 700원, 어린이 500원 / 땅끝 모노레일: 성인 5,000원, 청소년 4,000원, 어린이 3,000원 버스 해남 종합 버스 터미널 – 땅끝 매표소(40분 간격, 60분 소요)

Fun point

1. 전망대까지 숲길 트레킹
2. 땅끝 탑 앞쪽의 뱃머리 모양의
   전망 데크
3. 일출과 일몰 감상

사구미 어촌 체험 마을

사구미 해수욕장, 해양 자연사 박물관, 땅끝 조각 공원, 땅끝 미술관까지 있는 사구미 어촌 체험 마을로 향해 보자. 해양 자연사 박물관, 땅끝 조각 공원, 땅끝 미술관은 일부러 찾아가기에는 왠지 아쉬운 느낌이 많이 드는 곳이다. 땅끝 마을과 10분 거리에 있으니, 잠시 둘러보기로 하자.

버스 해남 종합 버스 터미널 – 사구미 정류장(일 14회 운행, 60분 소요)

사구미 해변

Sighting

비교적 한적한 해변이지만 소나무 숲도 울창하고, 규모도 제법이다. 해변이 고와 물놀이하기에 좋다. 피서철엔 샤워장, 야영장, 민박, 매점 등의 편의 시설도 이용 가능하다.

주소 전남 해남군 송지면 통호리 전화 061-530-5224

땅끝 해양 자연사 박물관

Sighting

폐교된 초등학교를 자연사 박물관으로 만든 것으로, 규모가 아담하다. 박물관이라는 명칭에 규모를 기대하기보다는 원양어선 선장을 하던 임양수 관장이 개인적으로 수집한 것이라고 생각하면 대단하다 싶은 생각이 든다. 전시되어 있는 물품은 2만 5천여 점의 패류, 산호, 어류 등이다. 뾰족한 물고기가 하늘을 잔뜩 날고 있는 모습은 상당히 인상적이다.

주소 전남 해남군 송지면 통호리 195-4 전화 061-535-2110 시간 하절기(7~8월) 오전 8:00~오후 19:00, 동절기 오전 8:00~오후 18:00 요금 성인 3,000원, 청소년 2,000원, 어린이 1,000원 홈페이지 www.tmnhm.co.kr

땅끝 조각 공원

Sighting

바닷가 앞에 있는 9만m²가량의 넓은 공원이다. 깨끗하고 쾌적해서 벤치에 앉아 휴식을 취하기에 좋다. 공원에는 길을 따라 조각 작품이 늘어서 있다. 일출과 일몰도 볼 수 있지만, 땅끝과 10분 거리이니 일출, 일몰은 땅끝 전망대에서 보는 것이 좋다.

주소 전남 해남군 송지면 통호리 1-50 전화 061-533-8940

땅끝 미술관

Sighting

작은 미술관이지만, 흥미로운 기획 전시를 열기도 하는 곳이다. 해외 초청 민속품 등을 기획 전시하는데, 땅끝 마을 관광지에 들러 지나치기 아쉽다면 한 번 들러 보자.

주소 전남 해남 송지면 통호 마을

우수영 관광지

▶ 이순신 장군을 기리기 위한 곳

진도대교로 연결되어 있는 울돌목은 격류가 부딪혀 우레와 같은 소리가 난다고 하여 붙여진 이름인데, 이러한 특성을 파악해 이순신 장군이 13척의 배로 133척의 배를 격파한 명량대첩이 있었던 지역이다. 이를 기리기 위한 공원이 해남의 우수영 관광지와 진도의 녹진 관광지이다. 지리적으로 붙어 있고, 이순신 장군을 기리기 위한 곳이니, 함께 둘러보자.

축제 기간에 이곳을 찾으면, 화염을 뿜는 거북선과 이순신 장군과 함께 그날의 승리를 자축할 수 있다. 하지만 그날이 아니면 아쉬운 것도 사실이다.

무언가 헛헛하다면, 충무공 이순신의 전쟁에 관한 이야기를 대흥사에서 들어 보자. 다소 거리는 떨어져 있지만 그곳에는 이순신 장군과 승병들의 전쟁 이야기를 생생하게 들려 주는 문화 해설사가 있다. 이순신 장군과 관계된 역사적 지식을 들어 보자. 아는 만큼 재미있어지고, 그만큼 많이 보게 될 것이다.

주소 전남 해남군 문내면 학동리 산 36 일대 전화 061-530-5541, 061-535-0653(우수영 터미널) 시간 09:00~18:00 요금 어른 2,000원, 청소년 700원, 어린이 500원 / 울돌목 거북배: 대인 1만 5천 원, 청소년 1만 원, 소인 6,000원 버스 해남 종합 버스 터미널 – 우수영 터미널(30분 간격, 40분 소요)

명량해협(울돌목)

Sighting

물길이 암초에 부딪혀 튕겨 나오는 소리가 매우 커, 바다가 우는 것 같다고 하여 울돌목이라고도 한다. 해남 화원 반도와 진도 사이에 있는 해협으로, 임진왜란 때 이순신 장군이 왜적을 크게 쳐부순 곳이다.

주소 전남 해남군 문내면 학동리

명량대첩 공원

충무공 어록비, 명량대첩의 의비, 명량대첩 탑, 전시관, 전망대 등이 있는 공원이다.

주소 전남 해남군 문내면 학동리 전화 061-532-4088

해남 공룡 박물관

공룡들이 공원 이곳저곳을 뛰어다니는 공룡 화석지와 박물관

천연기념물 394호로 8,300만 년 전 중생대 백악기의 공룡, 익룡, 새 발자국
이 있는 곳이다. 초식과 육식 등의 공룡 발자국 화석은 1,000여 점에 이른다.
그중에는 세계 최대 크기의 익룡의 발자국과 가장 오랜된 물갈퀴 달린 새의
발자국도 있다.

공룡 화석지 하면 아무것도 없고 발자국 하나 찍혀 있는 아쉬운 곳이 너무도
많지만, 이곳은 다르다. 테마 공원으로 조성되어 발자국으로 상상할 수 있는
모든 것이 조형물로 제작되어 공원을 뛰놀고, 화석지 내부에 공룡에 대해 설
명하는 시설도 흥미를 끌어 공룡에 대해 재미있게 이해하
기에 좋은 곳이다. 꼭 한 번 들러 보자.

주소 전남 해남군 황산면 우항리 191 전화 061-532-7225 시
간 공룡 박물관: 09:00~18:00 / 토, 일, 공휴일(3~10월에만)
09:00~19:00(매주 월요일 휴관) 요금 공룡 박물관: 어른 4,000
원, 청소년 3,000원, 어린이 2,000원, 4D 체험 3,000원 홈페이지
http://uhangridinopia.haenam.go.kr 버스 해남 종합 버스 터
미널 – 황산 정류장(30분 간격, 20분 소요)

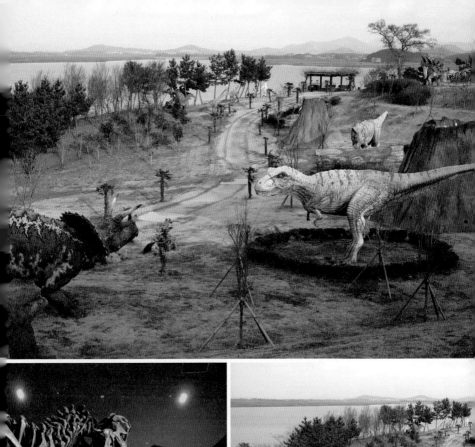

🏠 식당

천일 식당

80년 이상 된 식당으로, 떡갈비 정식과 불고기 정식 두 메뉴만 있다. 떡갈비로 유명한 식당이지만 불고기 맛도 좋다. 그러나 워낙 손님이 많아 불편한 점도 있다.

주소 전남 해남군 해남읍 읍내리 34(해남 시장 입구에 있음) 전화 061-535-4001 요금 떡갈비 정식 2만 8천 원, 불고기 정식 2만 2천 원, 갈비 추가 2만 3천 원

한성정

해남 사람들에게 정평이 나 있는 남도 한정식 전문점이다. 홍어삼합, 전복, 떡갈비, 기타 맛깔난 밑반찬들이 유명하다.

주소 전남 해남군 해남읍 구교리 337-1 전화 061-533-1060, 5454 요금 4인 기준 12만 원

용궁 해물탕

싱싱한 해물을 한가득 넣어 끓인 시원한 해물탕 전문점이다.

주소 전남 해남군 해남읍 평동리 18-4 전화 061-535-5161 요금 해물탕 (중) 5만 원, 해물탕 (대) 6만 원

우리집 왕만두 바지락 칼국수

해남까지 가서 무슨 칼국수를 먹느냐고 생각할 수 있겠지만 전국에서 손꼽을 만큼 맛있는 집이다.

주소 전남 해남군 해남읍 읍내리 6-5 전화 061-535-0187 요금 칼국수 6천 원, 왕만두 5천 원

명승 회센타

예쁘고 깨끗한 외관과 울돌목 해안을 볼 수 있는 식당으로 전망이 아주 좋은 곳이다. 재미있게도 회센타라는 이름에 걸맞지 않게 토종닭 코스가 소문난 곳이다.

주소 전남 해남군 문내면 학동리1315(울돌목 진도대교 근처) 전화 061-534-7770 요금 명승 정식 3만~3만 5천 원, 아나고(붕장어) 4만 원

유선관

100년 전통의 한옥 여관으로 한적하고 고즈넉하다. 두륜산 대흥사 밑에 있어 경관이 수려하며 장독대며, 정원, 방안까지 한옥 고유의 멋을 지니고 있다. 〈1박 2일〉의 촬영지가 된 이후에 찾는 사람이 더 많아졌다.

주소 전남 해남군 삼산면 구림리 799 전화 061-534-2959, 061-534-3692 요금 2인룸 5만~8만 원, 4인룸 8만~12만 원, 8인방 12만~18만 원 / 석식 1인 1만 원, 조식 8천 원 홈페이지 www.yuseongwan.com/html/main.php

땅끝 남도의 향기 펜션

화려한 외관이나 정원은 없지만, 깔끔한 펜션으로 가족과 함께 머무르기에 좋은 곳이다.

주소 전남 해남군 북평면 동해리 518 전화 010-8542-0898 요금 비수기 8만~20만 원, 성수기 15만~30만 원 홈페이지 www.haenamstar.co.kr/cgi-bin/backbone/index.php

땅끝 일출 펜션 & 모텔

땅끝 일출 펜션의 가장 큰 장점은 땅끝 모노레일과 가깝다는 점이다(약 300m 거리). 땅끝 마을에 있고, 바닷가 근처에 위치하여 일출과 일몰을 볼 수 있는 숙박시설로 펜션과 모텔이 나란히 자리하고 있으니, 취향에 맞게 선택하여 이용하면 된다. 객실의 수가 많고 면적도 다양해서 이용하기 편리하다.

주소 전남 새남군 송지면 송호리 1168번지 전화 061-534-6677 요금 비수기 3만 원(6평)~40만 원(54평), 성수기 10만 원(6평)~70만 원(54평) / 객실의 크기와 인원에 따라 차이가 있음

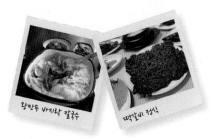

왕만두 바지락 칼국수

떡갈비 정식

완도

해상왕 장보고 유적과
드넓은 명사십리 해안

완도의 이름난 곳은 대부분 해상왕 장보고와 관련된 곳이다. 장보고의 삶과 역사, 그 당시의 건축물과 거리 등이 모두 준비되어 있으니 제대로 둘러보자. 드라마 〈해신〉 촬영지로 유명한 청해 포구, 신라방, 장보고 기념관, 청해진 유적지가 그곳이다. 먼저 청해 포구와 신라방 등의 촬영지는 마치 시간 여행을 하는 듯 당시의 모습으로 화려하게 단장하고 있다. 멋진 풍광을

따라다니다 보면 누구라도 장보고가 어떤 인물인지 궁금해진다. 청해진 유적지는 장보고 기념관과 함께 조성되어 더욱 찾아볼 만하다. 장보고 기념관은 호기심을 자극하는 여러 가지 장치가 있어 관람을 하다 보면 시간이 훌쩍 지난다.

드넓은 명사십리 해안에서 바다 산책과 해수욕도 하고, 계곡이 흐르는 넓고 아름다운 수목원의 호수 곁 나무 아래 벤치에서 휴식을 취하고, 여유를 가지고 산책을 해 보자. 완도의 랜드마크 다도해 일출 공원의 완도 타워에 들러 멋진 풍광도 눈에 담아 보자.

 교통

1. 대중교통

완도까지 직행으로 움직이는 차편이 많지 않아 타 지역을 통해야 한다. 항공은 광주까지, 철도는 목포까지 이용이 가능하다. 광주, 목포에서도 2시간 이상을 가야 하니 이를 잘 고려해 보고 여행 계획을 세우도록 하자. 완도에 들어서기 위해서는 해남, 장흥, 강진을 거쳐야 하니 이를 거쳐도 좋고 타 지역 환승이 번거롭다면 비교적 광주에서 완도로 가는 차편이 많으니 이를 이용하는 것도 좋은 방법일 수 있다.

▶ 항공

서울에서 이동을 한다면, 광주까지 아시아나 항공을 이용해서 도착 후 연계 교통망을 이용해야 한다. 김포-광주는 일 3회 운항하며, 소요 시간은 약 50분이다.

요금 김포 – 광주: 정상 운임, 성수기, 비수기에 따라 6~9만 원, 할인 운임 3~5만 원선

▶ 철도

KTX 7회, 새마을호 1회, 무궁화호 2회 운행한다. 각각의 소요 시간은 KTX 2시간 30분, 새마을호 4시간 30분, 무궁화호 5시간 정도 소요된다.

요금 서울(용산) – 목포: KTX 52,800원, 새마을호 39,600원, 무궁화호 26,600원

▶ 항공과 철도를 잇는 시외버스

광주-완도(직행) 배차 간격 40분~1시간 10분, 소요 시간 2시간 20분, 요금 16,500원

문의 광주 금호 터미널(062-360-8114), 목포 터미널(061-276-0220)
홈페이지 www.usquare.co.kr

▶ 고속버스

서울에서 완도까지 직행으로 운행하는 버스는 센트럴시티에서 1일 2회(15:10, 17:20) 운행된다. 소요 시간은 5시간이다.

문의 센트럴시티 터미널(02-6282-0114),
요금 서울 – 완도: 우등 37,200원

완도 공용 버스 터미널
주소: 전남 완도군 완도읍 군내리 1230
전화: 061-552-1500

2. 승용차

서울 – 경부 고속도로 – 천안논산 고속도로 – 당진상주 고속도로 – 서천공주 고속도로 – 서해안 고속도로 – 806번 국도 – 완도(총 거리 425km, 소요 시간 약 5시간 20분) – 금호 방조제 – 77번 국도 – 우수영 – 진도(총 거리 398km, 소요 시간 약 5시간 10분)

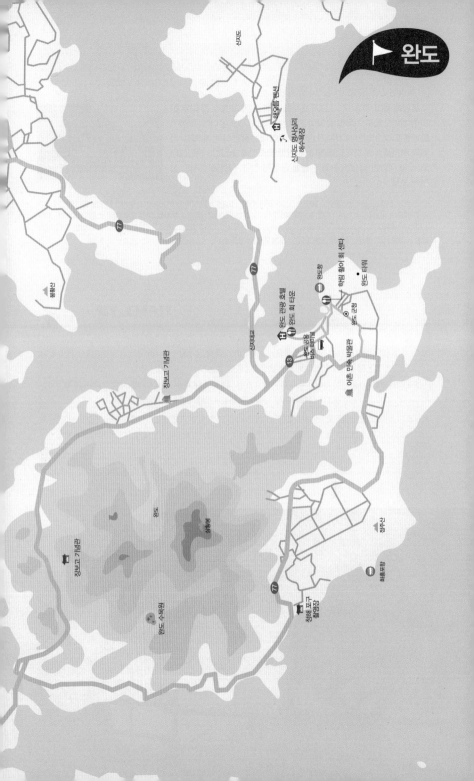

완도 수목원

▶ 계곡이 흐르는 넓고 아름다운 정원

수목원에 들어서자마자 데크가 호수를 따라 흐른다. 호수 곁 나무 아래 벤치만으로도 마음에 음악이 흐르는 듯 느껴지는 곳이다. 마련된 코스를 따라 거닐면 여기저기 탄성을 자아내는 풍경이 눈에 띄고, 카메라 셔터를 누르기에 바빠진다. 시원한 물소리와 울창한 나무, 그리고 꽃과 다양한 색상이 눈과 마음을 즐겁게 한다. 여유를 가지고 산책해 보자.

주소 전남 완도군 군외면 대문리 109-1 전화 061-552-1544 시간 09:00~18:00(동절기 11~2월 09:00~17:00) 요금 어른 2,000원, 청소년 1,500원, 어린이 1,000원(단체 500원 할인) / 주차료 대형 5,000원, 소형 3,000원, 경차 1,500원 홈페이지 www.wando-arboretum.go.kr 버스 완도 공용 버스 터미널 – 완서, 교인동, 남서 방면 군내 버스 탑승 – 갈문 버스 정류장 하차(55분 소요) – 도보 27분(1.82km)

TRAVEL TIP

추천 코스

1코스(1시간): 산림 전시관 – 방향 식물원 – 계곡 쉼터 – 수생 식물원 – 아열대 온실 – 숯 가마터 – 학림교 – 산림 박물관 – 향토 공예원 – 육림교

2코스(1시간30분): 산림 전시관 – 사계 정원 – 수변 데크 – 수변 쉼터 – 난대림 탐방로 – 산림 박물관 – 학림교 – 아열대 온실 – 중앙 관찰로 – 방향 식물원 – 계곡 쉼터 – 육림교

3코스(2시간): 산림 전시관 – 사계 정원 – 수변 데크 – 수변 쉼터 – 난대림 탐방로 – 사군자원 – 전망 데크 – 암석원 – 중앙교 – 아열대 온실 – 숯 가마터 – 학림교 – 산림 박물관 – 향토공예원 – 목교 – 육림교

청해 포구 촬영장

▶ 순간의 시간 여행이 가능한 세트장

<해신>, <이산>, <주몽>, <천추태후>, <태왕사신기>, <추노> 등
의 드라마 촬영 장소로 유명하다. 주변에 다른 것은 없고 오로
지 보이는 풍경에 집중할 수 있게 되어 있다. 여기저기 활짝 핀
꽃도 아름답고, 이국적인 당나라 건축물도 인상적이다. 곳곳
에 배우들의 전신 사진이 서 있는 것도 재미있다. 특히 바다 쪽
배경이 아름다운데, 해 질 녘이면 더욱 좋으니, 시간을 잘 맞춰
서 여유 있게 돌아보자.

주소 전남 완도군 완도읍 대신리 산 47-28 전화 청해 포구 세트장 061-555-4500, 4501, 매표소 061-555-4500
시간 하절기 07:30~19:30, 동절기 08:00~18:00 요금 어른 5,000원, 청소년, 군인 3,000원, 어린이 2,000원(단체
1,000원 할인) 홈페이지 www.wandoro.co.kr 버스 완도 공용 버스 터미널 – 완서, 남서, 망석 방면 군내 버스 탑승 –
소세포 버스 정류장 하차(37분 소요)

신라방

신라방도 청해 포구도 모두 드라마 〈해신〉의 촬영지
이다. 입장료가 다른 만큼 규모나 만족도도 차이가 난
다. 둘 다 모두 꼭 보고 싶다면 들르고, 한 곳만 들러도
좋다면, 청해 포구만으로도 충분하다.

주소: 전남 완도군 군외면 정해진 북로 556-110
전화: 061-550-5745
요금: 성인 2,000원

어촌 민속 전시관

▶ 어촌과 관련된 물품과 수집품을 전시하고 있는 곳

국내 최초 어촌 민속 박물관으로 어촌과 관련된 전시를 하고 있다. 요즘 보는 멋지고, 소리 나고, 움직이는 전시관이나 박물관과는 다르므로 그러한 것들을 기대했다면 실망할 수도 있다. 여러 가지 물품과 수집품을 전시하고 있는 곳이기 때문이다. 다양한 어촌 관련 기구와 해양 수집품이 있다. 스치기 아쉽다면 들러 보자.

주소 전남 완도군 완도읍 정도리 960 전화 061-550-6911 시간 09:00~18:00(3~10월), 09:00~17:00(11~2월) 요금 어른 1,000원, 청소년 500원 / 단체: 어른 800원, 청소년 400원 홈페이지 http://mu.wando.go.kr 버스 완도 공용 버스 터미널 – 완서, 남서, 망석 방면 군내 버스 탑승 – 정도리 버스 정류장 하차(22분 소요) – 도보 23분(1.54km)

완도 타워(다도해 일출 공원)

▶ 완도의 랜드마크 완도 타워와 일출이 아름다운 공원

완도 시내를 한눈에 내려다볼 수 있는 완도 타워는 완도의 랜드마크이다. 새벽에는 일출이 아름답고 밤에는 레이저 쇼를 감상할 수 있다. 1층과 2층, 그리고 전망대로 이루어져 있으며, 1~2층에서는 바다에 관한 조형물과 이미지를 설명한다. 깨끗해서 둘러보기에 좋다.

주소 전남 완도군 완도읍 군내리 동망산 정상 부근 전화 061-550-6960 시간 6~9월 09:00~22:00, 10~5월 09:00~21:00 요금 어른 6,000원, 초등학생 4,000원, 어린이 1,000원 홈페이지 www.tower.wando.go.kr 버스 완도 공용 버스 터미널 – 남동, 소가용, 망남, 완신 방면 군내 버스 탑승 – 완도 시장 앞 버스 정류장 하차(5분 소요) – 도보 17분(1.16km)

Fun point

1. 7층 높이의 전망대
2. 타워에서 내려와 전망 데크에 꼭 들르자.

신지도 명사십리 해수욕장

십 리나 되는 고운 모래 해변

전남 해안의 해수욕장을 유명세와 규모로 따진다면 바로 이곳이 제일로 꼽힌다. 시야가 확 트인 남해안 바다는 흔하지 않은데, 이곳은 뻥 뚫려 마음까지 시원한 풍경을 자아낸다. 시원하게 뚫린 해변을 조심히 거닐어 보자. 모래에 조개가 섞여 있어 맨발은 위험할 수도 있다.

주소 전남 완도군 신지면 신리 797-20 전화 061-550-6922 시간 5월 말~9월 초 요금 샤워장: 어른 1,500원, 어린이 1,000원 / 주차 요금(30분 미만 무료): 당일 소형차 4,000원(2시간 이내 2,000원), 대형차 6,000원(2시간 이내 3,000원), 1박 소형차 8,000원, 대형차 1만 2천 원 / 텐트 임대: 2만 원 버스 완도 공용 버스 터미널 – 완신, 신완 방면 군내 버스 – 명사십리 버스 정류장 하차(24분 소요) 홈페이지 www.tour.wando.go.kr

Fun point

해수에 포함된 미네랄 기능성 성분이 전국에서 가장 풍부하다.

장보고 기념관

다양한 전시물이 가득한 곳

잘 지어진, 번듯한 장보고 기념관이다. 시원한 로비에는 장보고와 무역선이 있고, 전시관마다 흥미롭고 멋진 전시물들이 가득하다. 장보고가 타던 배, 해상 실크로드, 오묘한 분위기를 자아내는 LED 조형물, 발굴 현장의 실제 모습을 볼 수 있는 유리 바닥, 동화책을 읽는 듯한 목판화까지 전혀 지루할 겨를이 없다. 일정이 허락된다면 꼭 한번 들러 보자.

주소 전남 완도군 완도읍 장좌리 186 전화 061-550-6933 시간 09:00~18:00(3~10월), 09:00~17:00(11~2월) 요금 어른 1000원, 청소년 700원, 어린이 500원 / 단체(20인 이상): 어른 700원, 청소년 500원, 어린이 300원 홈페이지 www.wando.go.kr/changpogo 버스 완도 공용 버스 터미널 – 완동, 남동, 망남, 망석 방면 군내 버스 탑승 – 장좌리 버스 정류장 하차(15분 소요) – 도보 7분

🏠 식당 & 숙박

완도 회 타운

생생 정보통에 소개되면서 입소문을 탄 곳이다. 협동조합이라 음식점이 매우 크다. 싱싱한 전복 코스 요리가 이곳의 주메뉴다. 코스식이며, 한상 가득 정갈하게 음식이 나온다.

주소 전남 완도군 완도읍 가용리 1014-2 전화 061-554-0068 요금 전복 코스 요리 1인 5만 원(2인 이상 주문 가능), 장보고 물회 4인 10만 원, 해물찜 6만 원

학림 활어 회센타

완도는 바다를 끼고 있어 싱싱한 회를 즐기기에도 좋은 곳이다. 완도항에서 싱싱한 회를 사서 식당에 1인당 5천 원을 지불하면 밥과 반찬, 매운탕을 끓여 준다. 저렴하게 싱싱한 회를 먹기에 좋다.

주소 전남 완도군 완도읍 군내리

완도 관광 호텔

완도군 내의 유일한 호텔로 바닷가에 바로 인접해 있어, 객실에서 바다 위로 펼쳐지는 아름다운 일출을 경험할 수 있다. 해저 해수 다시마탕, 컨벤션 센터, 일식당 등 다양한 부대 시설을 갖추고 있다.

주소 전남 완도군 완도읍 가용리 3-22 전화 061-552-3005 요금 비수기 7만~16만 원 / 성수기 9만 7천 원~ 20만 4천 원 홈페이지 www.wandohotel.com

해오름 펜션

바로 앞에 명사십리 해수욕장이 있어 경치가 매우 아름답다. 내부 시설도 깔끔하고 쾌적한 편이다.

주소 전남 완도군 신지면 신리 551 전화 061-555-5242 요금 비수기 5만~20만 원 / 성수기 10~35만 원 홈페이지 www.가람해송펜션.com

매운탕

특 전복 덮밥

강진

지순하게 아름다운
남도 답사 1번지

강진은 남도 답사 1번지로 더욱 유명하다. 강진에 가면 무언가 있을 것만 같
다는 인식을 심어 준 것은 유홍준 교수의《나의 문화유산 답사기》라는 책이
다. 이 책은 강진으로 가는 여정을 소개하며, 이곳을 남도 답사 1번지로 꼽았
다. 그 이유는 강진에는 대단한 유적이나 유물은 없지만, 지순하게 아름다운
향토적 서정과 역사의 체취가 살아 있기 때문이다.

이러한 체취를 직접 느끼고 싶은 사람들이 강진을 찾기 시작하면서, 강진은

전남 여행에서 필수 코스가 되었다.

월남사지와 월출산, 시원한 월출산 경포대와 넓은 녹차 밭 등은 이곳을 찾는 이에게 답사 여행이 주는 즐거움을 만끽하게 한다. 월출산 등반도 좋고, 경포대 계곡과 야영장에서 1박을 하기에 충분한 즐길거리가 마련되어 있다.

다산 초당 주변은 답사 여행에서 빠지지 않는다. 백련사까지 이어진 다산 초당 둘레길을 걸어 보고, 천일각에 올라서는 온전히 사색하는 시간을 가져 보자. 백련사를 품은 동백림은 겨울이면 더욱 화려하다.

강진의 자랑인 청자 박물관은 역사 속 청자를 현대적 미술품으로 인식하게 하는 곳으로 찾아가 볼 만한 충분한 가치가 있다.

 교통

1. 대중교통

강진까지 대중교통으로 이동한다면 항공은 광주까지, 철도는 목포까지 이용 가능하다. 광주 혹은 목포 터미널에서 버스나 택시를 타고 이동해야 한다. 고속버스는 강진까지 바로 갈 수 있다. 각각 시간과 비용의 차이가 있으니 자신에게 맞게 선택해 보자. 광주나 목포까지 대중교통을 이용하고, 그곳에서 렌트를 하는 것도 하나의 방법이 될 수 있다.

항공

서울에서 이동을 한다면, 광주까지 아시아나 항공을 이용해서 도착 후 연계 교통망을 이용해야 한다. 김포-광주는 일 3회 운항하며, 소요 시간은 약 50분이다.

요금 김포 - 광주: 정상 운임, 성수기, 비수기에 따라 6~9만 원, 할인 운임 3~5만 원선

철도

KTX 7회, 새마을호 1회, 무궁화호 2회 운행한다. 각각의 소요 시간은 KTX 2시간 30분, 새마을호 4시간 30분, 무궁화호 5시간 정도 소요된다.

요금 서울(용산) - 목포: KTX 52,800원, 새마을호 39,600원, 무궁화호 26,600원

항공과 철도를 잇는 시외버스

광주 - 강진(직행) 배차 간격 40분~1시간 10분, 소요 시간 1시간 20분, 요금 9,800원

문의 광주 금호 터미널(062-360-8114), 목포 터미널(061-276-0220)
홈페이지 www.usquare.co.kr

고속버스

서울에서 강진까지 직행으로 운행하는 버스는 센트럴시티에서 1일 3회(13:30, 15:25, 17:40) 운행한다. 소요 시간은 4시간 30분이다.

문의 강진 버스 여객 터미널(061-434-2053), 금호 고속 강진 영업소(434-4371), 센트럴시티 터미널(02-6282-0114)
요금 서울 - 강진: 일반 22,300원, 우등 33,200원

강진 버스 터미널
주소: 전라남도 강진군 강진읍 평동리 167-1
전화: 061-432-9777

2. 승용차

서울 - 서해안 고속도로 - 서해안 고속도로, 영산로 - 강진군 (총 거리 401.6km, 소요 시간 약 4시간 50분)

다산 초당

❯ 다산이 되어 걷는 유배 길

다산 초당은 다산이 유배되어 11년간 지내며 《목민심서》를 비롯한 600여 권의 책을 저술한 곳이다. 다산 초당에 오르는 길은 조금 험하다. 나무가 만들어 놓은 뿌리의 길을 지나 깎아지른 듯한 돌길을 걷다 보면 나무에 둘러싸인 다산 초당이 얼굴을 내민다. 짙은 녹음에 몸과 마음을 쉬며, 다산 선생의 뜻을 기려 보자. 다산 초당에 올라 잠시 쉬었다가 천일각까지 올라 보자. 가슴이 뻥 뚫리는 시원함을 느낄 수 있다.

주소 전남 강진군 도암면 만덕리 368 전화 061-430-3782 시간 09:00~18:00 버스 강진읍에서 굴동행 군내 버스 이용(하루 9회, 25분 소요)

TRAVEL TIP

1. 다산의 유배길 걷기
다산 정약용이 다산 초당에서 백련사 스님을 만나러 다니던 길을 걸어 보자. 녹음이 짙어 어둑한 동백 숲이 묘한 분위기를 자아낸다.
다산 유물 전시관 – 굴동 마을 – 다산 초당 –천일각 – 백련사(왕복 2시간 소요)

2. 다산 초당 문화 체험 프로그램
다산 초당에서는 자원봉사자들이 주말에 문화 체험 프로그램을 운영한다. 아낙들이 차를 내어 주고, 훈장선생님이 가르침을 주신다. 다산초당에서 다산과 조금 더 가까워질 수 있는 기회다.

3. 다산 초당 4경 둘러보기
작은 연못, 작은 웅달샘, 다산이 직접 돌에 세긴 정석, 다조까지. 지나칠 수 있지만 구석구석 숨어 있는 4경을 찾아보자.

4. 천일각 오르기

백련사

🔻 붉은 동백림이 품은 향긋한 차를 즐기는 쉼터

통일 신라 말기에 창건된 절이다. 하얀 연꽃이 필 때마다 국사가 한 분씩 배출되어 여덟 분의 국사가 나왔다는 설화가 있어 백련사라 불렸다고 한다.

조선 시대에는 만덕사라고도 불렸으며, 8국사 8대사를 배출한 남도의 중심 사찰이다. 세종대왕에게 왕위를 양보한 효령대군이 전국을 유람하다 이곳 백련사에서 8년을 기거하기도 했고, 정약용 선생이 유배 생활을 할 때 벗이 되어 주던 혜장 스님이 계시던 절이다. 남도 지방에서 유명세를 타는 절이지만 크지도 작지도 않다. 다만 눈을 끄는 큰 매력은 동백림이 병풍처럼 절을 안고 있는 것이다. 이 동백림은 천연기념물로 지정되어 있을 만큼 규모도 크고 동백나무의 높이도 높다. 3~4월에 동백꽃이 만개할 때, 오솔길 터널 안에 머리 위에서부터 바닥까지 통째로 수 놓아진 동백을 느끼는 것은 기분 좋은 호사로움이다.

백련사 옆으로는 작은 차 밭이 있는데, 여기서 나는 잎을 가지고 어연 스님이 차를 만들며, 선다원에서 정성 어린 차를 대접받을 수 있다. 촉촉한 산속 사찰에서 정성들여 만든 질 좋은 차를 마시면 머리까지 청명해지는 느낌이다.

주소 전남 강진군 도암면 만덕리 246 전화 061- 432-0837 홈페이지 www.baekryunsa.net 버스 강진읍에서 마량행 군내 버스 탑승 – 대구면 사당리 도요지 하차(30분 소요, 30분 간격 운행, 첫차 06:00, 막차 20:40)

영랑 생가

〈모란이 피기까지는〉이라는 시에서 김영랑은 '찬란한 슬픔의 봄'을 그리고 기다린다. 교과서에 실린 유명한 시이며, 한국어의 아름다움과 재미를 살린 섬세한 표현을 읽어 내려가다 보면 시 속에 저항 의식이 담겨져 있는 것을 알 수 있다. 그래서 시는 더욱 슬프게 느껴진다.

강진 버스 터미널에서 10분 정도를 걸어가다 보면 김영랑의 생가가 보인다. 그의 생가는 조용하기만 하다. 하지만 생가 앞 시비들은 그 자리에서 결코 조용하지 않은 노래를 계속하고 있다. 〈모란이 피기까지는〉 외에도 〈돌담에 속삭이는 햇발같이〉 등 눈앞에 풍경이 시와 일치되면서 시에 취하게 된다.

봄엔 빨간 동백이 지천으로 피어 나고, 늦봄엔 목련이 화려하게 피고, 생가 위쪽의 금서당에서는 강진만이 내려다보인다. 이곳에서 보면 김영랑의 시집은 일기장처럼 느껴진다. 김영랑의 시가 자신의 집에서 느낀 것을 자연스럽게 녹여 낸 것이라는 것을 알 수 있다. 그 순간 조용한 영랑 생가는 벅찬 감동을 안겨 준다.

주소 전남 강진군 강진읍 남성리 211-1 위치 강진 버스 터미널 앞에서 도보로 약 10분

무위사

▶ 지혜를 구하는 소박한 절

넓은 차 밭 뒤 일주문 사이로 무위사에서 따스한 빛이 내리쬐고, 그 뒤로 월출산이 절을 살포시 안고 있는 모습이 한눈에 들어온다.

남도 답사 1번지 코스에서 빠지지 않고 등장하는 곳으로, 소박해 보이는 이곳에는 국보가 2개, 보물이 5개나 있다. 신라 시대 원효대사에 의해 창건된 천년 고찰로 관음사, 갈옥사, 모옥사, 무이갑사라고 시대에 따라 다르게 불렸다. 극락보전은 국보 제13호로 지정되었는데, 조선 시대 후기 양식을 간직하고 있다.

주소 전남 강진군 성전면 월하리 1174 전화 061-432-4974 홈페이지 www.muwisa.com 버스 강진읍에서 – 무위사행 군내 버스 이용(하루 6회, 30분 소요)

월출산 경포대

▶ 달 뜨는 바위산이 품은 맑은 계곡

'달 뜨는 산', 월출산은 영암에서 오르는 종주 코스와 월남리에서 오르는 당일 코스가 있다. 월출산의 산세를 보고 싶다면 종주 코스, 계곡을 찾는다면 당일 코스를 택하는 것이 좋다.

영암이 아닌 강진 월남을 통해 오르는 길이 당일 코스이며, 이 코스는 계곡과 함께 산을 올라 물도 즐길 수 있다는 점이 좋다. 그래서 여름에는 맑고 찬 숲 속 계곡에서 더위를 피하기 위해 이곳을 찾는 이도 많다. 또한 야영장이 구비되어 있어 텐트를 이용할 수 있고, 취사가 가능하다.

물도 좋지만 산행 코스로도 인기가 있다. 영암 종주 코스에 비해 도전할 만하기 때문이다. 하지만 바위산이기에 만만한 산행은 아니다. 경포대 삼거리를 지나 바람재, 천황봉, 사자봉, 구름다리를 지나 천황사를 지나는 동안 눈앞의 아찔한 바위산의 매력을 충분히 느껴 보자.

주소 전남 강진군 성전면 월남리(월남리 입구에서 경포대 쪽으로 올라가야 함) 전화 061-473-5210(영암 쪽으로 관리 사무소가 있다.) 요금 어른: 비수기 2,200원, 성수기 2,700원 / 어린이: 비수기 1,000원, 성수기 1,200원 / 주차장 경차 2,000원, 중·소형차 / 남천 야영장 어른: 비수기 1,600원, 성수기 2,000원, 청소년: 비수기 1,200원, 성수기 1,500원, 어린이: 비수기 800원, 성수기 1,000원 / 샤워 및 탈의장 어른 1,000원, 청소년 700원, 어린이 400원 / 통나무집: 1박 비수기 6만 5천 원, 성수기 7만 원(영암 쪽에 있음) / (성수기: 4.1~5.31, 7.1~8.31, 10.1~11.30) 홈페이지 http://wolchul.knps.or.kr

추천 코스

경포대 주차장 - 경포대 계곡 삼거리 - 바람재 삼거리 - 천황봉 - 사자봉 - 구름다리 - 천황사 - 천황사 주차장(계곡을 따라 걷는 시원한 코스, 왕복 4시간, 편도 2시간 30분)

Fun point

경포대 계곡에서 물놀이(야영장 이용)

강진 다원(설록차)

▶ 넓고 조용해 더욱 청명하고 싱그러운 녹차 밭

조용해서 더 싱그러운 초록 바다 강진 다원도 빼놓을 수 없는 관광 명소이다. 경포대의 시원한 폭포를 마주하고 다시 조금 걸으면 산자락 사이에 감춰진 비밀 정원의 문이 열리고 초록빛 녹차가 가득 펼쳐진다. 녹차 밭을 내려다볼 수 있는 테크에 앉아 내려다보면, 녹차의 쌉싸름한 향이 눈으로 느껴지는 듯하고, 능선을 타고 작은 산맥이 흐르는 듯한 착각을 일으킨다.

강진 다원을 지역 사람들은 태평양 혹은 설록차 밭이라고 부른다. 일제 강점기에 이 지역 출신 이한영 선생이 국내 최초 녹차 상품 '금릉월산차'와 '백운옥판차'를 생산하던 곳을 1980년대 장원 산업이 개간해 현재 우리가 매장에서 쉽게 살 수 있는 설록차를 생산하고 있는 곳이기 때문이다. 생산량으로는 보성 다음으로 많다. 다산 정약용 선생이 유배 당시 제자들과 차를 마시는 모임인 다신계를 만들었을 정도로 차의 품질은 손에 꼽을 만큼 훌륭하다. .

주소 전남 강진군 성전면 월남리 733 전화 061- 432-5500

월남사지

▶ 상상력이 필요해서 더 좋은 곳

《나의 문화유산 답사기》에 그려진 월남사지의 모습은 해가 내리쬐는 따스한 풍경 아래 돌담에 소담하게 핀 나팔꽃을 연상시키지만, 월남사지에는 탑과 진각국사비 외에는 모두 흔적만 남아 있기 때문에 찾는 이들이 아쉬움을 가지고 돌아서기도 한다.

월남사지는 《신증동국여지승람》을 근거로 고려 시대 진각국사가 세웠다고 하나, 규모나 양식으로 미루어 보아 그 이전에 세운 것으로 보이며, 사찰이 소실된 시기는 정유재란 때라고 추정되고 있다. 월남사지 삼층 석탑은 백제 양식을 따른 고려 시대 탑으로, 잘 다듬어진 돌탑이 천 년의 세월을 옷으로 입고 있어 더욱 멋스럽다. 바위산인 월출산에도 지지 않는 당당함이 느껴지고, 마을 쪽으로 시선을 돌리면 탑은 온화하게 보인다.

진각국사비는 탑을 등지고 경포대 방향으로 오르다 보면 걸어서 5분 거리에 있다. 여의주를 문 거북이가 큰 비석을 등에 지고 있다. 보물 제313호로, 사찰을 창건한 진각국사를 추모하기 위해 세워진 것이며, 고려 시대의 문인 이규보가 비문을 짓고 고려 고종 때 세워졌다 한다. 그러나 위쪽은 깨져 없어지고, 아래쪽은 비와 바람에 깎여 모든 내용은 알 수 없다.

주소 전남 강진군 성전면 월남리 832

성전 터미널
주소: 전남 강진군 성전면 월평리

TRAVEL TIP

월남사지 가는 방법

강진에서 월남사지로 바로 가는 버스는 없다. 강진에서 무위사로 가는 버스는 있으므로, 무위사로 갔다가 무위사에서 월남 마을로 오는 마을 버스를 타는 것을 추천한다. 하지만 버스 시간이 길기 때문에 시간을 미리 잘 맞추어야 한다. 마을 버스에서 경포대에 내려 설록차 밭을 지나 월남사지와 진각국사비를 돌아보는 것이 바람직하다.

강진 고려 청자 도요지(청자 박물관)

▶ 도자기를 직접 만들어 볼 수 있는 살아 있는 청자 도요지

Fun point
1. 청자 체험
2. 토요 경매
3. 강진 청자 축제(매년 8월)

'청자골 강진'이라는 말은 괜한 말이 아니다. 오랜 기간 많은 청자를 빚었으며, 또한 멋진 양질의 청자를 구워 낸 곳이 바로 강진이다. 실제로 강진은 9~14세기에 청자를 생산해 냈다. 좋은 흙을 구할 수 있어 오랜 기간 이곳에 가마 터를 두고 있어서인지 이곳에서 발견된 가마 터만 188기에 달하며, 이는 우리나라 전체의 청자 가마 터의 절반이 넘는다. 또한 품질이 좋아 관요지로의 역할을 했을 뿐만 아니라 국내 청자 유물의 90%가 이곳에서 만들어졌다.

박물관은 역사적 유물에서 시작하여, 청자 기법을 이용해 만든 여러 가지 예술 작품까지 청자의 매력을 한 공간에서 시간을 뛰어넘어 이어 준다. 또한 박물관 옆 작업장에서는 청자를 만드는 전문가들이 흙으로 청자를 빚는 모습을 볼 수 있고, 체험관에서 직접 초벌구이가 끝난 청자에 그림을 그려 볼 수도 있다. 밖으로 나와 청자 도요지 공원에 들어서니 아름다운 청자 가로등과 조형물들이 늘어서 있고, 정자의 지붕도 세심하게 청자 기와를 얹어 공원 전체가 청자 빛으로 물들어 있다. 한쪽에는 도공의 동상과 나무로 만든 태권브이가 나란히 물레를 돌리고 있어 재미를 더한다. 잘 몰랐던 청자가 어느새 가까이 다가오게 되는 곳이 바로 이곳이다.

또한 홈페이지에도 신경을 쓴 것이 느껴진다. 3D 화면으로 간접 체험을 할 수 있으니, 자녀와 함께 현장 학습 개념으로 다녀올 사람들은 홈페이지를 먼저 방문하는 것이 좋다.

주소 전남 강진군 대구면 사당리 117 전화 061-430-3718 시간 09:00~18:00 요금 어른 2,000원(30인 이상 단체 1,500원), 청소년 1,500원(30인 이상 단체 1,000원), 어린이 1,000원(30인 이상 단체 500원) 홈페이지 www.celadon.go.kr 버스 강진읍에서 마량행 군내 버스 이용, 대구면 사당리 도요지 하차(30분 소요, 30분 간격 운행, 첫차 06:00, 막차 20:40)

마량항

▶ 청자 보물선 온누비호가 살아나면서 공원으로 조성된 아름다운 항구

강진의 가장 남쪽에 있는 고금도와 완도가 마량항을 품
고 있다. 한국의 나폴리를 꿈꾸는 소녀 같은 아름다움을
지닌 항구다. 마량항에 들어서면 돛을 형상화한 장식이
인상적이다. 돛 아래로 길이 길게 깔려 있고 그 위에 있는
거북이, 게 등의 조형물이 길 위를 수놓는다.

조형물 중에 돌하르방이 눈에 띄는데, 옛날에 조공을 목
적으로 제주에서 실어 온 말들이 이곳에 내려 중간 방목
을 했던 것에 기인해 제주도와 마량항의 인연을 강조하
고자 세워 놓은 것이라 한다. 실제로 마량항의 '마량'이 '말이 건너는 다리'라는 뜻이라 한다.

물 위에 떠 있는 돛배 온누비호는 운치를 더한다. 온누비호는 몇 백 년 전 이곳에서 청자를 운반하다 태
안 앞바다에서 침몰해 보물선으로 알려진 배이며, 그것을 복원해 놓은 것이다. 실제로 12명의 선원이
승선하여 마량항에서 강화도까지 실제 옛 뱃길을 따라 항해를 마치기도 했다. 시간 맞춰 미리 마량항 중
방파제에서 신청을 한다면, 무료로 1일 2회 1회당 12명에 한해 승선 체험을 할 수 있는 기회를 준다. 아
쉽게 온누비호의 승선 기회를 놓쳤다면, 유람선을 이용해 보자. 마량항을 출발해 고금대교와 비래도, 가
우도까지 회유한 후 다시 마량으로 돌아오는데 경관이 아주 좋다. 유람선 외에도 마량항에는 선박이 즐
비하고, 이곳에서 여러 가지 작업을 하는 배들이 분주하게 움직인다. 미역을 하역하기도 하고, 잡은 생
선을 운반하기도 한다.

마량 방파제는 전역이 낚시 포인트라고 할 만큼 낚시꾼들에게 인기 있는 곳이다. 그래서 방파제에는 돔,
농어, 우럭을 낚기 위해 자리를 잡고 조용히 때를 기다리는 사람들을 볼 수 있다. 시간이 지나 썰물이 되
면 200미터쯤 되는 까막섬으로 가는 길이 열린다. 까막섬은 바다 낚시로도 유명하지만, 천연기념물 제
172호로 지정된 상록수림으로 더욱 유명하다. 배가 고파질쯤 항구에 있는 수산물 판매장이나 부두의
횟집을 찾아보자. 횟집 단지보다는 수산물 판매장이 저렴한 편이며, 싱싱한 해산물을 즐길 수 있다.

주소 전남 강진군 마량면 마량리 987 전화 0061-432-2366 버스 강진 버스 터미널 – 마량 군내 버스 이용(30분 소요)

해태 식당

《나의 문화유산 답사기》에 소개되어 유명세를 치른 곳이다. 강진 버스 터미널 좁은 길을 비집고 들어가면 '해태'라고 쓰인 소박한 음식집 간판을 볼 수 있다. 먼저 밥과 국은 기본으로 제공되고, 해산물은 굴, 꼬막, 홍어 무침, 삭힌 홍어, 생선 회, 멍게, 새우 구이, 조기, 조개탕, 젓갈, 전복, 낙지 등이 나오고, 육류는 수육, 육회, 돼지 불고기, 갈비찜, 밑반찬으로 두릅, 김무침, 표고탕 등이 나온다.

주소 전남 강진군 강진읍 남성리 33 전화 061-434-2486 요금 해태 정식(2인) 6만 원, 해태 정식(4인) 10만 원

명동 식당

명동 식당도 강진 맛집 하면 바로 나오는 식당 중 하나이다. 이곳 역시 한 상차림으로 손님을 대접하고 있다. 강진읍에서 한 상차림을 하는 곳이면 메뉴가 거의 비슷하다고 봐도 좋다. 해태 식당과 마찬가지로 홍어삼합을 기본으로 다양한 해산물과 육류 그리고 밑반찬이 제공된다.

주소 전남 강진군 강진읍 서성리 11-3 전화 061-434-2147 요금 다산 정식 8만 원, 청자 정식 10만 원

예향

예향은 새 건물로 좀 더 쾌적하고 깔끔하다. 명동 식당의 첫 주인이 돌아와 다시 차린 식당이 예향이다. 죽과 밥, 국을 기본으로 바다를 접한 고장이니만큼 풍부한 해산물을 기본으로 한 상차림이 준비되어 있다. 해산물로는 생선회, 전복회, 낙지볶음, 멍게, 새우 구이, 소라 구이, 꼬막, 주꾸미, 게장, 생선 전, 키조개, 병어 구이와 각종 젓갈이 나오고 육류는 육회, 불고기 갈비찜 등이 나온다. 또한 잡채, 각종 나물 등의 밑반찬이 제공된다.

주소 전남 강진군 강진읍 남성리 50-15 전화 061-433-5777 요금 한상 차림(4인) 10만 원

보은 식당

이곳의 가장 큰 장점은 아침 식사가 가능하다는 것이다. 유명세 때문에 맛의 질이 떨어진 다른 식당들보다 가격 대비 맛이 훌륭하다. 하지만 정통식과는 차이가 있다.

주소 전남 강진군 강진읍 남성리 35 위치 강진 버스 터미널에서 강진군청 방향으로 사거리 지나자마자 좌측에 위치 전화 061-432-8789 요금 한정식 6만 5천 원, 백반 7천 원

수인관

맛도 좋고, 서비스가 좋으며 깔끔하다. 메뉴는 돼지 불고기 백반과 주꾸미뿐이다. 2인분만 시킬 수 있어 소수의 인원이 가기에 좋다.

주소 전남 강진군 병영면 삼인리 313-1 위치 병영 재래시장 안쪽 위치 전화 061-432-1027 요금 수인 쭈꾸미 1만 2천 원, 연탄 불고기 한상(2~3인) 2만 7천 원 홈페이지 odinni.com/suingwan

월출산 야영장

취사와 세면이 가능한 계곡을 낀 야영장이다. 산속에서의 하룻밤이 매우 운치 있다. 매표소를 지나면 500m 지점에 있으며, 특히 여름에 인기 있다. 시원한 물 소리와 풀벌레 소리를 들으며 지낼 수 있다는 것은 매우 흥미 있는 일이다.

주소 전남 강진군 성전면 월남리 산 116-6 전화 061-432-7921
요금 1인당 2,000원, 청소년 1,500원, 어린이 1,000원(성수기 기준)

자연이 좋은 사람들

총 12개 단독채가 있다. 허브 정원이 조금 아기자기하다면 자연이 좋은 사람들은 규모가 아주 크다. 작은 리조트라 해도 과언이 아닐 정도다. 가장 큰 특징은 큰 수영장과 워터파크의 중간쯤 되는 물놀이 시설이다. 족구 혹은 축구를 할 수 있는 장소와 식당까지 구비되어 있어 더욱 인기 있다. 이 지역 사람들은 모르는 이가 없는 대표적인 곳이다.

주소 전남 강진군 성전면 월남리 725-1 전화 061-433-4445
요금 6만~61만 원 홈페이지 www.kjhouse.net

허브 정원

모두 단독채 펜션이다. 가족 여행에 맞추어 찜질 시설이 되어 있거나, 화장실에 신경을 썼다거나, 작지만 2층이거나, 각 객실별로 특징이 있다. 펜션에서 아로마 테라피, 황토 찜질, 천연 염색 등의 체험이 가능한 것이 특징이다. 음식도 제공되고, 바비큐도 할 수 있다.

주소 전남 강진군 성전면 월남리 905 전화 061-433-0606 요금
13만~40만 원 홈페이지 www.herbjune.co.kr

영암

월출산의 황홀한 자연과
왕인박사 유적지

남도의 그림 같은 산, 월출산은 호남의 5대 명산이다. 바위산의 기암괴석이
색다른 풍광을 연출하고, 봄에는 진달래와 철쭉, 여름에는 시원한 폭포수와
천황봉에 걸려 있는 안개, 가을에는 단풍, 겨울에는 설경 등 사시사철 다양
한 모습을 볼 수 있어 언제나 등산객으로 붐빈다. 등산 후 몸을 풀 수 있는 온
천이나 물놀이를 할 수 있는 기찬 랜드도 들러 보자. 해골물을 마시고 깨달
음을 얻은 도선국사의 영정이 모셔진 도갑사의 국보들도 구경해 보자.

왕인 박사 유적지로 가면, 왕인 박사 생가(성기동 집터)와 공부를 하던 서당 문산재, 그 앞에 왕인 박사가 서재로 사용하던 책굴 등이 있다. 또한 250계단 마다 4자씩 적어 천자문을 새겨 놓은 천자문 계단은 특별한 재미를 더한다. 바로 옆 구림 마을은 왕인 박사와 도선국사를 배출한 마을로, 한국을 대표하는 역사 마을이다. 마을 안쪽 붉은 길을 따라 낮은 골목골목을 이어 주는 돌담, 한옥과 작은 꽃을 구경하고, 도예 박물관에서 도기 체험도 하자.

코리아 인터내셔널 서킷은 자동차 엔진 소리가 심장을 고동치게 하는 경주장 이다. 2010년부터 2016년까지 7년간 이곳에서 한국 자동차 경기 대회 코리아 그랑프리가 열린다. 순간 최대 시속 320km의 짜릿함과 시원함을 느껴 보자.

1. 대중교통

영암까지 직행으로 운행하는 노선이 많지 않으니 주변 지역을 환승하는 방법을 검토해 보자. 항공은 광주까지, 철도는 목포까지 이용이 가능하며, 광주, 목포에서는 터미널에서 버스나 택시를 타고 이동하면 된다.

▶ 항공

서울에서 이동을 한다면, 광주까지 아시아나 항공을 이용해서 도착 후 연계 교통망을 이용해야 한다. 김포-광주는 일 3회 운항하며, 소요 시간은 약 50분이다.

요금 김포 – 광주: 정상 운임, 성수기, 비수기에 따라 6~9만 원, 할인 운임 3~5만 원선

▶ 철도

KTX 7회, 새마을호 1회, 무궁화호 2회 운행한다. 각각의 소요 시간은 KTX 2시간 30분, 새마을호 4시간 30분, 무궁화호 5시간 정도 소요된다.

요금 서울(용산) – 목포: KTX 52,800원, 새마을호 39,600원, 무궁화호 26,600원

▶ 항공과 철도를 잇는 시외버스

광주 - 영암(직행) 배차 간격 20~30분, 소요 시간 1시간 15분, 요금 6,900원

문의 광주 금호 터미널(062-360-8114), 목포 터미널(061-276-0220)
홈페이지 www.usquare.co.kr

▶ 고속버스

서울에서 영암까지 직행으로 운행하는 버스는 센트럴시티에서 1일 2회(14:40, 16:50) 운행된다. 소요 시간은 4시간 10분이다.

문의 센트럴시티 터미널(02-6282-0114)
요금 서울 – 영암: 23,300원

영암 터미널
주소: 전남 영암군 영암읍 남풍리 4-1
전화: 061-473-3355

2. 승용차

서울 – 경부 고속도로– 천안논산 고속도로 – 호남 고속도로 – 유덕IC – 무안광주 고속도로 – 영암(총 거리 345km, 소요 시간 약 4시간 30분)

월출산

▶ 남도의 그림 같은 산

달을 가장 먼저 맞이하는 곳이라는 뜻의 월출산은 암석과 녹음이 조화를 이뤄, 강직해 보이면서도 포근한 느낌을 주는 산이다. 또한 국보 제144호인 마애여래좌상(磨崖如來坐像)이 있는데, 고려 시대의 불상이다. 월출산 정상 가까이 600m 고지에 있는 큰 암벽에 조각되어 있는데, 우리나라에서는 보기 드문 거불(巨佛)이다.

호남의 5대 명산으로 꼽히는 바위산으로 천황봉, 구정봉, 향로봉, 장군봉 등 기암괴석이 색다른 풍광을 연출하고, 봄에는 진달래와 철쭉, 여름에는 시원한 폭포수와 천황봉에 걸려 있는 안개, 가을에는 단풍, 겨울에는 설경 등 사시사철 다양한 모습을 볼 수 있어 언제나 등산객으로 붐빈다. 등산 후 몸을 풀 수 있는 온천이나 물놀이를 할 수 있는 기찬 랜드도 들러보자.

월출산 국립 공원 사무소
주소 전남 영암군 영암읍 개신리 484-50 전화 061-473-5210

등산 코스

제1코스: 천황사지 – 구름 다리 – 천황봉 – 바람 폭포 – 천황사지
제2코스: 천황사지 – 구름 다리 – 천황봉 – 바람재 – 경포대
제3코스: 천황사지 – 바람 폭포 – 천황봉 – 구정봉 – 억새밭 – 도갑사
제4코스: 도갑사 – 억새밭 – 구정봉 – 바람재 – 경포대

월출산 온천

▶ 등산의 피로를 온천으로 풀자

월출산 온천은 관광 호텔 안에 있는 온천 물로 목욕할 수 있는 곳이다. 욕탕이 다양하고, 사우나도 할 수 있다. 물은 약알카리성의 맥반석 온천 물로 게르마늄 성분의 천연 온천이 성인병과 암 예방은 물론 피로, 신경통, 류머티즘 등에 탁월한 효능이 있다고 한다.

주소 전남 영암군 군서면 해창리 6-10 전화 061-473-6311 요금 2인 기준 스탠다드 더블 10만 원 / 스탠다드 트윈 10만 원 / 스위트룸 20만 원 홈페이지 www.wolchulspa.co.kr 버스 영암 터미널 - 도포 방면 군내 버스 탑승 - 온천 앞 버스 정류장(25분 소요)

기찬 랜드

▶ 워터파크 부럽지 않은 물놀이 장소

기찬 랜드는 계단식으로 정비해서 계곡 물을 가두는 방법으로 만든 인공 수영장이다. 천황봉에서부터 시작되는 물을 이용하는데, 여름이면 사람들이 몰려든다. 작은 콘서트장이 보이는데, 데크처럼 계곡을 바라보고 있다. 매주 토요일이면 토요 콘서트가 오후 2시부터 4시까지 열리는데, 초대 가수 무대, 전통 국악 공연, 즉석 게임, 노래 자랑 등의 시끌벅적한 놀이가 펼쳐진다.

주소 전남 영암군 영암읍 회문리 94 전화 061-470-2294 요금 성인 5,000원, 청소년 3,000원, 어린이 2,000원 홈페이지 http://tour.yeongam.go.kr/home/tour/sightseeing/sight_amusrest/gichanland 버스 영암 터미널 - 회문리 버스 정류장 - 기찬 랜드(18분 소요)

도갑사

도선국사 뵈러 도갑사에 가 보자

풍수지리설 중에 하나인 비보설은 나쁜 기운을 가진 땅에 절을 세워 좋은 기운으로 바꾸는 것이다. 이러한 비보설을 바탕으로 세워진 절이 비보 사찰이며, 전국에 3,500여 개의 비보 사찰이 세워져 있는데, 도갑사 역시 그러하다.

산을 향해 하늘로 뻗은 돌계단을 오르면 해탈의 문이 나타난다. 해탈의 문을 지나자 왼편으로 큰 성보 박물관이 보이고, 정면으로는 2층으로 지어진 큰 대웅보전과 앞마당이 한눈에 펼쳐진다. 대웅보전 앞마당에는 보물로 지정된 오층 석탑과 300년이나 된 아주 큰 돌그릇에 목물이 담겨 있다.

국사전에서는 도선국사의 영정을 만날 수 있고, 천개의 불상이 모셔진 천불전을 지나, 명부전에서 조상의 넋을 기려 보자. 용소 폭포는 이무기가 용으로 승천한 곳으로, 시원하면서도 왠지 비밀스러운 분위기를 뿜어낸다. 미륵전으로 들어가는 용화문을 지나면, 꽃으로 장식된 미륵전 문창살이 참으로 아름답다.

Fun point
1. 비보 사찰
2. 450년 된 팽나무
3. 국보 찾기
4. 템플 스테이

산책하듯 절을 한 바퀴 크게 돌아 보자. 절 안의 성보 박물관은 도선국사에 대해 배울 수 있는 공간으로, 유물도 함께 전시하고 있다. 해탈문(국보 제50호), 석조여래좌상(국보 제89호), 목조문수보현동자상(국보 제1134호) 등의 국보가 있다.

주소 전남 영암군 군서면 도갑리 8 전화 061-473-5122 요금 공원 입장료: 무료 / 문화재 관람료: 어른 2,000원, 청소년 학생·군경 1,000원, 어린이 500원(단체 100원 할인) / 템플 스테이: 성인 40,000~50,000원(프로그램에 따라 다름) 홈페이지 www.dogapsa.org 버스 영암 터미널 - 도갑사 버스 정류장 - 도갑사(35분 소요)

왕인 박사 유적지

🔖 일본에 학문을 전해 아스카 문화를 이뤄 낸 학자가 태어나고 공부한 곳

왕인 박사는 백제 시대의 학자로 성기동에서 태어나고, 8세 때 서당인 문산재에 입문했다. 서당 옆 책굴을 서재 삼아 공부하여, 《주역》, 《시경》, 《서경》, 《예기》, 《춘추》 5경에 통달한 사람에게 주는 '오경 박사'라는 관직을 18세에 받았다. 이러한 학문의 깊이를 태자에게 전해 주고 싶었던 아신왕은 수차례 왕인 박사에게 태자의 스승이 되어 줄 것을 부탁하였지만 거절당했다. 이후 백제는 일본과 수교를 맺기 위해 태자를 일본으로 보냈는데, 32세의 왕인이 태자와 함께 《논어》 10권과 《천자문》 1권을 들고 일본으로 건너갔다. 당시 문자가 없던 일본에 글을 가르쳐 학문과 인륜의 기초를 세웠으며, 일본 가요를 창시하고 기술 공예를 전수해 일본 아스카 문화의 시작을 열었다.

왕인 박사 유적지는 참으로 넓다. 그리고 이후 유적지의 규모가 커지면서 많은 시설이 들어섰다. 왕인 박사 생가(성기동 집터)와 공부를 하던 서당 문산재, 그 앞에 왕인 박사가 서재로 사용하던 책굴, 왕인 박사의 제자들이 왕인 박사를 그리워하며 세운 왕인 석상이 그 시대의 왕인 박사를 느낄 수 있는 것들이다. 대학자가 공부하던 공간에서 기운을 받아 보자. 근래에 조성한 것 중에는 250계단마다 4자씩 적어 천자문을 새겨 놓은 천자문 계단이 가장 흥미롭다.

주소 전남 영암군 군서면 동구림리 산 18 전화 관리 사무소 061-470-2559, 매표소 061-470-2659 시간 09:00~18:00 요금 어른 1,000원, 청소년·군인 800원, 어린이 500원 홈페이지 http://historicalsite.yeongam.go.kr 버스 영암 터미널 – 독천 방면 군내 버스 – 왕인 박사 유적지(33분 소요)

왕인 박사 유적지 즐기기

다 둘러보는 데는 많은 시간이 필요하고, 각각의 건물이 무엇인지 모르면 지루해질 수 있다. 시설의 세부 설명을 참고하자.

❶ 영월관: 기념 전시관, 영상실, 미디어 학당, 사무실
❷ 왕인 박사상: 왕인 박사 조형물
❸ 부조: 왕인 박사 일대기
❹ 봉선대: 봉황과 신선들이 노는 곳, 왕인 박사 유적지 행사 장소
❺ 신선 태극 정원: 청룡, 황룡을 형상화한 정원
❻ 왕인 박사 묘비: 오사카 히라카다시에 있는 왕인의 묘를 실제 크기로 제작한 가묘
❼ 월악루: 월출산의 심묘함을 즐기는 누각
❽ 성담: 신성스러움이 깃든 연못
❾ 수석 전시관: 영암 출신 박찬대 선생의 수석 전시 시설
❿ 망우정: 모든 근심을 잊는 정자
⓫ 애향 수석 전시관: 출향인들의 기증 수석 전시관
⓬ 최지몽 비: 구림 마을 태생의 고려 개국 공신 최지몽의 비
⓭ 홍살문: 신성한 곳을 나타내며, 붉은색은 악귀를 쫓는 의미를 가짐
⓮ 문화 유적 관리 사무실
⓯ 제명당: 왕인 박사 추모제를 지낼 때 모든 제사 과정을 준비하는 곳
⓰ 백제문: 왕인 박사가 백제 시대 사람이라 백제문이라 칭함
⓱ 전시관: 왕인 박사의 탄생과 일대기 기록화 전시
⓲ 정화 기념비: 왕인 박사 유적지 정화 기념비
⓳ 학이문:《논어》첫 편의〈학이〉편을 따서 학이문이라 칭함
⓴ 왕인 박사묘: 왕인의 위폐와 영정을 모셔 놓은 곳
㉑ 유허비: 왕인 박사의 위덕을 기리는 유허비
㉒ 왕인 박사 탄생지: 왕인 박사 성기동 집터
㉓ 수신정: 왕인 박사가 서당으로 가기 전 몸과 마음을 정결히 하던 곳

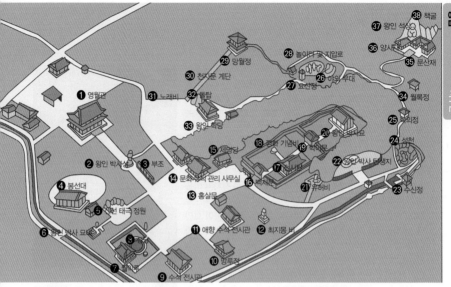

㉔ 성천: 음력 삼월 삼짇날, 이 물을 마시고 목욕을 하면 성인을 낳는다는 전설이 있음

㉕ 학의정: 학문의 의를 논하는 정자

㉖ 야외 무대

㉗ 요산정: 산속의 고요한 정자

㉘ 놀이터 및 지압로(기를 충전하는 곳)

㉙ 망월정: 월출산 달솟음을 바라보는 전망대

㉚ 천자문 계단: 250계단마다 4자씩 적어 천자문을 세겨 놓은 계단

㉛ 노래비: 영암인의 화합을 위한 조형물로 〈영암 아리랑〉이 새겨져 있음

㉜ 돌탑

㉝ 왕인 학당: 인성을 기르는 예절과 학문 체험장

㉞ 월록정: 산기슭에 있는 정자

㉟ 문산재: 왕인 박사가 공부했던 옛 서당

㊱ 양사재: 문산재에서 공부하고자 하는 사람이 많아져 규모를 넓혀 새로 지은 서당

㊲ 왕인 석상: 일본으로 떠난 왕인 박사를 그리워하며, 제자들이 만들어 세운 석상

㊳ 책굴: 왕인 박사가 서재로 이용하고 공부했던 곳

구림 마을

▶ 주민 자치 조직 대동계를 450년 동안 이어 가는 마을

구림 마을은 일본 아스카 문화의 시조인 왕인 박사와 해골물을 마시고 깨달음을 얻은 도선국사를 배출한 마을로, 한국을 대표하는 역사 마을이다. 2,200년이라는 오랜 역사와 450년을 지켜 온 마을 자치 기구 대동계로, 창녕 조씨, 함양 박씨, 낭주 최씨, 해주 최씨 등 여러 문중의 역사를 지니고 있다.

구림 마을로 가면, 백제 시대 왕인 박사가 일본을 향해 떠났던, 상대포가 우리를 맞이한다. 넓은 광장 뒤로 제법 규모 있는 도예 박물관이 있고, 박물관 옆쪽으로는 과거 도기 공방과 가마를 재현해 놓았다. 마을로 들어가는 입구에 있는 아주 큰 정자는 마을 자치 기구인 대동계의 집회 장소인 회사정이다. 마을 안쪽으로 들어가면, 붉은 길을 따라 낮은 황토담 위로 기와 지붕이 보인다. 골목골목을 이어 주는 돌담은 마을을 포근하게 감싸는 느낌이다.

한옥 민박이 100여 채 운영 중인데, 그중에서도 대동계가 가장 인기가 있다. 사전 예약을 통해 종이 공예, 전통 혼례, 떡메 치기 등 전통 체험에 참여할 수 있다. 드라마 〈성균관 스캔들〉의 촬영지이기도 하다. 도기 체험은 황토로 컵, 접시, 화병, 기타 소품을 제작하는 것으로, 오전 10시부터 오후 4시까지(월~금) 운영하며, 고교생 이하 5,000원, 대학생 · 일반인 1만 원이다.

주소 전남 영암군 군서면 서구림리 전화 061-472-0939 홈페이지 http://ygurim.namdominbak.go.kr 버스 영암 터미널 – 구림 방면 군내 버스 – 백암동 버스 정류장(40분 소요)

도기 박물관

주소: 전남 영암군 군서면 서구림리 354
전화: 061-470-2764, 2765
시간: 09:00~18:00
홈페이지: http://gurim.yeongam.go.kr

코리아 인터내셔널 서킷

자동차의 엔진 소리가 심장을 울리는 경주장

2009년 완공된 대한민국 최초의 국제 자동차 경주장으로, F1서킷 설계의 1인자 헤르만 틸케(Hermann Tilke)가 설계한 곳이다. 2010년 부터 2016년까지 7년간 이곳에서 자동차 경기 대회 '코리아 그랑프리'가 열린다. 순간 최대 시속 320km의 짜릿함과 시원함을 염암에서 관람할 수 있다. 홈페이지를 통해 경기 일정을 확인하고 경기를 관람하자. 그리고 일반 관광객은 짧게 카트를 타볼 수 있으며, 매주 토·일요일은 레저 서킷을 운영한다. 안전 수칙이나, 레이싱 카트의 구조를 익히고, 직접 주행해 볼 수 있으니, 관심 있는 사람은 이용해 보자.

주소 전남 영암군 삼호읍 삼포리 745-1 전화 콜센터 1588-3448 요금 레저 및 주니어(10분): 1인승 10,000원, 2인승 15,000원 / 레이싱(10분): 25,000원 / 레이싱 카트 교육비: 100,000원 홈페이지 www.koreangp.kr 버스 영암 터미널 - 삼호 터미널 버스 정류장 하차 - 대동 버스 정류장 - 영암 F1 경기장

좌석 등급	전일권	일요일권	토요일권
R석	89만 원	72만 원	46만 원
S석	69만 원	54만 원	37만 원
A석	51만 원	41만 원	26만 원
B석	38만 원	28만 원	17만 원
C석	18만 원	14만 5천 원	8만 7천원

🏠 식당

독천 식당

영암에서 가장 유명한 낙지 전문점이다. 갈낙탕과 연포탕의 원조인 곳으로, 월출산 산행 후 지친 기력을 보강하기에 좋다.

주소 전남 영암군 학산면 독천리 184-12 전화 061-472-4222 요금 갈낙탕 1만 9천 원, 낙지 연포탕 1만 9천 원, 낙지구이 3만 원 홈페이지 www.nakji1970.com

영명 식당

<1박 2일> 팀이 다녀가면서 더욱 유명해진 곳으로, 낙지 마을에 위치한 낙지 전문점이다. 시원한 국물에 큼직한 낙지 한 마리가 들어간 갈낙탕이 아주 맛있다. 또한 남도 밥상답게 어리굴젓을 비롯해서 밴댕이, 세하(가느다란 새우), 토하, 조개, 전어 등 여섯 종류의 젓갈이 상에 오른다.

주소 전남 영암군 학산면 독천리 184 전화 061-472-4027 요금 갈낙탕 1만 9천 원, 낙지 연포탕 1만 9천 원

동락 식당

한우와 낙지로 만든 갈낙탕은 이곳의 별미로, 8시간 동안 우려 낸 소갈비 국물에 산낙지를 넣어 살짝 끓여 내 맛이 시원하면서도 깊다. 주인이 무안 갯벌에서 직접 가져 온 낙지를 즉석에서 조리해서 맛이 신선하다.

주소 전남 영암군 영암읍 서남리 41-3 전화 061-473-2892 요금 갈낙탕 2만 원, 연포탕 1만 8천 원, 낙지볶음 1만 2천 원

경인 식당

영암 지역 주민들이 즐겨 먹는 짱뚱어탕이 별미이다. 짱뚱어탕은 짱뚱어를 뼈째 갈아 만들었기 때문에 칼슘의 왕이라 불러도 손색없으며, 대표적인 여름 보양식이다. 밑반찬으로 나오는 게장도 맛있다.

주소 전남 영암군 삼호읍 용앙리 317-6 전화 061-462-9400 요금 짱뚱어탕 7천 원, 짱뚱어 즉석탕 1만 2천 원

갈낙탕

짱뚱어탕

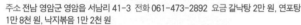

월출산 온천 관광 호텔

월출산이 보이는 탁 트인 전망의 호텔이다. 숙박객은 지하 온천을 3천 원에 이용할 수 있으며, 객실에 24시간 온천수가 공급된다.

주소 전남 영암군 군서면 해창리 6-10 전화 061-473-6311 요금 10만~20만 원(성수기 기준) 홈페이지 www.wolchulspa.co.kr

영산재

한국 전통 느낌이 물씬한 한옥 호텔로, 내부는 현대식으로 꾸며져 있어 쾌적하다. 특히 저녁에 조명이 켜졌을 때 더욱 운치가 있어, 호텔 안쪽을 산책하기도 좋은 곳이다.

주소 전남 영암군 삼호읍 나불외도로 126-17 전화 061-460-0300 요금 20만~60만 원 홈페이지 www.jnto.co.kr

월인당

월인당은 '숲 위로 치솟는 굴뚝 연기가 달빛과 어우러지는 집'이라는 뜻이다. 2005년에 지은 전통 한옥이며, 최근에 지어지는 한옥에서는 드물게 넓은 잔디 마당, 황토 구들, 누정 마루, 대청 마루, 툇마루 등 전통 한옥의 구조를 모두 갖추고 있는 것이 특징이다.

주소 전남 영암군 군서면 모정리 655 전화 061-471-7675 요금 12만~16만 원 홈페이지 www.moonprint.co.kr

영암 펜션

기찬 랜드 안에 위치한 펜션으로, 다양한 모양과 크기의 객실을 보유하고 있다. 5개의 풀장이 펜션과 인접하고 있어 여름철 여행 시 이용하면 편리하다. 전국 100대 아름다운 도로인 벚꽃길 백 리가 인접해 있다.

주소 전남 영암군 영암읍 회문리 21 전화 061-473-8998 요금 비수기 5만~25만 원, 성수기 9만~35만 원 홈페이지 www.yapension.com

장흥

선학동을 중심으로 떠나는
문학 기행

장흥은 문학인이 많이 배출된 곳으로 유명하다. 따라서 문학 기행으로 찾는
이들이 꽤 많다. 고등학교 교과서에 실린 〈선학동 나그네〉를 쓴 이청준 작가
와 이를 영화화한 임권택 감독이 이곳 출신이다. 〈선학동 나그네〉의 배경이
된 선학동에는 이청준 작가의 생가와 임권택 감독의 영화 〈천년학〉의 세트
장이 있다. 뒤편의 천관산과 앞의 바다가 어우러진 선학동에 봄의 노란 유채
꽃과 가을의 하얀 메밀꽃이 덮이면 장관이 연출된다. 문학을 사랑하는 문학

인이라면 천관 문학관까지 들러 보자. 장흥을 빛낸 작가들의 작품을 전시하고 있다.

문학 기행도 좋지만 장흥에는 다양한 체험거리도 준비되어 있다. 숲 체험을 할 수 있는 장흥 우드랜드는 국내 최초 누드 삼림욕장이고, 천문 과학관은 낮에는 홍염과 흑점을 보고, 밤에는 별자리를 관람할 수 있는 체험형 과학관이다. 또한 정남진 해양 낚시 공원은 낚시를 하기에 매우 좋은 장소다. 바다에 떠 있는 데크에서 바다낚시를 맘껏 할 수 있고, 바다 위에 떠 있는 돔형 콘도에서 밤새 편하게 바다낚시를 즐길 수도 있다.

 **교통**

1. 대중교통

대중교통으로 장흥까지 이동한다면 항공은 광주까지, 철도는 목포까지 이용 가능하다. 광주와 목포에서 장흥까지의 거리가 그리 멀지 않으므로 주변을 연계하여 여행 계획을 세우는 것도 좋은 방법이다. 고속버스로도 장흥까지 바로 갈 수는 있으나 차편이 많지 않다.

항공

서울에서 이동을 한다면, 광주까지 아시아나 항공을 이용해서 도착 후 연계 교통망을 이용해야 한다. 김포-광주는 일 3회 운항하며, 소요 시간은 약 50분이다.

요금 김포 - 광주: 정상 운임, 성수기, 비수기에 따라 6~9만 원, 할인 운임 3~5만 원선

철도

서울에서 광주역, 광주 송정역까지의 소요 시간은 KTX 3시간, 새마을호 4시간, 무궁화호 4시간 50분 정도 소요된다. 목포까지는 KTX 7회, 새마을호 1회, 무궁화호 2회 운항한다. 각각의 소요 시간은 KTX 2시간 30분, 새마을호 4시간 30분, 무궁화호 5시간 정도 소요된다.

요금 서울(용산) - 광주 : 새마을호 34,300원, 무궁화호 23,000원(일반실 기준)
　　　서울(용산) - 광주(송정): KTX 46,800원, 새마을호 33,100원, 무궁화호 22,300원(일반실 기준)
　　　서울(용산) - 목포: KTX 52,800원, 새마을호 39,600원, 무궁화호 26,600원

항공과 철도를 잇는 시외버스

광주 - 장흥(직행) 소요 시간 1시간 30분, 요금 9,200원

문의 광주 금호 터미널(062-360-8114), 목포 터미널(061-276-0220)
홈페이지 www.usquare.co.kr

고속버스

서울에서 장흥까지 운행하는 직행 버스가 1일 7회 있다. 소요 시간은 약 4시간 40분이다.

문의 센트럴시티 터미널(02-6282-0114)
요금 서울 - 장흥: 일반 26,700원

장흥 공용 버스 터미널
주소: 전남 장흥군 장흥읍 건산리 382
전화: 061-862-7091

2. 승용차

서울 - 경부 고속도로 - 천안논산 고속도로 - 호남 고속도로 - 유덕 IC - 무안광주 고속도로 - 장흥(총 거리 358km, 소요 시간 약 4시간 50분)

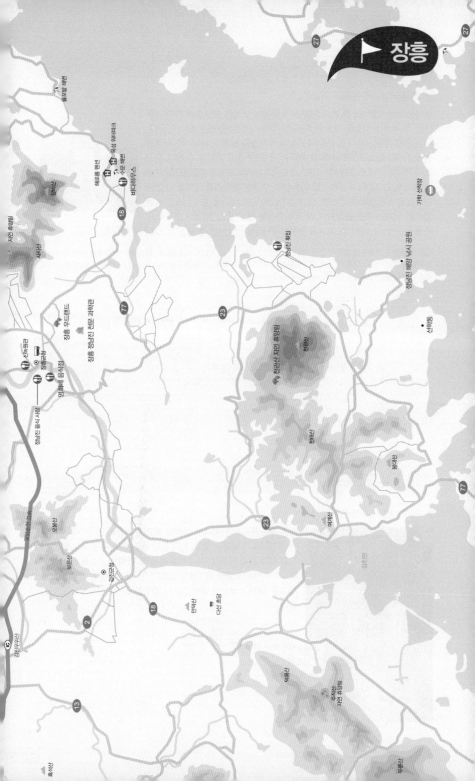

장흥

장흥 정남진 천문 과학관

▶ 태양과 별자리 관측이 가능한 곳

주차장에서 셔틀버스를 타고 억불산 꼭대기에 오르면 천문 과학관이 나타
난다. 먼저 시청각실로 이동해 〈레이의 우주 대모험〉을 보게 된다. 그러고
나서 천체 투영실에서 좌석을 뒤로 젖혀서 하늘을 보게 되는데, 4D 상영관
의 8m 짜리 돔스크린에 나타나는 별자리를 20분 정도 관찰할 수 있다. 생각
보다 재미있는 프로그램이다. 야외 보조관측실에서 8개의 망원경으로 주변
을 둘러보고, 2층의 주관측실로 이동한다. 이곳은 별자리를 관측할 수 있는
관측실로 시간별로 운영되며, 선생님과 함께 관측 체험을 할 수 있다. 돔이
열리면, 낮에는 해를 관찰하며, 홍염과 흑점을 볼 수 있고, 밤에는 별자리 관
측을 할 수 있다. 마지막으로 1층 전시실에서 다양한 전시품을 보는 것으로 마무리된다.

주소 전남 장흥군 장흥읍 평화리 산 7 전화 061-860-0651 시간 14:00~22:00(월, 화 휴관) / 계절별로 천체 투영실과
관측실의 운영 시간이 다름 요금 어른 3,000원, 어린이 1,000원 버스 장흥 공용 버스 터미널 – 평화행 군내 버스 – 우목
버스 정류장(35분 소요) 홈페이지 www.jhstar.kr/index.do

TRAVEL TIP

천문 Family Day 참가

일시: 3~12월(7~8월 중단) 둘째, 넷째 토요일(22:00~24:00)
프로그램: 천문 강의, 별자리 판 만들기, 가족 별자리 손수건 만들기, 가상 별자리 여행, 천체 관측 등
신청: 전화 및 홈페이지 접수(www.jhstar.kr)
참가비: 입장료

장흥 우드랜드

▶ 국내 최초의 누드 삼림욕장

장흥 우드랜드는 편백나무 삼림욕 효과로 이름이 난 곳이다. 40년
생 편백나무가 빼곡이 있고, 목재 문화 체험관, 전통 한옥의 펜션 단
지와 생태 건축 체험장, 전남 목공예 센터, 편백 소금집을 운영 중이
다. 특히 치유의 숲을 돌아보는 코스가 인기가 좋은데, 일상의 스트
레스를 벗어나 심신의 쾌적함을 느끼게 함으로써 면역력을 향상시
킨다.

Fun point

1. 맨발로 느끼는 편백나무
   삼림욕
2. 편백 소금집
3. 찜질방

주소 전남 장흥군 장흥읍 우산리 산 20-1　전화 061-864-0063　시간 7~9월 09:00~19:00, 10~6월 09:00~17:00　요금 입장료 : 성인 3,000 원, 청소년 2,000원, 어린이 1,000원 / 펜션 60,000~250,000원 / 편백 소 금집 성인 8,000원, 청소년 6,000원, 어린이 5,000원 / 편백 톱밥 효소 찜 질(1인) 20,000원　홈페이지 www.jhwoodland.co.kr　버스 장흥 공용 버 스 터미널 – 평화행 군내 버스 – 우목 버스 정류장(31분) – 우목 버스 정류 장에서 장흥 우드랜드까지 도보 약 17분(약 1.15km)

천관산 자연 휴양림

▶ 사계절 모습을 달리하는 휴양림

천관산은 호남의 5대 명산 중의 하나이다. 산 정상 부분이 면 류관과 비슷하다 하여 천관산이라고 불리게 되었다. 이곳은 휴양림도 매우 인기 있다. 겨울에는 동백과 진달래, 여름에는 녹음, 가을에는 억새와 단풍, 겨울에는 설경이 아름다워 사계 절 내내 멋진 풍경 속에서 산을 마음껏 즐길 수 있기 때문이다. 천관산 자연 휴양림에 도착하면 하늘로 높이 솟은 솟대들이 보 인다. 안쪽으로 캠프 파이어를 할 수 있는 공간, 숙박을 위한 숲 속의 집, 자연 관찰원, 물놀이장, 어린이 놀이터 등이 늘어 서 있고 텐트를 치고 야영을 할 수 있는 데크도 마련되어 있다. 근처에 있는 천관산 문학 공원과 천관 문학관도 들러 보자.

주소 전남 장흥군 관산읍 농안리 산 17-2　전화 061-867-6974　시간 09:00~18:00　요금 숙박 시설: 37,000~120,000원 / 야영 데크 7,000 원, 야영장 2,000원 / 입장 요금: 성인 1,000원, 청소년 600원, 어린이 300원 / 주차 요금: 대형차 5,000원, 중 · 소형차 3,000원, 경차 1,500 원　홈페이지 국립 자연 휴양림 관리소 www.huyang.go.kr　버스 장흥 공용 버스 터미널 – 관산행 군내 버스 – 관산 파출소 버스 정류장 하차 (47분 소요) / 관산 파출소 버스 정류장 – 당동 마을행 군내 버스 – 천관 산 자연 휴양림 버스 정류장(36분 소요)

TRAVEL TIP

천관 문학관

〈선학동 나그네〉의 이청준 작가와 〈서편제〉의 임권택 감독 등 많은 문인이 장흥 출신이다. 장흥을 빛낸 문 인들의 자료를 모아 놓은 곳이 바로 천관 문학관이다. 이곳을 문학 기행으로 찾는 이가 많은데, 위쪽으로 올라가면 문학 공원이 나온다. 문인들의 시나 작품을 돌에 새겨 시비를 만들어 공원으로 조성한 곳이다. 문 학에 관심 있는 사람들은 한 번쯤 들러 보자.

주소 전남 장흥군 대덕읍 연지리 산 109-10
전화 061-867-8242
요금 무료 / 주차 요금 무료
버스 장흥 공용 버스 터미널 – 관산행 군내 버스, 대덕 버스 정류장 하차(시간 17분 소요) – 대덕 버스 정 류장에서 구평 방면 군내 버스 탑승 – 구평 버스 정류장(10분 소요) – 구평 버스 정류장에서 천관 문 학관까지 도보 16분(약 1.05km)

선학동

▶ 출사 여행과 문학 기행으로 찾는 이가 많은 곳

소설 〈선학동 나그네〉와 영화 〈천년학〉의 배경이 된 곳이다. 과거에는 많은 사람들이 선학동을 직접 보고자 방문하였지만, 볼거리는 작은 영화 세트장이 전부였다. 그러다 마을 주민들이 외지인들에게 볼거리를 제공하고자 봄에는 유채꽃을, 가을에는 메밀꽃을 심기 시작했다. 마을 앞 논과 밭에서 꽃이 만개하자 드라마 촬영지로 유명해졌고, 아름다운 풍경을 찾아 사진을 찍는 사람들에게 입소문이 나기 시작했다.

뒤쪽으로는 천관산이, 앞쪽으로는 바다가 펼쳐진 작은 어촌 마을이 화려한 꽃들과 조화를 이루며, 아름다운 분위기를 연출한다. 걸어서 안내판을 따라 가다 보면 〈선학동 나그네〉의 작가 이청준의 생가와 회령진성이 나타난다.

주소 전남 장흥군 회진면 회진리 200 홈페이지 cafe.daum.net/jnjhseo nhakdong 버스 장흥 공용 버스 터미널 – 관산행 군내 버스, 대덕 버스 정류장 하차(1시간 17분 소요) – 대덕 버스 정류장에서 회진 방면 군내 버스 – 선자리 버스 정류장(22분 소요) – 선자리 버스 정류장에서 선학동 유채 마을까지 도보 13분(약 860m)

영화 〈천년학〉 이야기

소설 《선학동 나그네》를 영화화한, 임권택 감독의 100번째 영화로 이목을 모았다. 소리꾼 아버지를 양아버지로 둔 남매 사이의 애절한 사랑 이야기이다. 〈서편제〉의 두번째 이야기로 볼 수 있다.

정남진 해양 낚시 공원

▶ 바다 위에 떠 있는 낚시 천국

정남진 해양 낚시 공원에 들어서는 순간 바다 위에 떠 있는 데크와 데크와 연결된 하얀색 돔형 펜션이 이국적인 풍경을 자아낸다. 데크 위에서는 사람들이 낚시를 하고 있다. 바다낚시의 불편함 없이 손맛을 볼 수 있다는 장점과 바다 위의 펜션이라는 특이한 점 때문에 인기 있는 곳이다. 펜션은 바다 위라는 것이 믿기지 않을 만큼 편안하고 시설도 잘되어 있다.

주소 장흥군 회진면 대리 115-12 전화 061-867-0555(관리 사무소) 시간 일출 이후부터 일몰 이전까지 요금 공원 이용료: 성인 1,000원, 어린이 500원 / 낚시 시설 사용료: 성인 2만원, 청소년 1만 원 / 콘도식 낚시터 이용료: 평일 120,000원, 공휴일 150,000원 홈페이지 www.jhfishingpark.kr

명희네 음식점

〈1박 2일〉에 2회 방영되어 더욱 유명해진 곳이다. 장흥의 대표 별미는 장흥 삼합으로, 장흥 특산물인 키조개와 장흥 한우, 표고버섯을 함께 먹는 것이다. 장흥의 토요 상설 시장에서 한우를 사 가면 된다.

주소 전남 장흥군 장흥읍 예양리 195 전화 061-862-3369 요금 매생이탕 7천 원, 육회비빔밥 8천 원, 소고기 삼합볶음 3천 원, 키조개 1만 원, 표고 5천 원, 상차림비 7천 원 홈페이지 www.myunghee.net

바다하우스

장흥은 바지락 비빔밥으로도 유명하다. 바지락회에 밥을 슥슥 비벼 먹는 것인데, 토요 시장에서도 맛볼 수 있지만, 바다하우스가 유명하다.

주소 전남 장흥군 안양면 수문리 150-1 전화 061-862-1021 요금 바지락 회 무침 3만원, 바지락 회 소 3만 원, 전어 뼈꼬시 중 4만 원, 키조개 중 4만 원 홈페이지 www.061-862-1021.kti114.net

장흥 우드랜드

억불산 기슭 편백나무 숲 속에 위치한 장흥 우드랜드 내부에 한옥, 황토 흙집, 목재 주택 등 여러 종류의 숙박 시설이 있다. 다양한 생태 체험 프로그램을 보다 편리하게 이용할 수 있다.

주소 전남 장흥군 장흥읍 우산리 산 20-1 전화 061-864-0063 요금 6만~20만 원 홈페이지 www.jhwoodland.co.kr

천관산 자연 휴양림

남해안의 아름다운 다도해를 배경으로 기암괴석을 감상할 수 있으며 가도 가도 끝이 없을 것 같은 진입로가 아주 흥미롭다. 또한 휴양림 직원들이 친절해서 어느 휴양림보다도 편히 쉬어 갈 수 있다.

주소 전남 장흥군 관산읍 농안리 산 17-2 전화 061-867-6974 요금 3만 7천 원~12만원 / 야영 데크 7천 원 홈페이지 국립 자연 휴양림 관리소 www.huyang.go.kr

유치 휴양림

자연 그대로의 원형을 간직하고 있는 곳으로, 여행의 피로를 충분히 풀어 줄 수 있다. 통나무 집, 물놀이장, 놀이터, 야영장 체육 시설, 주차장, 출렁 다리 등을 갖추고 있어 가족 단위, 그룹 단위 휴양은 물론 각종 행사를 즐길 수 있다.

주소 전남 장흥군 유치면 유양림길 154 전화 061-863-6350 요금 입장료: 성인 · 청소년 · 군인 1천 원, 어린이 8백 원 / 객실 이용 요금: 비수기 5만~37만 원, 성수기 8만~ 40만원 / 주차 요금: 대형(버스, 화물차) 5천 원, 중소형(승용차, 봉고 등) 3천 원 홈페이지 www.yuchi.or.kr

보성

싱그러운 **녹차 밭**을 품은
천혜의 낙원

보성은 산, 바다, 호수가 잘 어우러진 곳이다. 보성 하면 바로 떠오르는 것이 바로 녹차와 대한다원이다. 대한다원은 아름다운 풍경으로 유명세를 타기 시작해 지금은 모르는 사람이 없다 해도 과언이 아닐 정도다.

보성은 크게 2번 국도를 기준으로 위쪽과 아래쪽으로 나눌 수 있다. 먼저 위쪽은 역사 문화 탐방을 위한 좋은 여행지가 자리한다. 대원사를 시작으로 서재필 기념 공원, 태백산맥 문학관으로 길이 펼쳐지는데, 대원사는 봄엔 벚꽃

으로, 여름엔 연꽃으로 찾는 이의 마음을 풍요롭게 해 준다. 서재필 기념 공원에서 독립 운동에 관한 역사적 지식을 배우는 것과 더불어 호숫가 조각 공원에서 여유로운 산책도 가능하다. 태백산맥 문학관에서는 여순 사건 이후의 우리의 삶을 돌아보는 기회를 가질 수 있다.

2번 국도의 아래쪽에는 제암산 자연 휴양림과 율포 관광 타운이 자리하고 있다. 제암산 자연 휴양림의 녹음이 우거진 숲에서 보내는 여유로운 한때는 상상 이상의 만족을 준다. 율포 관광 타운은 해수욕장과 더불어 해수 풀장, 해수 녹차탕이 있다. 여름이라면 물놀이로 제격이며, 다른 계절에는 바다가 보이는 해수 녹차탕에서 여행으로 피곤해진 몸을 쉬어 가기에 좋다.

교통

1. 대중교통

보성까지 한 번에 갈 수 있는 교통편은 많지 않으니 타 지역을 연계한 다양한 루트를 통해 보성을 여행하는 방법도 나쁘지 않다. 특히, 보성 동쪽으로 벌교가 자리 잡고 있으므로 순천이나 여수를 통해 벌교로 진입하여 여행한 후 보성으로 넘어가는 코스도 좋다. 항공은 광주 혹은 여수를 경유해야 하며, 철도의 경우에도 보성까지 가는 열차가 하루에 1번밖에 없어 광주나 순천을 경유해야 한다. 고속버스의 경우에도 평일 1회, 주말 2회 운행하고 있어 운행 시간을 정확하게 알아보고 이용하도록 하자.

▶ 항공

서울에서 이동을 한다면, 광주까지 아시아나 항공을 이용해서 도착 후 연계 교통망을 이용해야 한다. 김포-광주는 일 3회 운항하며, 소요 시간은 약 50분이다.

요금 김포 – 광주: 정상 운임, 성수기, 비수기에 따라 6~9만 원, 할인 운임 3~5만 원선

▶ 철도

보성행 열차는 1일 1회 09:20분에 출발하여 14:59분에 도착하는 무궁화호가 있다. 인근 순천까지는 KTX 4회, 새마을호1회, 무궁화호 5회로 1~2시간 간격으로 운행한다. KTX 2시간 30분, 새마을호 4시간 20분, 무궁화호는 4시간 50분이 소요된다.

요금 서울(용산) – 보성: 무궁화호 26,500원
　　　서울(용산) – 순천: KTX 44,000원, 새마을호 37,800원, 무궁화호 25,400원(일반실 기준)

▶ 항공과 철도를 잇는 시외버스

광주 - 보성 배차 간격 20~50분, 소요 시간 60분, 요금 8,400원
순천 - 보성 소요 시간 60분, 요금 6,300원

문의 광주 금호 터미널(062-360-8114), 순천 버스 터미널(061-744-6565)
홈페이지 www.usquare.co.kr

▶ 고속버스

서울에서 보성까지 직행으로 운행하는 버스는 센트럴시티에서 1일 1회 15:10분에 운행된다. 소요 시간 4시간 40분이다.

문의 센트럴시티 터미널(02-6282-0114), 보성 공용 터미널(061-852-2777)
요금 서울 – 보성: 우등 32,900원

보성 공용 터미널
주소: 전남 보성군 보성읍 원봉리 5-1
전화: 061-852-2777

2. 승용차

서울 – 경부 고속도로– 천안논산 고속도로 – 호남 고속도로 – 광주 외곽 순환도로 –
국도 18호선 – 지방도 895호선 – 보성(총 거리 357km, 소요 시간 약 4시간 40분)

보성

대한다원

⫸ 국내 유일의 녹차 관광 농원

1957년 대한다업 장영섭 회장이 전쟁으로 황폐진 차밭을 인수하여 165만m²의 차밭에 580여 만 그루의 차 나무를 심어 재조성하였다. 1994년 차밭 주변으로 바람을 막아 주는 키 큰 나무들을 심어 관광 농원 인가를 받아, 국내 유일의 녹차 관광 농원이 되었다. 현재는 1년에 100만 명이 이곳을 찾는다.

드라마 〈여름 향기〉에서 손예진과 송승헌이 만났던 곳으로, 아름다운 풍경으로 유명세를 타기 시작해 지금은 모르는 사람이 없다 해도 과언이 아닐 만큼 우리나라 녹차의 대표 아이콘으로 자리 잡았다. 그래서 사진 좀 찍는다는 사람들은 다 다녀갔을 만큼 출사지로도 인기가 좋다. 녹차가 넓게 심어져 있기 때문이기도 하지만, 하나의 정원처럼 꾸며져 방향에 따라 보는 재미가 있다.

대한다원은 하늘로 높이 뻗은 삼나무 길부터 시작된다. 삼나무길을 지날 때 삼나무 사이로 보이는 하늘은 기분을 한껏 들뜨게 한다. 그리고 삼나무 길 끝에 대한다원이 드디어 얼굴을 드러낸다. 넓은 녹차 밭이 펼쳐지고, 제각기 멋을 낸 꽃과 나무가 단조로움을 잊게 만들어 준다. 대한다원의 녹차 밭 사이를 지나다 보면 친절하게 표시된 사진 포인트를 볼 수 있다. 놓치지 말고 최고의 풍경을 담아 보자.

물기 머금은 녹차 밭의 일출은 색다른 느낌을 준다. 녹차의 푸르름은 5월부터가 절정이며, 5월에는 여린 녹색과 벚꽃이 어우러져 파스텔 톤의 분위기를 내고, 여름이 되면 푸르름이 극에 달한다. 찻잎은 1년에 3회 채취하며, 양력 4월 하순부터 5월 상순에 채취한 것을 첫물, 5월에서 6월에 채취한 것은 두물, 7월에서 8월에 채취한 것을 세물 혹은 여름차, 8월에서 9월에 채취한 것을 끝물이라고 부르며, 첫물 차가 품질이 제일 좋고, 끝물 차는 잎이 세고 커서 일상 생활 음료나 홍차 등으로 쓰인다.

주소 전남 보성군 보성읍 봉산리 1288-1 전화 061-852-2593, 2595 시간 09:00~19:00(3~10월), 09:00~18:00(11~2월) 요금 어른 4,000원, 청소년 3,000원, 어린이 무료 / 음식점 2,500~4,500원 / 녹차 전문 음식점 4,500~8,000원 홈페이지 www.daehantea.co.kr, www.dhdawon.com 버스 보성읍에서 율표행 군내 버스 이용 – 대한다원 앞 하차(30분 간격, 15분 소요)

한국 차 소리 문화 공원

▶ 차의 모든 것을 한눈에 볼 수 있는 곳

자연이 주는 녹음을 봤다면, 차를 만드는
과정을 설명해 주는 차 소리 문화 공원으
로 가 보자. 차 소리 문화 공원은 국내 최대
녹차 생산지라는 명성에 걸맞도록, 소리와
차를 테마로 꾸며 놓은 공원이다. 차 박물
관, 차 재배지, 야외 공연장 등이 공원에 자
리하고 있다. 이곳의 재미는 5월 초에 보성
다향제가 열리는 기간에 다양해진다. 문화
공연과 찻잎 따기 체험 등 다양한 이벤트
가 공원 전체에서 벌어지기 때문이다. 하
지만 축제 기간이 아니라면, 이곳에는 차
박물관이 목적지가 된다. 이곳에서는 우리
나라 차의 모든 것을 한눈에 볼 수 있다. 찻

잎을 따서 녹차를 만들고 녹차를 마시는 모습까지 조각 인형을 통해 이해하기 쉽게 전시하고 있다. 특히
서양의 차 문화, 중국의 다구, 일본의 다구 등을 전시하고 있는데, 그중 차 제품 전시장이 단연 인기 있다.

주소 전남 보성군 보성읍 봉산리 1200 전화 061-850-5212 요금 무료 버스 보성읍에서 율표행 군내 버스 이용 - 대한
다원 앞 하차(30분 간격, 15분 소요)

Fun
point
1. 5월 초 다향제
2. 차 박물관

대원사

봄이 되면 대원사로 올라가는 길은 벚꽃으로 화사해지고, 여름에는 절 안 연못에 연꽃이 만개한다. 대원사는 일반 절과는 분위기가 사뭇 다르다.

경내로 들어서면 입술이 붉게 물들어 있는 부처님이 시선을 끈다. 산모도 태아도 모두 건강할 수 있게 도와주시는 분이다. 입구에 들어서면 사철나무 두 그루가 서로 손을 맞잡아 터널을 이루고, 그 나뭇가지에 큰 목탁과 염주가 걸려 있는데, 연인목이라 부르는 이곳은 스스로 행복해지기 위한 기도를 하는 곳이다. 연인목에 걸린 왕 목탁을 머리로 세 번 치면서, 남이 나에게 했던 나쁜 말이나 행위를 털어 내고 용서함으로써 마음의 평안을 얻는 것이다.

절 깊숙한 곳 극락전으로 발걸음을 옮기면 108 동자승이 머리에 빨간 모자를 쓰고 있어 시선을 잡는다. 이곳은 부모에게서 버림받아 세상에 태어나지 못한 아기들에게 지장보살이 기꺼이 어머니가 되어 새로운 탄생을 준비하고, 그들이 좋은 곳에서 태어나도록 기원하는 곳이다. 여기저기 자기 자신 혹은 누군가를 위해 기도할 수 있는 배려들이 녹아 있어, 포근하고 아기자기하다.

티베트 박물관은 인도에서의 주지 스님과 달라이라마의 우연한 만남에서 주지 스님이 큰 감명을 받고 티베트 불교에 관심을 가지게 되어 티베트의 정신 문화와 예술 세계를 소개하고, 교류하기 위해 지었다. 그래서 달라이라마 기념실이 주를 이루고, 티베트 미술품이 천여 점 전시되어 있다. 특히 김지장실이 있는데 이곳에서는 저승 체험(바르도)이 가능하다.

수미 광명탑은 사리 봉안을 위해 만든 탑으로 티베트 망명 정부와 네팔 석가족(석가모니의 후손) 장인, 티베트 왕궁 화가 등이 조성에 직접 참여했다.

주소 전남 보성군 문덕면 죽산리 천봉산 831 전화 061-852-1755 버스 보성 공용 터미널 – 벌교행 군내 버스 – 용암 삼거리 버스 정류장(1시간 20분 소요) 요금 입장료: 없음 / 티베트 박물관: 어른 3,000원, 청소년 2,000원, 어린이 무료 홈페이지 대원사 www.daewonsa.or.kr / 티베트 박물관 www.tibetan-museum.org

대원사의 창건 설화

백제 때 숨어 살며 불교를 전파하던 아도화상이라는 승려가 있었다. 그가 잠든 사이 누군가 그를 해하려 하자, 꿈에 봉황이 나타나 변을 면하게 되었다. 이에 아도화상은 봉황을 찾아 헤매다가 봉황이 알을 품는 지형인 천봉산를 찾게 되어 이곳에 대원사를 창건하였다고 한다. 봉황이 알을 품은 명당에 자리한 대원사의 기운을 받아 보자.

백민 미술관

▐▌ 대원사 가는 길에 들를 만한 미술관

대원사 가는 길 오른편에 백민 미술관이 있다. 백민 미술관은 폐교를 미술관으로 개조한 국내 최초의 군립 미술관으로, 보성 출신의 서양화가 백민 조규일 화백이 기증한 작품들을 전시하고 있다. 2층 건물로 미술관은 국내관, 국제관으로 나뉘어져 있으며, 국내외 유명 작가들의 작품들을 전시한다. 대원사 가는 길에 들러 보는 것이 좋으며, 미술관 앞 정원의 조형물을 감상해 보자.

주소 전남 보성군 문덕면 죽산리 산 122-1 전화 061-853-0003 시간 하절기(3~10월) 09:30~18:00, 동절기(11월~2월) 10:00~17:00, 매주 월요일 휴관 요금 없음 버스 보성 공용 터미널 – 벌교행 군내 버스 – 용암 삼거리 버스 정류장(1시간 20분 소요)

서재필 기념 공원

▐▌ 조선 후기의 역사에 대해 알 수 있는 규모 있는 교육 공원

넓은 광장, 우뚝 선 독립문, 서재필 동상 등이 있는 곳이다. 이곳은 서재필 선생을 기념하기 위해 6 · 25 전쟁 때 불탄 생가를 복원하고, 130억 원의 사업비를 들여 2005년 완공한 곳으로 규모가 대단하다. 800여 점의 유품과 사당, 생가가 있으며, 생가와 사당을 잇는 거리는 주암호를 따라 조각 공원이 조성되었다. 조선 후기의 역사를 알 수 있는 기회가 될 것이다. 포토 존에서 기념 사진도 찍어 보자.

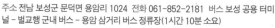

Fun point

1. 서재필 생가, 외가
2. 독립문
3. 유물 전시관
4. 조각 공원

주소 전남 보성군 문덕면 용암리 1024 전화 061-852-2181 버스 보성 공용 터미널 – 벌교행 군내 버스 – 용암 삼거리 버스 정류장(1시간 10분 소요)

서재필과 갑신정변

❶ 서재필

독립 운동가이며 갑신정변의 주역으로, 《독립 신문》 창간, 독립 협회 조직,
독립문 준공 등의 업적을 남긴 인물이다. 1864년 고종 2년에 전남 보성에
서 태어나 7세까지 보성에서 자랐다.

갑신정변 실패 이후 서재필의 부모와 형 그리고 아내는 음독 자살하였고,
동생은 참형당했으며, 아들은 굶어 죽었다. 서재필은 다행히 목숨을 건져
일본을 통해 미국으로 망명했고, 지금의 조지워싱턴 대학에 입학해 한국인
최초로 미국 시민권을 획득했다. 대학 졸업 후 의사 면허를 취득, 한국 최초
의 서양 의사가 되었다. 서재필은 우리나라 독립을 위해 일시 귀국하여 《독
립 신문》을 발간하고, 독립 협회를 결성했고, 독립 운동 후에도 나라를 위해
노력하였으나, 이승만과의 불화 및 시국의 혼란함을 개탄하고 미국으로 돌아가 여생을 마쳤다. 1994년
국립 현충원에 안장되었고, 1997년 건국 훈장을 받았고, 2008년 미국 워싱턴에 동상을 건립하면서 워
싱턴 시에서 그날을 서재필의 날(2008년 5월 6일)로 정하기도 했다.

❷ 갑신정변

조선 후기, 개화 사상과 실학이라는 학문적 흐름과 같이 '근대화'라는 세계적 변화가 우리
나라에도 전해졌다. 그리고 이러한 인식을 가진 사람들이 '개화파'로 불리게
되었다. 하지만 오랫동안 유지된 청나라와의 관계 속에서 자
주적인 근대화를 이루기 힘들었고, 이에 개화 사상을 가진 개
화파 중 청과의 관계를 유지하면서 개화를 진행하자는 온건개
화파와 청과의 관계를 청산하고 근대화를 추진하자는 급진개
화파로 나뉘게 되었다. 그중 급진개화파가 청나라의 속국의 모
습인 현재 왕실에서 벗어나 자주 독립과 자주 근대화를 위해 왕
실과 연합한 새 정부를 제안하고 정변을 일으킨 사건이다. 3일 만
에 실패하였지만, 역사적으로 매우 의미 있는 사건이었다.

율포 관광 타운(율포 해수 풀장&율포 해수 녹차탕)

▶ 바다를 온전히 즐길 수 있는 곳

율포 관광 타운은 보성에서 여름을 보내기에 좋은 곳이다. 해수욕장, 녹차탕, 해수 풀장까지 피로를 풀 수 있는 곳이 모두 마련되어 있다.

먼저 율포 해수욕장은 백사장 1km 정도로 규모는 작은 편이지만, 백사장뿐만 아니라 갯벌, 일출, 일몰을 다 볼 수 있으며, 백사장 한쪽의 송림은 시원함을 전하기에 충분하다. 일출, 일몰을 동시에 볼 수 있으니, 시간에 맞추어 멋진 추억을 만들어 보자. 조수간만의 차이가 커, 썰물 때는 갯벌이 드러난다. 갯벌에서 놀아도 좋고, 물놀이를 하고 싶다면 해수 풀장으로 옮겨도 좋다.

바로 옆 해수 풀장은 9천여m² 규모로, 30억 원을 들여 파도 풀, 스페이스 볼, 워터 건, 우산 분수 등 물놀이 시설을 갖추었다. 또한 해수 녹차탕은 3면이 통유리로 되어 있어 바다를 바라보며 해수탕을 즐길 수 있다. 이곳의 물은 바닷물을 가열해 보성의 녹차 성분을 함유시킨 것으로, 타 지역의 해수보다 칼륨과 마그네슘 성분이 무려 10배 높아, 피부 재생에 도움을 준다.

주소 전남 보성군 보성읍 봉산리 1200 　전화 061-853-4566 　시간 06:00~20:00(연중무휴) 　요금 해수 풀장 어른 20,000~25,000원, 어린이 15,000~20,000원 / 해수 녹차탕 어른 6,000원, 어린이 4,000원 　버스 보성 터미널 – 율포행 군내 버스(22회 운행, 평균 40분 간격)

태백산맥 문학관

> ▶ 해방 후 사람들이 겪어 내야 했던 다양한 이야기

《태백산맥》은 1948년 여순 사건에서 6·25 전쟁이 끝날
때까지의 약 5년 동안을 시대적 배경으로 하는 장편 대하
소설이다. 해방 후 좌파와 우파의 대립을 묘사했는데, 벌
교를 배경으로 김범우와 염상진이라는 인물을 중심으로
이야기를 전개했다. 또한 작가는 그동안 국내에서 금기시
되어 온 좌익 빨치산 문제를 민족의 불행한 역사의 출발점
으로 보았다. 그래서 출간되던 당시에는 금기서가 되었고,
작가는 재판장에 서야 했다. 하지만 소설이 출간된 후 천

만 부가 팔려 나가 1980년대 최고의 작품이자, 최고의 문제작으로 꼽히는 책이 되었다. 또한 국제적으
로 유명한 석학들이 만든, 꼭 읽어야 할 책 리스트 1,000권에 들어 있는 유일한 우리나라의 작품이기도
하다.

작품의 배경이 된 벌교는 문학 기행 1번지가 되었고, 이곳을
찾는 방문객에게 다양한 편의를 제공하고자 태백산맥 문학관
을 열었다. 태백산맥 문학관에는 소설을 위한 준비 과정과 집
필 내용, 탈고, 출간 이후 작가의 삶을 엄청난 양의 원고지와
사진, 해설로 보여 준다. 밖으로는 소설 무대를 꾸며 놓았다.

주소 전남 보성군 벌교읍 회정리 357-2 전화 061-858-2992 시간 하
절기 09:00~18:00, 동절기 09:00~17:00 요금 어른 2,000원, 어린이
1,000원 홈페이지 http://tbsm.boseong.go.kr 버스 보성 공용 터미
널 – 벌교 버스 터미널(1시간 30분 소요)

벌교 버스 공용 터미널
주소 전남 보성군 벌교읍 회정리 432
전화 061-857-2149

1. 주요 인물의 집
2. 기념관 내부에 전시된, 산같이 쌓
   인 원고

제암산 자연 휴양림

▶ 휴식을 위한 편안한 공간

제암산 자연 휴양림은 숲 속에서 쉰다는 우리의 환상을 그대로 실현해 주는 곳이다. 산과 나무가 주는 녹음은 이곳을 찾아 자연을 좀 더 가깝게 느끼는 야영객에게도, 조금은 편하게 휴식을 취하고 싶은 이에게도 만족을 준다.

산책로를 걸으며 자연을 만끽하고, 함께 방문한 사람들과 잔디밭에서 간단한 운동을 할 수 있고, 여름이라면 시원한 계곡 물로 물놀이도 할 수 있다. 계곡에 물놀이 시설을 마련해 널찍하게 이용할 수 있어 특히 여름 피서 기간에는 숙박 예약에 신경을 써야 할 만큼 인기가 좋다. 실제로 1996년 개장한 이래 매해 20만 명이 찾는다고 한다. 여름에는 계곡을 이용한 물놀이 시설을 이용할 수 있는데, 물은 맑고 시원하고, 널찍해 불편함이 없다. 봄에는 제암산 철쭉제에 참가해 보자. 산등성이를 따라 가득 피어 있는 철쭉은 황홀한 기분을 선물한다.

제암산 자연 휴양림은 야영장, 산책로, 운동장, 물놀이장, 전망대를 갖추었으며, 편백나무로 지은 숲 속의 집 6동과 제암 휴양관 11실을 이용할 수 있다. 숙박 시설에는 편백나무 벽, 편백나무 침대, 깨끗한 침구 외에도 냉장고, 에어컨, 비데 등이 마련되어 있다.

주소 전남 보성군 웅치면 대산리 전화 061-852-4434, 850-5427 요금 휴양림 입장료: 어른 1,000원, 청소년 600원, 어린이 400원 / 주차장: 소형 3,000원, 대형 5,000원 홈페이지 www.jeamsan.go.kr 버스 보성 공용 터미널 – 웅치(일 15회, 15분 소요)

등산 코스

1. 휴양림 – 전망대 – 정상 – 곰재 – 휴양림(5.35km, 3시간)
2. 휴양림 – 전망대 – 정상 – 곰재 – 사자산 – 간재 – 휴양림(9.2km, 5시간)

외서댁 꼬막 나라

지상파 방송 3사에 모두 방영된 곳이다. 벌교 꼬막 정식을 주문하면 삶은 통꼬막, 꼬막 회무침, 양념 꼬막, 꼬막전, 꼬막 된장국 모두 맛볼 수 있다. 그리고 여름철(6~9월) 특미로 짱뚱어탕이 나오는데, 남도의 별미를 맛볼 수 있다.

주소 전남 보성군 벌교읍 회정리 653-7 전화 061-858-3330 요금 외서댁 꼬막 정식 2만 원, 삶은 통꼬막 2만 원, 꼬막 탕수육 3만 원 홈페이지 www.외서댁꼬막나라.kr

삼나무 숲길 따라

대한다원 삼나무 숲길을 따라 들어가면 매표소 좌측에 위치하고 있는 녹차 전문 음식점이다. 녹차 돈가스, 녹차 칼국수, 녹차 비빔밥, 녹차 해물 덮밥 등 모두 녹차가 들어간 음식을 판매한다.

주소 전남 보성군 보성읍 봉산리 1287-1 전화 061-853-4422 요금 돈가스 8,000원, 녹차 칼국수 6,000원, 비빔밥 8,000원, 해물 덮밥 8,000원

특미관

녹차 밭에서 차로15분 정도 거리에 있는 곳으로 음식이 나오기 전에 서비스로 고구마와 녹차 음료가 제공된다. 녹차 생삼겹과 녹차 꼬막 비빔밥이 유명하다. 녹차의 도시 보성답게 녹차 비빔밥, 녹차 김치찌개, 녹차 냉면 등 거의 모든 메뉴에 녹차가 들어간다.

주소 전남 보성읍 보성리 93-13 전화 061-852-4545 요금 생고기 3만 8천 원, 녹돈 삼겹살 1만 2천 원, 녹차 한우 갈비탕 1만 원 홈페이지 http://061-852-4545.mbiz114.com

보성 다비치 콘도

해수 녹차탕, 한식당, 카페, 노래방, 스크린 골프장, 연회실 등 다양한 편의 시설이 있다. 특히 이곳의 해수탕은 율포 해수탕 못지않게 인기 있다.

주소 전남 보성군 회천면 동율리 528-1 전화 061-850-1100 요금 19만~39만 원 홈페이지 www.dabeach.co.kr

제암산 자연 휴양림

1996년에 개장한 곳으로, 주차 공간, 야영장, 숲 속의 집 6동과 현대식 콘도 형태의 제암 휴양관 11실을 갖추고 있다. 여름이면 수영장이 인기가 많다.

주소 전남 보성군 웅치면 대산리 전화 061-852-4434, 061-850-5427 요금 휴양관 4만~15만 원, 숲속의 집 8만~17만 원 / 야영 데크 1만 원 / 짚라인 어른 1만 5천 원, 청소년 1만 2천 원, 어린이 7천 원 홈페이지 www.jeamsan.go.kr

고흥

철쭉꽃 가득한 산, 다도해, 나로도 우주 센터

'고흥은 우주다'라는 말은 이제 익숙하다. 그만큼 고흥 하면 나로도 우주 센터가 먼저 생각난다. 또한 산과 바다 그리고 호수까지 볼거리가 다양하다. 향긋한 유자가 빼곡한 유자 공원을 지나 탁 트인 고흥만 방조제를 달리는 것과 더불어 낚시도 해 보고, 계절에 따라 벚꽃과 유채꽃, 메밀꽃, 갈대까지 놓치지 말자. 사연의 섬 소록도를 거쳐 녹동항에 이르면 유람선을 타자. 다도해 사이사이를 누비며 온몸에 바다를 스치는 듯한 기분은 색다르다.

천등산은 차로 올라갈 수 있어 부담이 없다. 천등산 정상에는 만화에만 나올 것 같은 넓은 산등성이에 핀 철쭉꽃이 환상적이다. 천등산 아래 금탑사는 제주도와 남도 지방에 자생하는 100m가 넘는 귀한 비자나무 숲으로 유명하며, 겨울에는 동백이 운치를 더한다.

고흥이 자랑하는 나로도 우주 센터는 누구에게나 흥미롭다. 봉래산은 하늘로 쭉쭉 뻗은 편백과 삼나무도 좋고 바다를 내려다보는 전망도 좋다. 나로도 해수욕장에서 바다에 몸을 맡겨 보자. 녹동항에서 유람선을 타고 보는 나로도 해상 경관 또한 호사다. 팔영산도 놓치지 말고 들러 보자. 숲은 말할 것도 없고, 수영장을 비롯한 여러 가지 시설이 구비되어 있다.

1. 대중교통

광주, 여수에서 순천을 거쳐 국도를 타고 다시 벌교를 통해 고흥에 도달할 수 있다. 고흥까지 대중교통으로 이동한다면 항공은 광주나 여수까지 이용 가능하다. 그 후 순천 혹은 벌교까지 이동해 고흥으로 가는 직행버스를 타고 움직여야 한다. 고속버스는 1일 4회 준비되어 있어 바로 고흥에 도달할 수 있다. 각각 시간과 비용의 차이가 있으니 자신에게 맞게 선택하자. 광주나 목포까지 대중교통을 이용하고 그곳에서 차를 렌트하는 것도 좋은 방법이 될 수 있다.

항공

서울에서 이동을 한다면, 광주 혹은 여수 공항을 이용해야 한다. 김포-광주는 아시아나가 일 3회 운항하며, 소요 시간은 약 50분이다. 김포-여수는 아시아나가 일 4회, 대한 항공이 일 2회 운항하며, 소요 시간은 약 1시간이다.

요금 김포 – 여수: 정상 운임, 성수기, 비수기에 따라 6~9만 원, 할인 운임 3~5만 원선
　　　김포 – 광주: 정상 운임, 성수기, 비수기에 따라 6~9만 원, 할인 운임 3~5만 원선

철도

무궁화호와 새마을호가 있다. 소요 시간은 약 5시간이다. 벌교까지 가는 편은 많지 않다. 하루에 1회 정도이며, 시간을 맞추어 미리 예매한다면 이것이 훨씬 편하다. 그 외에 서울(용산)에서 순천까지 KTX 4회, 새마을호 1회, 무궁화호 5회로 1~2시간 간격으로 운행한다. KTX 2시간 30분, 새마을호 4시간 20분, 무궁화호는 4시간 50분이 소요된다.

문의 1544-7788, 1588-7788, 1544-8545 요금 서울(용산) – 순천: KTX 44,000원, 새마을호 37,800원, 무궁화호 25,400원(일반실 기준) / 서울(용산) – 벌교: 무궁화호 28,400원

항공과 철도를 잇는 시외버스

광주 – 고흥 배차 간격 30분~1시간, 소요 시간 2시간 10분, 요금 13,100원
여수 – 고흥 수시 운행, 소요 시간 2시간 10분, 요금 10,900원
순천 – 고흥 소요 시간 1시간, 요금 6,900원

문의 순천 버스 터미널(061-744-6565) 홈페이지 www.usquare.co.kr

고속버스

서울에서 고흥까지 직행으로 운행하는 버스는 센트럴시티에서 1일 3회 (14:10, 16:00, 17:30)분에 운행된다. 소요 시간 4시간이다.

문의 센트럴시티 터미널(02-6282-0114) 요금 서울 – 고흥 일반 22,300원, 우등 33,200원

버스 터미널 연락처
고흥 버스 터미널: 061-833-0009, 061-835-3772
나로도 버스 터미널: 061-833-6492
과역 버스 터미널: 061-832-9627

2. 승용차

서울 – 경부 고속도로– 천안논산 고속도로 – 호남 고속도로 – 익산포항 고속도로
– 순천완주 고속도로 – 남해 고속도로 – 순천 IC – 벌교 – 고흥
(총 거리 384km, 소요 시간 약 5시간)

고흥만, 고흥호

넓은 대지에 다양한 색과 재미를 입힌 드라이브의 명소

바다를 메운 간척지로 3천만㎡나 된다. 여의도 면적의 3.7배이고 야구장이나 축구장 3,100개를 만들 수 있는 공간이다. 간척 사업을 진행하면서 넓은 대지 외에도 약 3km의 쭉 뻗은 고흥만 방조제와 제방 안쪽 고흥호가 만들어졌다.

고흥만 방조제는 많은 사람이 여러 가지 이유로 찾는다. 먼저 7km의 아기자기한 벚꽃 길을 지나 시원하게 탁 트인 바다로 향하는 길이 하늘에 닿을 듯하여 드라이브 코스로 인기가 좋다. 뿐만 아니라 사계절 낚시 포인트로도 이름난 곳인데, 특히 매년 5월이면 학꽁치잡이로 방조제가 북적거린다. 학꽁치잡이는 새우를 미끼로 써서 눈으로 보고 낚아 올리는 방식이라 전문 낚시꾼이 아니어도 얼마든지 손맛을 느낄 수 있다. 마지막으로 방조제 옆 매립지 30만㎡에 계절 따라 피어나는 유채꽃과 메밀꽃은 환상적인 느낌을 더하고, 고흥호에는 계절마다 철새가 찾아온다.

주소 전남 고흥군 도덕면 용동리 전화 간척 사업소 061-830-5361, 두원 면사무소 061-830-6254 버스 고흥 터미널에서 두원(풍류)행 버스 탑승 – 풍류 마을 입구에서 내리면 고흥만 방조제가 보임

Fun point

1. 고흥만 방조제 드라이브
2. 봄의 벚꽃, 늦봄의 유채, 초가을 메밀꽃, 가을 갈대
3. 고흥호 철새
4. 고흥만 학꽁치 낚시(매년 4월 중순~5월 중순)

유자 공원

새콤 달달한 유자 농장

고흥 유자가 유명한 이유는 일조 시간과 해풍, 고온다습한 기후의 영향으로 색과 향이 뛰어나기 때문이다. 한 해에 6천 톤, 전국 생산량의 27%를 생산하는 고흥의 유자를 알리기 위해 2008년 유자 공원을 상징적으로 조성했다. 3만여㎡에 달하는 유자 공원에 특산물 판매장, 전망대, 산책로, 탐방로, 약수가 있다. 먼저 특산물 판매장에는 상품 판매 외에도 유자의 역사, 특성, 약효 등을 알 수 있게 설명해 두었다. 오른쪽으로 약수가 있는데, 이 약수를 마시고 절름발이가 정상

인이 되고, 천식도 치료했다 하여 참샘이라 부른다고 한다. 참샘에서 입을 축이고, 참샘의 물 오른쪽 데크를 따라 산책로를 올라 보자. 올라가는 길에는 넝쿨식물이 자라고 있고, 중간 원두막 주변 석류나무에는 석류가 열린다. 전망대에서 유자나무로 둘러싸인 작은 마을 뒤로 넓은 논이 펼쳐지고 그 뒤로 아련하게 다도해 해상 공원이 보인다.

유자 수확철이라면 미리 농장에 체험 예약을 하고 들러 보자. 미리 전화로 예약해, 11월부터 시작되는 유자 수확 체험을 즐기자. 하지만 유자 수확이 아니라면 지나가는 길에 둘러보는 정도가 좋다.

주소 전남 고흥군 풍양면 한동리 13-1 전화 전남 경제유통과 061-830-5316, 풍양 면사무소 061-830-6285 버스 고흥 터미널에서 녹동행(죽시 경유) 버스 탑승 – 한동 유자 공원에서 하차

한동안 유자 생각 마을

주소: 전남 고흥군 풍양면 한동리 582-1
전화: 061-834-0047
홈페이지: www.hdyuja.co.kr

녹동항

▶ 분주한 배들 덕에 눈과 입이 흥이 나는 곳

나로도 우주 센터가 생기기 전 고흥 하면 소록도가 가장 유명했다. 소록도에 가기 위해서는 녹동항을 거쳐 배로 이동했는데, 녹동항에서는 물 좋은 수산물을 저렴한 가격에 즐길 수 있어 입소문으로 유명해졌다.

지금 소록도는 연륙교로 연결되어 굳이 배를 탈 필요가 없지만, 소록도를 둘러본 후 돌아 나오는 다리의 왼편으로 보이는 녹동항을 찾아보자. 배들의 바쁜 움직임은 이곳의 수산물을 찾는 여행객의 입맛을 더욱 돋운다.

주소 전남 고흥군 도양읍 봉암리 버스 녹동행 직행 버스 이용 – 녹동 버스 터미널 – 구항행 군내 버스 – 녹동 농협 하차 – 도보 10분

소록도

▶ 한센병 환자들의 사연이 얽힌, 슬픈 눈의 사슴 섬

섬의 모양이 작은 사슴을 닮았다 하여 소록도로 불리는곳이다. 작은 사슴 섬 소록도에는 한센병 환자와 소록도 병원 직원들이 거주한다. 구한 말 개신교 선교사들이 1910년 한센병 환자들을 위한 요양원으로 건립한 이후, 현재까지 한센병 환자들이 치료받는 곳이다. 일제 강점기에 한센병 환자들을 강제 분리 수용하고, 환자들을 가혹하게 학대한, 그때의 모습을 그대로 보여 주는 소록도의 감금실과 자료관, 검시실 등이 그대로 보존되어 있다. 현재도 환자들이 살고 있고, 이들의 주거 공간은 외부인이 접근할 수 없게 차단되어 있다.

소록도에 도착하면 큼지막한 안내판이 시선을 잡는다. '소록도는 관광지가 아니며, 섬 전체가 병원으로, 한센인의 치료 및 생활 공간입니다.'라는 문구이다. 소록도 병원의 주차장을 기점으로, 오른쪽은 해변, 왼쪽은 치료 센터다. 눈물의 장소 수탄장을 지나면, 바다를 옆에 두고 길게 늘어선 소나무 길이 나타나고, 소나무 길을 지나면 현재 이용 중인 치료 센터가 보인다. 이 길 끝에 중앙 공원이 있다. 아름다운 조경수 중에는 흔히 볼 수 없는 외래종 나무들이 즐비하고, 여러 가지 조형물이 공원에 놓여 있다.

갖가지 수목과 바위로 공원을 꾸미고 섬이 아름다워질수록 환자들은 상처입고 학대받았다. 그래서 바위에 새겨진 그들의 사연이 안타깝기만 하다. 소록도의 아름다움은 시린 아름다움이며, 눈물의 반짝임이다.

주소 전남 고흥군 도양읍 소록리 전화 국립 소록도 병원 061-840-0500,0506, 도양 읍사무소 소록 출장소 061-830-5617 버스 녹동행 직행 버스 이용 – 녹동 버스 터미널 – 구항행 군내 버스 – 소록도 병원 주차장

Fun point
1. 동쪽 해안 해수욕장
2. 수탄장부터 병원까지 이어지는 바다를 낀 소나무 길
3. 중앙 공원

발포 해수욕장

▶ 낮은 소나무 구릉이 둘러싼 온순한 바다

반짝이는 모래가 가득 뿌려진 해수욕장을 동그랗게 둘러 낮은 소나무 숲이 자리하고 있다. 해변으로 달려 바다에 발을 담그고 뒤를 돌아 숲으로 이동해 나무 사이 벤치에 앉아 바다를 보면 시원함뿐만 아니라 다른 해수욕장에서는 느낄 수 없는 아늑함을 느낄 수 있다. 해수욕장 한쪽에 자리를 잡고 숲의 아늑함과 바다의 시원함을 함께 느껴 보자.

숲이 에워싸고 있어 바다는 온화하기만 하다. 낮은 수심 덕에 아이가 바다의 일렁임에 몸을 맡기고 파도를 즐기기에도 좋다. 또한 모래는 아주 곱다. 발로 밟으면 탄탄하면서도 간질간질하다. 모래 놀이와 모래 찜질에도 제격이지만, 조개껍데기가 많아 주의가 필요하다. 때를 맞추면 피조개도 캘 수 있다고 하는데, 일반인에게 쉽게 잡히지는 않는다. 가족과 즐기기에 좋고, 해수욕 시즌이 아니라도 쉬러 갈 만하다.

주소 전남 고흥군 도화면 발포리 13 전화 도화면사무소 061-830-5606, 다도해 해상 국립공원 관리 사무소 061-835-7828 개장 기간 6월 16일~ 8월 17일 요금 샤워장 대인 1,000원, 소인 500원, 주차장 무료 버스 고흥 터미널에서 발포리행 완행 버스 이용(40분 소요)

Fun point
1. 간조 때 피조개 캐기
2. 바다 낚시
3. 전망대 둘러보기
4. 모래 찜질

천등산

▶ 산등성이 가득 철쭉이 만개하는 장관을 연출하는 산

천등산이라는 이름의 유래는 가섭존자가 그의 어머니를 위하여 천 개의 등을 밝힌 천등불사에서 유래된 것이라는 설, 금탑사의 승려들이 도를 닦으려고 산에 올라 수많은 등을 켰다는 설, 승려들이 정상에서 천 개의 등불을 바쳤다는 설 등이 전해져 내려온다. 많은 설이 있지만, 이는 모두 자신 혹은 누군가를 위해 정성을 듬뿍 드리는 장소였다는 것이다. 종교를 떠나, 자신의 마음가짐을 다잡아 보는 기회를 가져 보는 것은 어떨까? 천등산은 그만큼 자신을 돌아보거나, 누군가를 위해 등을 밝힐 수 있는 마음가짐을 주는 곳이다.

천등산을 오르는 코스는 1시간 코스와 1시간 40분 코스 2가지가 있다. 시간이 짧아 아쉽다면, 딸각산과 함께 오르면 된다. 이곳은 산행이 부담스러운 사람에게 산이 주는 최대한의 즐거움을 느낄 수 있게 해 주는 산이다. 먼저 금탑사에 들러 비자림으로 둘러싸인 금탑사를 보고, 77번 국도를 타고 산 정상까지 오르자. 다도해가 눈앞에 펼쳐지며, 다른 곳에서는 산에 오른 사람에게만 허락하는 멋진 광경이 누구에게나 허락된다. 천관산에서 바라보는 바다에 떠 있는 작은 섬들의 모습은 황홀하기까지 하다. 5월이 되면 산 중턱에 분홍색 철쭉꽃이 지천으로 피어 이색적인 풍광을 연출해 더욱 찾는 이가 많다. 자동차를 이용해 근처까지 도달할 수 있으니, 조금만 오르면 된다.

주소 전남 고흥군 풍양면, 도화면 일원 전화 풍양면 사무소 061-830-5603, 군산림 환경과 산림 경영 담당 061-830-5421 버스 고흥 터미널에서 포두(금탑사)행 버스 탑승 - 금사 마을에서 하차 - 도보 10분

등산 코스
1시간 코스: 금탑사 입구 – 금탑사 – 천등산

금탑사 비자림

▶ 깊고 진한 나무 향이 뿜어져 나오는 곳

금탑사 오르는 길에는 높이가 10미터나 되는 비자나무 3,300 여 그루가 빼곡히 들어차 있다. 쭉 뻗은 나무의 가지가 하늘까지 닿을 듯하고, 초록의 잎은 바닥에서부터 터널을 만든다. 따라서 터널 사이로 자동차가 달릴 수 있는 최소한의 길이 나타난다. 이 길을 천천히 즐겨 보자. 비자림을 흐르는 낮은 계곡 덕에 어느 숲보다도 시원하면서도 촉촉한 기운이 느껴지고, 잎에서 내뿜는 향은 색다른 느낌을 더한다. 비자나무 숲 때문에 금탑사를 찾는 이들이 있을 정도다.

그 길 끝에 금탑사가 나타난다. 금탑이 자리하고 있어 금탑사라는 이름은 천등산과 이어진다. 가섭존자가 어머니에게 천 개의 등불을 올리고, 본인은 스스로 빛나는 탑이 되어 이곳 절에 자리하였고, 빛나는 탑을 금탑이라 부르게 되어, 절의 이름이 금탑사라고 불렸다고 한다. 금탑사에는 천등산의 캄캄한 밤마저도 등으로 따스하고 밝게 만들어 누군가를 위하고 싶은 마음이 담겨 있다.

금탑사는 산 안쪽에 아늑하게 안겨 있는 모습이다. 규모는 크지 않지만, 일주문을 지나 극락전을 중심으로 범종각, 명부전, 삼성각이 있고, 돌담과 장독대, 굴뚝까지 모두 운치 있게 느껴진다.

주소 전남 고흥군 포두면 봉림리 700 전화 061-832-5888 버스 고흥 터미널에서 포두(금탑사)행 버스 탑승 – 금사 마을에서 하차 –도보 10분

금탑사 즐기기

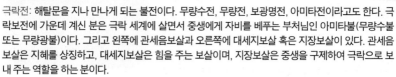

❶ 비자나무는 어떤 나무일까?

비자나무는 남도 지방과 제주도에서 볼 수 있는 나무인데, 모양도 멋지지만 쓰임새도 좋아, 별명이 '나무의 황제'이다. 목재로 이용할 경우 재질이 치밀하며, 무늬가 곱고, 습기에 강해 바둑판이나 배에 사용하며, 열매에는 기름이 많아 불을 밝히거나 머릿기름으로 이용했다. 가지와 잎은 독성이 강해 예부터 벌레를 쫓는 데 사용했다.

❷ 전각 찾고 소원 빌기

일주문: 일주문은 절의 입구에서 제일 먼저 통과하게 되는 문이다. 일주문 기둥이 나란히 서 있어, 일심(一心)을 형상화 했다고 하는데, 이러한 모습으로 절 앞에 서 있는 이유는 부처에게 가까이 가기 위해서 일심으로 마음을 통일하여 깨달음을 구하길 바라는 표현이다.

극락전: 해탈문을 지나 만나게 되는 불전이다. 무량수전, 무량전, 보광명전, 아미타전이라고도 한다. 극락보전에 가운데 계신 분은 극락 세계에 살면서 중생에게 자비를 베푸는 부처님인 아미타불(무량수불 또는 무량광불)이다. 그리고 왼쪽에 관세음보살과 오른쪽에 대세지보살 혹은 지장보살이 있다. 관세음보살은 지혜를 상징하고, 대세지보살은 힘을 주는 보살이며, 지장보살은 중생을 구제하여 극락으로 보내 주는 역할을 하는 분이다.

삼성각: 칠성신과 산신, 독성을 함께 모실 때는 규모를 조금 크게 해서 삼성각으로 짓는다. 칠성신은 자식과 재물 재능, 산신은 행운과 장수 그리고 부, 독성은 스스로 지혜를 구할 수 있다.

팔영산

▶ 산행하는 이도, 조용한 휴식을 찾는 이도, 단체 여행객도 모두 만족하는 곳

100대 명산으로, 팔영산의 팔은 여덟 팔이다. 즉 8개의 바위 봉우리로 이루어진 산이다. 능가사에서 시작해 1봉부터 8봉을 거쳐 다시 능가사로 내려오는 5시간 남짓한 종주 코스가 인기 있는데, 바위를 타고 가야 하는 코스가 있어 만만한 산행은 아니다. 그렇지만 다도해 바다를 내려다보는 광경은 산행이 힘들다는 생각을 잊게 하기에 충분하다.

등산을 하지 않는 사람도 이곳을 지나치기는 아쉬운 이유가 있다. 팔영산의 자연 휴양림이나 오토 캠핑장 때문이다. 특히 팔영산 자연 휴양림은 하루쯤 싱그럽고 청명하게 쉴 수 있게 도와 준다. 또한 자연 휴양림까지 차로 오른 뒤 준비된 산책 코스만으로도 숲을 충분히 느낄 수 있다. 혼자도 충분히 좋지만, 가족 단위나 대규모 단체가 쉬기에도 충분하다. 갑갑한 펜션이 아니라 산 하나를 통째로 빌린다고 해도 과언이 아니다. 어른들은 족구나 풋살 경기를 할 수 있고, 아이들은 수영장에서 수영을 할 수 있다. 숙박 시설이 깔끔하며 저렴하기까지 하다.

능가사 쪽으로는 오토 캠핑장이 준비되어 있는데, 전기 사용료가 무료인데다 시설도 잘 구비되어 있어 캠핑하는 사람들에게 인기 있다. 캠핑이 가능한 연령대라면 추천하고 싶다. 하지만 굳이 캠핑을 하려는 사람이 아니라면 휴양림 쪽이 편하다.

Fun point
1. 팔영산 등산
2. 4월 동백꽃
3. 팔영산 자연 휴양림
4. 팔영산 오토 캠핑

주소 전남 고흥군 영남면 우천리 산 350-1 전화 팔영산 자연 휴양림 관리 사무소 061-830-5386, 매표소 061-830-5453 시간 07:00~20:00 요금 휴양림 입장료: 어른 500원 청소년 300원 홈페이지 www.paryeongsan.com 버스 팔영산 자연 휴양림: 과역 터미널에서 양사행 버스를 타고 신성삼거리 정류서에서 하차, 걸어서 1시간(4km), 팔영산 중턱에 위치, 휴양림에서 40분 산행하면 팔영산 정상

능가사

▶ 호남의 4대 사찰 중 한 곳

팔영산을 배경으로 한 풍광이 인도의 명산을 능가한다 하여 능가사라고 불린다. 한때는 화엄사, 송광사, 대흥사와 함께 호남의 4대 사찰로 꼽히며, 40여 개의 암자를 거느린 유서 깊은 사찰이었을 정도로 절 자체가 아주 크고 웅장하다.

일주문을 지나면 천왕문이 보인다. 이 사천왕상은 국내에서 제일 크다. 천왕문 뒤로 대웅전이 자리하는데, 규모나 화려함이 대단하다. 대웅전에서 넓은 광장이라 불러도 좋을 마당을 바라보면, 범종각이 눈에 띈다. 범종도 화려하다. 종을 매다는 부분의 용은 바로 움직일 듯하다. 이 종은 아름답고 소리도 커서 일제 강점기 때 일본 헌병대에서 가져갔지만, 그곳에서는 울리지 않아 이곳으로 돌아왔다는 이야기가 전해진다. 대웅전 뒤로 돌아가니, 응진전과 요사채(생활관)가 있다. 응진당의 삼존불은 국가의 길흉사가 있을 때 몸에서 법비가 흐른다고 한다.

주소 전남 고흥군 점암면 성기리 371-1 전화 061-832-8090 버스 과역 터미널에서 점암(능가사)행 버스 탑승 – 능가사 정류소에서 하차 – 도보 3분(200m)

나로도항

▶ 다도해를 즐기는 유람선과 신선한 활어가 있는 곳

고흥은 바다에 접해 있다. 해산물을 그냥 지나치기에는 너무도
아쉽다. 나로도에는 항구도 있고, 좋은 해산물을 파는 곳도 많기
때문이다. 과거에는 나라에 바칠 말을 키우는 목장이 여러 군데
있어 '나라 섬'이라 불렸고, 지금은 조용한 작은 어촌이다.
다른 작은 어촌과 다른 점은 눈에 띄는 용 모양 유람선과 물고기
모양 유람선이 있다는 것 정도도. 유람선에 대한 사람의 느낌은
각기 다르지만 유람선 2시간 코스의 바다 풍경은 멋지기만 하

다. 작은 항구 주위로 횟집과 백반집이 있고, 항구에 있는 수협 위판장과 회센터도 있다. 도시에서 즐기
는 횟집과는 달리 직접 먹을거리를 고르고 흥정해서, 신선한 해산물을 즐길 수 있다.

주소 전남 고흥군 봉래면 신금리 버스 고흥 터미널에서 봉래(신금)행 버스 탑승 – 나로도 터미널에서 하차 – 나로도 버스
터미널에서 나로도 여객선 터미널까지 도보 10분

유람선 즐기기
요금: 대인 1만 7천 원, 소인 8,000원
코스: 축정항 – 서답 바위 – 부채 바위 – 곡두녀 – 카멜레온 바위 – 사자 바위 – 용굴 – 부처 바위 – 우주
센터 전경 – 남근 바위 – 상록수림 – 축정항(2시간 소요)

고흥 청소년 우주 체험 센터

▶ 우주 시설을 체험하는 곳

연수나 캠프를 준비한다면, 고흥 청소년 우주 체험 센
터에 찾아보는 것은 어떨까? 우주라는 테마를 담은
최신 시설의 청소년 수련원, 혹은 연수원 정도로 설명
할 수 있는 이곳은 청소년들에게 일반 캠프도 진행하
고, 우주 탐험가나 비행사를 간접적으로 체험할 수 있
는 프로그램도 진행한다. 가족이 함께하는 우주 체험
프로그램도 있어 가족 모두가 프로그램을 함께할 수
도 있다. 연령별로 다양한 체험 활동을 포함한 프로그
램으로 이루어져 있으며 기간과 대상에 따라 4만 원
에서 16만 원의 참가비가 든다. 홈페이지를 방문해
미리 예약을 하고 참여해야 하니, 미리 프로그램을 조
사하고, 선택해 보자.

우주선 조종 장비, 우주 정거장 적용 장비, 평형 감각 적용 장비, 달 적용 장비, 지상 통제 임무 수행 장비,
우주 왕복선 조정 체험 등 다른 곳에서는 할 수 없는 질 높은 우주 체험을 경험할 수 있다.

주소 전남 고흥군 고흥군 덕흥리 11-1 전화 061-830-1500 요금 NYSC 여름 학교 200,000원, 가족 우주 과학 캠프
15,000~60,000원(상기 프로그램은 홈페이지를 통해 예약 필수) 홈페이지 www.nysc.or.kr 버스 고흥 터미널에서 봉
래(신금)행 버스를 타고 나로도 터미널에서 하차 – 나로도 버스 터미널에서 군내 버스 이용 – 국립 청소년 우주 체험 센터

나로도 우주 센터

▶ 만지고 체험하는 우리나라 최초의 우주 발사장

고흥은 우주이고, 우주의 중심은 나로도 우주 센터이다. 아직 발사에 성공하진 못했지만, 대한민국 최초의 우주호 발사지로 우주에 대한 꿈이 이루어질 곳이 바로 나로도이다. 공원에 들어서면 실제 크기로 동일한 모양을 갖춘 발사체가 눈에 띄고, 우주 과학관은 유리로 장식되어 푸른 빛으로 보인다. 내부에는 우주선이 먼저 눈에 띈다. 우주인과 사진도 찍을 수 있고, 인공위성도 전시되어 있다. 움직이는 설명 기구들이 우주와 우주 기술에 대한 이해를 돕고 있어, 과학 놀이터 같은 느낌이 강하다. 4D 체험과 시간을 맞춰야 체험할 수 있는 발사체 발사 시 느껴지는 땅의 진동 체험이 재미있다.

주소 전남 고흥군 봉래면 예내리 1 전화 061-830-8700, 8761 시간 10:00~17:30(폐관 30분 전까지 입장 가능) 요금 대인 3,000원, 소인 1,500원 홈페이지 www.narospacecenter.kr 버스 고흥 터미널에서 나로도 터미널행 버스 탑승 (소요 시간 40분) – 나로도 터미널에서 봉래(예당)행 버스 타고 우주 과학관에서 하차(15분 소요)

나로도 해수욕장

▶ 한적하고 아늑한 해수욕장

바다와 맞닿아 있는 고흥에는 해변이 많다. 해변이 좋지만, 명사십리 같은 번화한 해변을 찾아 이곳을 찾지는 않을 것이다. 그러니 어디에서 쉬어도 좋다. 그중에 가장 유명한 곳이 발포 해수욕장과 이곳 나로도 해수욕장이다. 특히 나로도 해수욕장은 더위를 날려 줄 소나무가 해수욕장을 에워싸고 있고, 수심이 완만해 아이들과 함께 가기에 좋고, 상대적으로 한적하며, 낚시도 할 수 있다.

Fun point
1. 낚시
2. 캠핑

주소 전남 고흥군 봉래면 신금리 723 전화 봉래 면사무소 061-830-5608 개장 기간 7월 17일~8월 31일 요금 샤워장: 대인 1,000원, 소인 700원, 어린이 500원 편의 시설 샤워장 및 화장실 겸용 2동, 음수대 2개소, 매점 2개소 버스 고흥 터미널에서 나로도 터미널행 버스(소요 시간 40분) – 나로도 버스 터미널에서 도보 15분

봉래산 삼나무 숲

▶ 중국의 신선이 산다는 전설의 산

봉래산은 중국에서 전해 내려오는 전설의 산 이름이다. 그곳에는 죽지 않는 약과 금과 은으로 된 성이 있고, 그곳에 사는 짐승은 모두 흰색이며, 바다에 떠 있다 한다. 그래서 바다 위에 떠 있는 이 산의 이름이 봉래산이다. 그만큼 정상에 오르면 신선이 된 듯한 착각이 들 만큼 아름답다. 바다 사이사이 떠 있는 작은 섬들 사이로 구름이 내려앉아 황홀한 분위기를 연출한다. 풍광도 좋지만, 봉래산은 삼나무 숲으로 유명한 곳이다.

80년 전 60만m²에 일본인들이 실험림을 조성한 것인데, 국내에서는 흔히 볼 수 없는 30m가 넘는 삼나무들이 3만 그루나 어깨를 나란히 하고 있다. 나무가 크고 울창해 빛과 나뭇가지, 나뭇잎이 만드는 녹색과 흙색이 아득할 만큼 깊다. 산 정상까지 가는 코스는 3시간 정도 걸리지만, 부담이 된다면 30분 정도 걸어 삼나무 숲에서 즐기는 삼림욕으로 만족해도 좋다.

주소 전남 고흥군 봉래면 예내리 전화 봉래면사무소 061-830-5608, 군환경산림과 061-830-5421 버스 고흥 터미널에서 나로도 터미널행 버스(소요 시간 40분) – 나로도 터미널에서 봉래(예당)행 버스 타고 무선국 입구에서 하차 – 삼나무 숲까지는 산행 30분

봉래산 산행 코스
무선 기지국 – 봉래산 정상 – 시름재 – 삼나무 숲 – 무선 기지국(총 산행 거리 5.3km, 산행 시간 3시간)

녹동 회타운

대형 식당이라 단체 여행객이 이용하기에 좋으며, 오래 기다리지 않아도 되어서 좋다. 녹동 수협 위판장 2층에 있으며, 한눈에 바다가 보이는 곳이다.

주소 전남 고흥군 도양읍 봉암리 2792 전화 061-842-5199

나로도 수협 활어 위판장

그날 건져 올린 수산물 경매도 진행되고 한쪽에서는 활어를 맛볼 수도 있다.

주소 전남 고흥군 봉래면 신금리 나로도항 전화 061-830-5608

빅토리아 호텔

발포 해수욕장의 전경을 최고로 느낄 수 있는 곳이다. 해수욕장을 내려다보고 있는 객실이 인상적이다. 외부에서 보는 것보다 훨씬 깔끔하다. 해안에서 잠을 청한다면 빅토리아 호텔을 추천한다.

주소 전남 고흥군 도화면 발포리 산 32 전화 061-832-0100 홈페이지 www.victoriahotel.co.kr

나로 비치 호텔

최신 시설로 나로도에서 숙박하기에 좋은 곳이다.

주소 전남 고흥군 봉래면 신금리 1251 전화 061-835-9001 홈페이지 www.narocenter.com

팔영산 자연 휴양림

단독채로 자연 휴양림 안에 지어진 숙박 시설이 아주 매력적이다. 팔영산 천연림 안에 객실이 준비되어 있고, 야영장, 물놀이터, 운동 시설 등이 잘 갖추어져 있다. 팔영산을 즐기기에도 으뜸이고, 숙박 시설로도 나무랄 데가 없다.

주소 전남 고흥군 영남면 우천리 산 350-1 전화 팔영산 자연 휴양림 관리 사무소 061-830-5386 요금 입장료: 어른 500원, 청소년 300원 / 숙박 시설: 숲속의 집 2만 5천~12만 원 홈페이지 singihan.goheung.go.kr

팔영산 오토 캠핑장

캠핑이 가능하다면 팔영산 오토 캠핑장을 추천한다.

주소 전남 고흥군 영남면 우천리 산 350-1 전화 팔영산 자연 휴양림 관리 사무소 061-830-5386 요금 입장료, 주차비, 사이트 이용료 및 전기까지 무료 / 자동차 야영장: 비수기 1만 3천 원, 성수기 1만 6천 원 홈페이지 http://reservation.knps.or.kr/information/camplnfo.action?seqld=B091001

여수

향일암 일출과 아름다운 오동도, 그리고 이순신

어둑어둑할 때 바위 틈을 파고들 듯 산을 올라 절벽에서 바다를 내려다보는, 향일암에서의 일출은 특별히 허락된 공간에서 나만을 위한 시간을 갖는 느낌이다. 그래서 이곳은 전국적인 해돋이 명소로도 이름이 나 있다.
향일암에서 일출을 보고 돌산도를 나가기 위해서는 연륙교인 돌산대교를 건너야 하는데, 그 길에 북한 잠수정 전시관, 방죽포 해수욕장, 무슬목 유원지, 전라남도 해양 수산 과학관이 쭉 늘어서 있다.

돌산대교를 건너 돌산읍을 빠져 나오면 번화한 여객 터미널 옆으로 오동도 가는 길이 나타난다. 동백 열차를 타고 섬까지 들어가도 좋고, 여객선을 타고 여수 바다의 아름다움을 시원하게 느껴도 좋다. 오동도에 도착해 음악 분수와 전망대 남근목, 기암석을 구경하고 숲에서 휴식도 취해 보자. 오동도 위쪽으로 일제의 흔적인 마래 터널을 지나면 해수욕하기에 좋은 해수욕장이 줄지어 나타난다. 일정에 따라 이곳에서 해수욕을 즐겨도 좋다.

마지막으로 여수는 이순신 유적지의 본고장이다. 해전에서 승리한 장소도 의미 있지만, 특히 여수에는 이순신 장군이 군을 지휘하던 장소, 함께 싸운 승군, 그리고 거북선을 만든 선소가 있어 다른 지역과 차별화된다.

 **교통**

1. 대중교통

여수까지 대중교통을 이용하고자 한다면 직행 노선이 많아 타 지역 연계 없이 다양하게 이용할 수 있다. 항공이 여수까지 운항하고 있으며, 전라선도 여수를 지나고 있다. 또한 버스도 심야 12시까지 운행되고 있으므로 시간과 비용 등을 고려하여 여수를 방문할 수 있다.

항공

여수까지 아시아나가 일 4회, 대한 항공이 일 2회 운항한다. 소요 시간은 약 1시간이다.

요금 김포 – 여수: 정상 운임, 성수기, 비수기에 따라 6~9만 원, 할인 운임 3~5만 원선

철도

서울(용산)에서 여수까지 KTX 5회, 새마을호 1회, 무궁화호 4회 운행한다. KTX 3시간, 새마을호 4시간 30분, 무궁화호는 5시간이 소요된다.

요금 서울(용산) – 여수: KTX 47,200원, 새마을호 41,100원, 무궁화호 27,600원(일반실 기준)

고속버스

서울에서 여수까지 직행 버스는 센트럴시티에서 1일 14회 운행된다. 소요시간 4시간 15분이다.

문의 여수 터미널(061-652-6977), 센트럴시티 터미널(02-6282-0114)
요금 서울 – 여수: 일반 20,700원, 우등 30,800원

여수 공용 버스 터미널
주소: 전남 여수시 오림동 390
전화: 061-652-6977

2. 승용차

서울 – 경부 고속도로 – 천안논산 고속도로 – 호남 고속도로 – 익산포항 고속도로 – 순천완주 고속도로 – 여수(총 거리 341km, 소요 시간 약 4시간)

3. U – bike

여수 엑스포장 주변을 둘러보기에는 자전거가 제격이다. 여수에 마련되어 있는 20여 개의 U-bike 대여소에서 저렴한 비용으로 자전거를 대여할 수 있다. 하루 종일 원하는 만큼 자전거를 이용한 후, 반납은 본인이 원하는 대여소에 반납하면 된다. 주로 여수 엑스포장에서 자전거를 대여하여 오동도를 둘러보는 경우가 많으니 참고하자.

요금 1,000원
홈페이지 http://bike.yeosu.go.kr

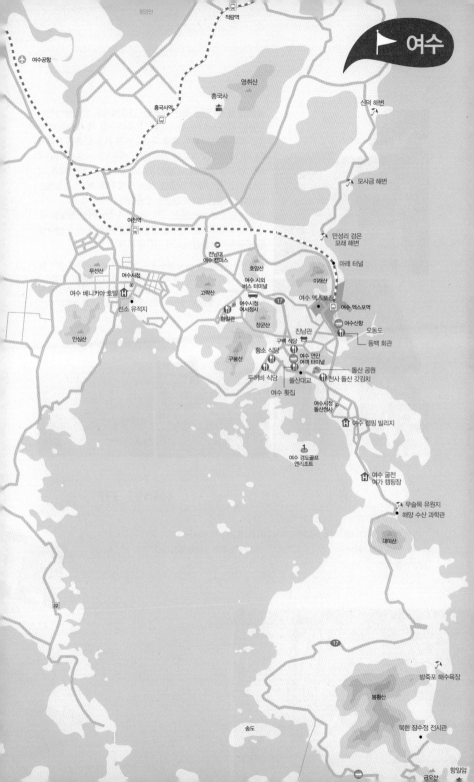

여수

여수공항

적량역

영취산
흥국사
흥국사역
신덕 해변

모사금 해변

여천역
만성리 검은
모래 해변
마래 터널

전남대
여수 캠퍼스
호암산
여수 시외
버스 터미널
미래산
여수 엑스포장
여수 엑스포역

무선산
여수시청
여서청사
여수신항
오동도
동백 회관

여수 베니키아 호텔
고락산
전남관

선소 유적지
함일관
장군산
구백 식당

안심산
구봉산
황소 식당
여수 연안
여객 터미널
돌산 공원
천사 돌산 갓김치

두꺼비 식당
돌산대교
여수 횟집
여수시청
돌산청사
여수 캠핑 빌리지

여수 경도골프
앤리조트
여수 굴전
여가 캠핑장

무슬목 유원지
해양 수산 과학관

대미산

22

17

방죽포 해수욕장

봉황산

송도
북한 잠수정 전시관

금오산
향일암

향일암

▶ 해를 머금은 사찰

일출을 볼 수 있는 곳은 많지만, 그중에서도 향일암에서의 일출은 뭔가 남다른 것이 있다. 어둑어둑할 때 새소리와 바람소리를 들으며 바위 틈을 파고드는 듯 산을 오르면 절벽에 바다를 내려다볼 수 있는 향일암이 나타나고, 시원한 바닷바람이 얼굴을 스친다. 광활한 바다의 느낌과는 사뭇 다른 나만의 비밀 공간에서 일출을 보는 느낌이다. 특히 겨울에는 동백이 내려앉아 더욱 장관을 연출한다.

해돋이 명소로 입소문 난 곳이라, 새해 첫날에는 향일암 휴게소에서 교통이 통제된다. 향일암 근처에서 밤을 보낸다면 돌산 공원에서 돌산대교의 야경을 보자.

주소 전남 여수시 돌산읍 율림리 산 7 전화 061-644-4742 시간 24시간 요금 성인 2,000원, 청소년 1,500원, 어린이 1,000원 홈페이지 www.hyangiram.org 버스 여수 공용 버스 터미널 – 시외버스 터미널 건너편 버스 정류장 – 향일암 버스 정류장(1시간 37분 소요)

TRAVEL TIP

향일암에서 하룻밤 템플 스테이

1박에 1인당 1만 원이며, 새벽 3시 반에 시작되는 새벽 예불에 참여해야 한다. 예약을 미리 받지 않는다는 점이 특이 사항이다. 단, 문의는 받는다. 시간을 맞추면 숙박하는 날 저녁과 다음 날 아침을 공양할 수 있다.

돌산대교(돌산공원)

▶ 야경이 아름다운 연륙교

여수시 남산동에서 돌산읍(돌산도) 우두리를 연결하는 연륙교로 저녁에 야경이 특히 아름답다. 돌산대교는 돌산대교를 건너면 바로 보이는 언덕에 위치한 돌산 공원에서 감상하는 것이 좋다. 야경 감상 코스로 더욱 좋은 이곳은 향일암에서 일출을 보기 위해 하루쯤 잠을 포기하는 사람들의 야간 활동 무대로도, 무박 여행으로 밤새 달려온 사람들이 잠시 휴식을 취하기에도 좋은 곳이다. 아래쪽에 유람선을 탈 수 있는 곳이 있는데, 유람선은 오동도 쪽에서 타는 것이 더욱 편리하다. 바다 위를 통과하는 해상 케이블카는 색다른 재미를 줄 것이다. 바닥이 유리로 되어 있는 크리스탈 캐빈과 일반 캐빈이 운영되고 있으며, 다소 가격 차이가 있다.

주소 전남 여수시 돌산읍 ~ 남산동(국도17호선) 전화 061-690-2038 (여수시 관광과) 버스 여수 공용 버스 터미널 – 시외버스 터미널 건너편 버스 정류장 – 돌산대교 회타운 입구 버스 정류장 – 돌산대교(25분 소요)

여수 해상 케이블카 주소 전남 여수시 돌산읍 우두리 산1 전화 061-664-7301 운행 시간 09:00~22:00 요금 일반 캐빈: 성인 13,000원 어린이 9,000원 / 크리스탈 캐빈: 대인 20,000원, 소인 15,000원

무슬목 유원지(해양 수산 과학관)

이순신 장군의 전승지

무슬목은 임진왜란 때 이순신 장군의 전승지이지만, 우리에게는 향일암과 더불어 해돋이 명소이며, 해변에 손바닥만한 동글동글한 돌인 몽돌이 700m 정도 펼쳐져 있는 물놀이터다. 갯벌이나 모래사장이 아닌 몽돌이라는 것이 흥미를 자아내기에 충분하고, 장소가 넓지는 않지만 여름 더위를 이기기에도 좋은 곳이다.

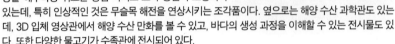

몽돌 해수욕장 뒤로는 송림 사이로 조각 공원이 조성되어 있는데, 특히 인상적인 것은 무슬목 해전을 연상시키는 조각품이다. 옆으로는 해양 수산 과학관도 있는데, 3D 입체 영상관에서 해양 수산 만화를 볼 수 있고, 바다의 생성 과정을 이해할 수 있는 전시물도 있다. 또한 다양한 물고기가 수족관에 전시되어 있다.

주소 전남 여수시 돌산읍 평사리 1271-3 전화 061-644-4136 시간 09:00~18:00(매주 월요일 및 명절 휴관) 요금 무슬목 유원지 무료 / 해양 수산 과학관: 성인 3,000원, 청소년 2,000원 홈페이지 www.jmfsm.or.kr 버스 여수 공용 버스 터미널 – 시외버스 터미널 건너편 버스 정류장 – 무슬목 버스 정류장 – 해양 수산 과학관(50분 소요)

방죽포 해수욕장

▶ 해수욕을 즐기기 좋은 아늑한 해변

한눈에 해수욕장이 들어오는 작은 규모이지만, 해수욕을 즐기는 사람들이 꽤 많은 곳이다. 백사장이 둥글게 바다를 싸고 있어서 아늑한 느낌이 든다. 해변만 본다면 무슬목 유원지보다 방죽포 해수욕장이 해수욕을 하기에는 더 좋다.

주소 전남 여수시 돌산읍 죽포리 전화 061-690-2114(여수시청 관광진흥과) 버스 여수 공용 버스 터미널 – 방죽포 해수욕장(1시간17분 소요)

북한 잠수정 전시관

▶ 남북의 상황을 돌아보게 되는 곳

1998년 12월 18일 전남 여수 앞바다로 무장 간첩 6~8명을 태운 북한 잠수정이 침투를 시도하였는데, 이를 우리 군이 격침한 사건이 있었다. 이때 인양한 잠수정을 이곳에 전시하고 있다. 다양한 전시품이 있는 곳은 아니지만, 새삼 우리나라의 남북 대치 상황을 인식하게 해 주는 곳이다.

주소 전남 여수시 돌산읍 율림리 445-2 전화 061-690-2952 시간 09:30~17:30(3~10월, 매주 월요일 휴관) / 09:30~16:30(11~2월, 매주 월요일 휴관) 버스 여수 공용 버스 터미널 – 시외버스 터미널 건너편 버스 정류장 – 대율 버스 정류장 – 북한 잠수정 전시관(1시간 30분 소요)

여수 엑스포장

▶ 바다와 과학이 어우러진 환상적인 곳

여수 세계박람회는 끝났지만, 여수 엑스포장은 아직도 볼거리로 가득하다. 그중 아쿠아플라넷과 빅오쇼는 단연 인기가 높다. 아쿠아플라넷은 일단 규모면에서 다른 수조관과는 차이를 확연히 느낄 수 있다. 흰고래인 벨루가가 움직이고 공을 가지고 노는 모습을 바로 눈 앞에서 볼 수 있으며, 시간만 잘 맞춘다면 초대형 메인 수조에서 펼쳐지는 아쿠아판타지 쇼도 볼 수 있다. 빅오 쇼(BIG-O Show)에서는 클래식과 재즈 선율에 맞춰 춤추는 지상 최대의 해상분수쇼를 비롯해, 이야기가 가미된 쇼를 볼 수 있다. 물과 빛이 만들어 내는 공연을 통해 낭만적인 시간을 보낼 수 있다. 그 외 기념관과 스카이타워 테디베어 전시관 또한 둘러볼 만하다.

위치 전라남도 여수시 덕충안길 100(덕충동 332-3) 전화 1577-2012 홈페이지 www.expo2012.kr

여수 해양 레일바이크

▶ 전 구간 해안가를 달리는 자전거

여수 해양 레일바이크는 탁 트인 해안 철길 위를 달리는 체험 프로그램이다. 총 길이 3.5km에 이르며, 터널 구간 및 전 구간 해안가 코스를 달릴 수 있다. 체험 내내 눈 앞에 펼쳐지는 해안, 잠시 암전되는 듯하다가 다채로운 조명으로 꾸며져 있는 터널구간 등을 통해 시각적인 즐거움을 느낄 수 있다. 안정성과 편안함을 고려하여 제작된 레일바이크는 힘들지 않아서, 다양한 연령대가 이용할 수 있다. 내일로, 아쿠아플라넷과 제휴되어 할인을 받을 수 있으니, 미리 알아보고 알뜰하게 이용해 보자.

위치 전남 여수시 만흥동 141-2
전화 061-652-7882
요금 2인승 20,000원, 3인승 25,000원, 4인승 30,000원
홈페이지 www.여수레일바이크.com

오동도

▶ 음악 분수와의 시원한 휴식

섬 모양이 오동잎을 닮았다고 해서 오동도라고 불리는 섬이다. 오동도에 들어서면 제일 인기가 좋은 곳은 음악 분수이다. 규모가 상당하고, 가까이에서 감상할 수 있어 더욱 좋다. 갯바위로 가는 길은 데크로 연결되어 있고, 조그만 공원처럼 쉴 수 있는 공간도 마련되어 있다.

전망대까지 올라보자. 전망도 좋지만 올라가는 길에 동백과 대나무가 맞이한다. 전망대 오르는 길에 보이는 남근목에 손을 대고 아들을 낳게 해 달라고 빌면 아들을 얻을 수 있다고 한다.

오동도까지의 이동 방법은 도보, 동백 열차, 여객선 3가지가 있는데, 들어갈 때는 여객선을, 나올 때는 동백 열차를 이용할 것을 추천한다. 비용을 지불할 만한 가치가 충분하다. 1인 소요 비용 10,800원(동백 열차 800원, 오동도에서 돌산대교를 오가는 여객선의 가격은 10,000원)이다.

주소 전남 여수시 수정동 산 1-11 전화 061-690-7303, 7215 버스 여수 공용 버스 터미널 – 시외버스 터미널 건너편 버스 정류장 – 여수 세관 건너편 버스 정류장 – 자산 공원(30분 소요)

Fun point

1. 여객선 타고 섬에 들어가기
2. 음악 분수
3. 전망대와 남근목

TRAVEL TIP

오동도 여객선 이용 방법

오동도 배편을 이용하는 방법에는 8가지 코스가 있지만, 사업성 문제로 단체가 아닌 경우, 오동도 돌산대교 일주 코스(오동도 입구-제2 돌산대교-장군도-돌산대교를 돌아 오동도 내 선착장)를 타게 된다. 단, 단체 승객은 여러 가지 노선 중에 선택할 수 있다.

오동도 주변 해수욕장

▶ 한산한 해변에서 휴식 즐기기

향일암에서 일출을 보고, 아침 식사를 하고, 향일암 주변 관광지를 돌아보고, 점심 후 오동도를 방문하거나, 이순신 관광지를 둘러보기도 하고 혹은 시간을 뒤로 조금씩 미루고, 중간에 해변에서의 해수욕 시간을 넣는 것도 좋다. 향일암 주변 해수욕장으로는 몽돌 해수욕장, 방죽포 해수욕장 등이 있다. 이곳에서는 마래 터널을 거쳐 오동도에서 위쪽으로 뻗은 해수욕장을 소개하고자 한다. 굳이 돌산읍과 비교하자면 이쪽의 규모가 더 크다고 하겠다.

마래 터널　　　　　　　　　　　Sighting

마래 터널이라 쓰인 안내판을 따라 좁은 터널이 보인다. 중간중간 마주 오는 차가 있으면 한쪽으로 비켜 가야 한다. 이 터널은 일본이 군수 물자를 나르기 위해 망치와 정으로 깎아 만들게 한 암반 터널이다. 지금 만들어진 터널과는 사뭇 다른데, 안쪽에 조명 시설을 만들어 터널 안을 볼 수 있다. 만성리 검은 모래 해변 가는 길에 있다.

위치 만흥동에 위치하고 있는데, 오동도를 나와 만성리 해수욕장 가는 길에 있다.

만성리 검은 모래 해변

갈색의 모래사장이 펼쳐진 해수욕장만 보던 우리들에게 검은 모래 해변이라는 단어는 다소 새로운 느낌을 준다. 하지만 주로 돌이 많고, 검은 모래가 많이 씻겨 내려가 이제는 '아 조금 색이 짙구나'하는 정도이다. 하지만 해수욕을 하기에 충분히 넓고, 일반 모래보다는 신경통과 부인병에 효과가 좋다고 한다. 해변을 따라 그늘막이 설치되어 있고, 편의 시설이 잘 갖추어져 있으며, 뒤쪽으로는 민박과 횟집이 즐비하다.

주소 전남 여수시 만흥동 85-5 전화 061-690-7547 홈페이지 www.namdobeach.go.kr 버스 여수 공용 버스 터미널 – 시외버스 터미널 건너편 버스 정류장 – 만성리 버스 정류장 – 만성리 검은 모래 해변(33분 소요)

모사금 해수욕장

모사금 해수욕장은 만성리 검은 모래 해변 바로 뒤쪽에 있다. 규모가 조금 더 작고 조용하다. 돌이 없는 편이며 모래가 고운 것이 특징이다. 모래가 고와서 어린 아이들도 놀기가 좋다. 식수, 화장실, 샤워 시설도 준비되어 있다.

주소 전남 여수시 오천동 전화 061-690-2437 홈페이지 www.namdobeach.go.kr 버스 여수 공용 버스 터미널 – 시외버스 터미널 건너편 버스 정류장 – 오천동 버스 정류장 – 모사금 해수욕장(45분 소요)

신덕 해수욕장

앞의 해수욕장과 비교하면 가장 작은 규모지만, 해수욕을 위한 시설은 모두 되어 있다. 이곳은 앞선 해수욕장보다 한적하게 놀고 싶은 사람들에게 추천한다.

주소 전남 여수시 신덕동 전화 061-690-2421 홈페이지 www.namdobeach.go.kr 버스 여수 공용 버스 터미널 – 시외버스 터미널 건너편 버스 정류장 – 신덕 해수욕장 입구 버스 정류장 – 신덕 해변(54분 소요)

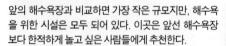

이순신 유적지

이순신 유적지는 해남과 이곳 여수에 있다. 해전에서 승리한 장소도 의미 있지만, 특히 여수에는 이순신 장군이 군을 지휘하던 장소와 함께 싸운 승군, 그리고 거북선을 만든 선소가 있어 다른 곳과 차별화된다. 찬찬히 둘러보자.

진남관

Sighting

진남관은 국보 제304호로, 여수를 상징하는 곳이기도 하다. 진남관을 처음 보면 그 크기에 압도되는데, 단층 건물로는 제일 크다고 한다. 크기도 크기지만, 이곳은 이순신이 전라좌수영의 본영으로 사용하던 곳으로도 의미가 있고, 이후에도 조선 수군의 본거지로서의 역할을 한 곳이다. 이순신 장군이 사용할 당시에는 진해루라는 누각이었고, 조선 시대에 2번의 화재로 불타고 새로 건립하면서 지금의 모습을 갖추었다. 진남관 아래쪽으로는 유물 전시관이 마련되어 있어 이해를 도와 주지만, 문화 해설사의 해설을 들어 보는 것도 좋은 경험이 된다.

주소 전남 여수시 군자동 472 전화 061-690-7338 시간 동절기 오전 9:00~오후 17:00, 하절기 오전 9:00~오후 18:00 버스 여수 공용 버스 터미널 – 시외버스 터미널 건너편 버스 정류장 – 진남관(19분 소요)

선소 유적지

Sighting

고려 때부터 배를 만드는 조선소가 있던 자리로 이순신이 거북선을 만들었던 곳으로 알려져 있다. 거북선을 설계한 사람은 나대용 장군이지만, 이순신 장군의 업적에 가려 잘 알려지지 않았다. 현재는 큰 우물 같기도 하고 호수 같기도 한 터만 남아 있다.

주소 전남 여수시 시전동 708 전화 061-690-2038, 061-690-2222 버스 여수 공용 버스 터미널 – 시외버스 터미널 건너편 버스 정류장 – 여천등기소 건너편 버스 정류장 – 선소 마을(36분 소요)

흥국사

흥국사는 나라 '국(國)'에 흥할 '흥(興)' 자를 쓴다. 즉 나라가 흥하면 절도 흥하고, 절이 흥하면 나라도 흥한다는 뜻이다. 흥국 사찰은 호국 사찰로서 임진왜란 당시 의승 수군(의승 승병은 육군, 의승 수군은 해군) 본부가 되어 700명의 충청, 전라, 경상도의 승려가 모여서 3도 수군 절도사인 이순신과 함께 왜구를 물리치는 역할을 하였고, 전쟁이 끝난 후에도 300여 명의 의승 수군이 조직되어 전쟁에 참여하였다. 그래서 이곳에는 의승 수군 관련 유물이 많은데, 특히 피 묻은 승복과 무기들은 마음을 얼얼하게 한다.

주소 전남 여수시 중흥동 17 전화 061-685-5633 요금 2,000원 홈페이지 www.여수흥국사.kr 버스 여수 공용 버스 터미널 – 시외버스 터미널 건너편 버스 정 류장 – 신기동 새마을금고 버스 정류장 – 흥국사 버스 정류장 – 흥국사(1 시간 소요)

fun point

1. 문화 해설사의 설명 경청
2. 흥국사 대웅전(보물 제396호)

영취산

⬌ 봄의 절정이라면 진달래 꽃동산

마치 동화 속 그림에 보던 꽃동산이 눈앞에 펼쳐지
니 탄성이 절로 난다. 여린 분홍의 꽃이 산 전체를
덮고 산길을 따라 오르면 그저 웃음만 난다. 전국 3
대 진달래 군락지인 경남 창녕 화왕산, 경남 마산 무
악산, 전남 여수 영취산 중에서도 최고가 이곳 여수
의 영취산인 까닭이 있다. 30~40년생 진달래가 15
만 평을 뒤덮고 있어서라고 예상하겠지만, 아니다.
영취산이 해발 450m로 산세가 완만한데다 키가 큰
나무가 진달래를 가리지 않기 때문이다. 어린아이
도 오를 수 있을 만큼 완만하지만, 그래도 산이라는
점을 잊지 않도록 하자. 물과 간단한 간식, 그리고
트레킹화 정도는 꼭 챙기고, 시간도 넉넉히 잡는 것
이 좋다. 오르내리는 길목에 진달래 기념비가 있는
데, 제법 너른 평지에서 진도대교와 여수산단을 내
려다볼 수 있다. 이곳에서 기분 좋은 휴식으로 여행
을 마무리해 보자.

주소 전남 여수시 월내동 548 (영취산 기념비) 전화 061-
690-2042 홈페이지 www.ystour.kr 축제 기간 4월 둘째
주 버스 여수 시외버스 터미널 – 상암동행 ※ 영취산 진달래
축제 기간에는 셔틀이 운행됨. (여수 시청 – 여전역 – 돌고개
행사장)

천사돌산 갓김치

여수의 갓김치는 대부분 맛있지만, 이곳이 유명세를 탄 것은 〈생활의 달인〉이라는 프로그램에 출연한 달인의 김치라는 점 때문이다. 경력 40년의 할머니부터 3대가 함께 꾸려 나간다. 돌산대교를 건너 오른쪽에 위치하고, 하루에 해내는 양도 어마어마하다. 인터넷으로 구매할 수 있지만, 직접 구매하면 더욱 저렴하다.

주소 전남 여수시 돌산읍 우두리 710-8 전화 061-692-0120 요금 3kg 2만 7천 원
홈페이지 1004kimchi.com

두꺼비 식당

무한 리필 가능한 돌게장 정식. 보기엔 엄청 딱딱하게 생겨 먹기 두려워 보이는 돌게가 입에 넣으면 스스르 사라진다. 기본 찬과 갓김치를 중심으로 돌게장이 나오는데, 정말 밥 한 공기가 뚝딱이다.

주소 전남 여수시 봉산동 270-2 전화 061-643-1880~1 요금 게장 백반 1만 2천 원, 갈치조림 1만 8천 원, 간장게장 4만 원

황소 식당

여수는 돌게장으로 유명해서 어디든 돌게장을 파는 곳이 많다. 황소 식당은 돌게장 음식점들 중에서 이름이 난 곳이니 찾아가 보자.

주소 전남 여수시 봉산동 286-12 전화 061-642-8037 요금 게장 백반 1만 2천 원

동백 회관

여수에서 꽤나 이름난 동백 회관은 해산물 중심의 코스 요리를 하는 집이다. 이것저것 맛볼 수 있다는 점이 최대 장점인 데다 가격도 적당한 편이라 찾는 이가 많다. 다소 입에 안 맞는 것도 있지만 도전해 볼 만하다.

주소 전남 여수시 수정동 273 전화 061-664-1487 요금 동백 정식 2인: 8만 원, 오동도 특 정식 16만 원

여수 베니키아 호텔

한국관광공사가 운영하는 한국 최초의 중저가 관광 호텔 체인 브랜드로 우리나라에 총 44개가 있는데, 이곳은 여수국제박람회가 열리면서 함께 지어진 최신식 호텔이다. 새 호텔이라 집기 등 모든 것이 새것이라 시설의 깔끔함은 최고다. 바다 전망이 가능하고, 엑스포장 바로 앞에 있어 더욱 좋다.

주소 전남 여수시 학동 200-16 전화 061-662-0001 요금 16만~45만 원 홈페이지 www.benikeahotel.co.kr

여수 굴전 여가 캠핑장

여수 베키니아 호텔에 방이 없다면, 굴전 여가 캠핑장으로 눈을 돌리자. 캠핑 용품이 있다면 아주 저렴하게 숙박이 가능하고, 없어도 캐러반이나 펜션형으로 시설이 되어 있고, 가격도 아주 착하다.

주소 여수시 돌산읍 평사리 1324 전화 1588-3896 요금 캠핑: 1만 5천 원(성수기 2만 5천 원) / 캐러반: 5만 원부터(성수기 9만 원) / 펜션: 평수에 따라 차이가 있다. 기본 5만 원(성수기 10만 원) 홈페이지 camping.ysmbc.co.kr

여수 캠핑 빌리지

캠핑이라고 해서 꼭 모든 캠핑용품이 있어야만 가능한 것은 아니다. 이곳 텐트 촌은 오토 캠핑장, 텐트촌, 돔하우스까지 갖추고 있다. 색다른 재미가 있고, 다른 곳보다는 비교적 저렴한 편에 속한다.

주소 여수시 돌산읍 평사리 1450-99 전화 1599-4647 요금 오토 캠핀장: 5만 원(성수기 6만 원) / 텐트촌: 4만 원(성수기 5만 원) / 돔하우스 9만 원(성수기 11만 원), 13만 원(성수기 15만 원) 홈페이지 expocampvil.com/home.html

흥국사 템플 스테이

숙박으로 꼬박꼬박 추천하는 곳 중 하나가 템플 스테이 정보인데, 흥국사는 큰 사찰이라 템플 스테이 프로그램이 좀 더 체계적으로 잘되어 있다. 체험이라는 느낌이 강하게 들어 종교에 대해 큰 부담감이 없는 사람들이 이용해 볼 만하다. 당일, 1박 2일, 2박 3일 등 일정별로 다양한 체험을 할 수 있는 프로그램이 준비되어 있다. 108배, 참선, 다도, 사찰 음식 문화 체험 등이 준비되어 있다. 휴식형이라고 해서 저렴한 가격에 1박의 잠만 청할 수도 있다.

주소 전남 여수시 중흥동 17 전화 061-685-5633 요금 3만~10만 원 홈페이지 www.여수흥국사.kr

향일암 템플 스테이

향일암은 일출로 유명한 작은 암자이다. 그럼에도 불구하고 향일암 주변 펜션의 가격이 조금 비싸기 때문에 대학생들이나, 혼자 여행하는 사람이 많이 찾는 곳 중 하나이다. 작은 암자이기 때문에 이곳에서 머물기 위해서는 예불 2회 참석이라는 종교적인 참여가 꼭 필요하다. 하지만 안전한 데다 비용이 저렴해서 더욱 좋다. 전날 5시 이전에 숙박 예약을 하면 이용이 가능하다.

주소 전라남도 여수시 돌산읍 율림리 산 7 전화 061-644-4742 요금 문의 홈페이지 www.hyangiram.org

엠블 호텔

여수엑스포를 개최하면서 문을 연 6성급 호텔인만큼 최신식의 쾌적한 환경을 자랑한다. 여수 엑스포장, 오동도, 여수 케이블카까지 걸어서 이동이 가능하고, 방에서 오동도를 내려다 볼 수 있다. 엠블 호텔 패키지나 호텔 할인 어플 등을 이용하면 저렴한 가격에 이용할 수 있다.

주소 전남 여수시 수정동 332-15번지 전화 061-660-5800 요금 슈페리어 37만 5천 원~65만 원(정상가 기준) 홈페이지 www.mvlhotel.com/yeosu/

광양

붉은 동백과
섬진강 매화 마을

광양에서는 광양 제철소의 불기둥, 광양항의 거대한 컨테이너 등 흔히 볼 수 없는 시설에 눈이 휘둥그레진다. 또한 국내에서 유일하게 벚굴이 나는 망덕 포구에서의 식사, 캠핑이나 산책에 좋은 넓은 해변 공원, 김을 김이라 부르게 한 김여익을 추모하는 김 시식지 등 볼거리, 즐길거리가 가득하다.
동백꽃 7천 그루가 겨울이면 흰 눈 위에 빨간 꽃송이를 떨어뜨리는 옥룡사

지, 따스한 바람이 불면 하얀 매화꽃이 가득 피는 청매실 농원, 계곡 놀이를 하기 좋은 백운산 4대 계곡, 자연 학습이나 캠핑도 하고, 황토 위를 걷는 삼림욕까지 할 수 있는 백운산 자연 휴양림도 있으니 광양에서는 지루할 새가 없다. 또한 4대강 국토 종주 자전거길 중에 섬진강 종주 자건거길 4코스가 광양 배알도 해변 공원에서 시작된다. 특히 매화와 벚꽃이 맞물릴 때 종주길을 달려 보자.

또한 광양에서 맛볼 수 있는 광양 불고기는 양념한 좋은 고기를 숯불에 구워 내는데, 도심에서 흔히 맛볼 수 있는 맛이 아니니 반드시 먹어 보자.

1. 대중교통

광양까지 직행으로 운행하는 열차가 있으나 하루에 한 대만 운행하고 있으며 소요 시간도 길어 주변 지역에서 환승하여 가는 것을 추천한다. 순천, 여수까지 운행하는 열차가 1시간 간격으로 있으며, 항공도 여수까지 이용이 가능하다. 광양은 순천과 거리가 가까우니 순천까지 열차를 이용한 후 시외버스를 이용하는 것도 좋은 방법 중의 하나이다.

항공

여수까지 아시아나가 일 4회, 대한 항공이 일 2회 운항한다. 소요 시간은 약 1시간이다.

요금 김포 – 여수: 정상 운임, 성수기, 비수기에 따라 6~9만 원, 할인 운임 3~5만 원선

철도

직행 열차는 없으나, 환승을 통해 광양역에 도착할 수 있다. 순천이나 마산에서 열차를 갈아타고 광양에 도착 가능하다. 단, 갈아타는 열차에 따라 요금 차이가 난다.

요금 서울(용산) – 광양: KTX – 무궁화호 58,100원, 새마을호 – 무궁화호 36,200원, 무궁화호 – 무궁화호 34,600원

광양역
주소: 전남 광양시 광양읍 인동리 227-1 / 전화: 061-762-7788

항공과 철도를 잇는 시외버스

여수-광양 수시 운행, 소요 시간 1시간 30분, 요금 5,600원 홈페이지 www.usquare.co.kr

고속버스

서울에서 광양까지 직행 버스는 남부터미널에서 출발한다. 1일 10회 운행하며 배차 간격은 40분~2시간이다. 소요 시간은 3시간 30분이다.

문의 남부 터미널(02-521-8550), 광양 시외버스 터미널(061-762-3030)
요금 서울 – 광양: 일반 19,800원, 우등 29,300원

광양 공용 버스 터미널
주소: 전남 광양시 광양읍 인동리 413 / 전화: 061-762-9008

2. 승용차

서울 – 경부 고속도로– 천안논산 고속도로 – 호남 고속도로 – 익산포항 고속도로 – 순천완주 고속도로 – 남해 고속도로 – 인동 IC – 광양읍(총 거리 314km, 소요 시간 약 3시간 30분)

3. 시티 투어

제1코스 : 관광 안내소 – 광양항 홍보관 – 광양 제철소 – 중식 – 백운산 자연 휴양림 – 옥룡사 동백림 – 유당 공원– 관광 안내소 / 제2코스 : 관광 안내소 – 광양항 홍보관 – 광양 제철소 – 중식 – 매화 마을 – 장도 전수관 – 유당 공원 – 관광 안내소 / 제3코스 : 관광 안내소 – 김 시식지 – 매천 황현 생가 – 중식 – 옥룡사 동백림 – 중흥사 – 유당 공원 – 관광 안내소

운행주기 매월 둘째주, 넷째주 토요일 요금 버스 운임 무료, 개인 경비 본인 부담
예약 광양 관광 진흥과 061-797-2731

광양 장도 전수관

▶ 장도를 재발견할 수 있는 곳

수많은 TV 사극에서 여주인공들이 위기가 닥치면 비장하게 뽑아 드는 은장도. 드라마에서는 친숙한 물건이지만 실물을 만날 기회는 흔치 않다. 반짝반짝 아름다운 은장도를 이곳 광양 장도 전시관에 가면 만날 수 있다. 중요무형문화재 제60호 박종군 님의 작품이 전시 판매되는 곳이다.

전시되어 있는 장도들은 가격이 100만 원에서 5천만 원까지 달하는 작품들이니 직접 구입하기는 부담스럽더라도 눈으로 호사를 누릴 수 있다. 물론 기념품으로 파는 장도도 마련되어 있다.

주소 전남 광양시 광양읍 칠성리 1009-3 전화 061-762-4853, 763-0510 시간 09:30~18:30 요금 무료(체험 요금 별도) 홈페이지 www.jangdo.org 버스 광양 공용 버스터미널 - 신두 방면 버스 탑승 - 광양 여고 버스 정류장 하차 (10분 소요)

기념품 가격

장도 5,000원, 장도 노리개 8,000원, 칠보 목걸이 8,000원, 클레이탈 6,000원, 장승 6,000원, 솟대 6,000원, 탈문살 6,000원, 토분 2개 5,000원, 합죽선 부채 7,000원, 떡살 염색 가방 7,000원, 칠보 액자 15,000원, 칠보 장신구 3만 원, 칠보 공예 2만 원

Fun point

1. 장도 작품 구경하기
2. 바로 옆의 유당 근린 공원도 둘러보고 광양 불고기도 맛보자.

유당 근린 공원

⊹ 운치 있는 조선 양식의 공원

광양 공용 버스 터미널 앞에 멋진 공원이 있다. 멋스러운 연못과 수령이 오래된 나무들이 즐거운 휴식을 선물한다. 조선 시대에 광양 읍성을 축조하고 바다에서 왜구가 볼 수 없도록 나무를 심었던 자리에 위치한 정원인데, 늪 지대에 연못을 파고 조성해서 수양버들이 많다. 1547년 당시 현감 박세후(朴世煦)가 조성했다. 풍수지리상 칠성리의 당산(堂山)은 호랑이가 엎드린 형국이고, 읍내리는 학이 나는 형국인데, 남쪽이 허해서 조성했다고도 한다.

천연기념물 제235호인 이팝나무는 흰 쌀밥과 같이 풍성한 꽃송이를 피워 낸다. 한쪽에 있는 비석들은 관찰사와 현감, 군수 등을 지낸 15명 인물의 비석이다.

주소 전남 광양시 광양읍 인동리 위치 광양역, 광양 공용 버스 터미널 근처

백운산 자연 휴양림

⬤ 시설이 잘되어 있는, 규모 있는 자연 휴양림

자연 휴양림인 만큼 자연 환경은 쾌적한 곳이다. 황톳길과 야생화 단지, 어린이 놀이터와 오토캠핑장까지 시설이 매우 잘 되어 있어 더욱 좋은 곳이다.

신발을 벗고 황톳길을 걸으며 삼림욕을 하는 것도 좋다. 그리고 야생화 단지에서 흔히 볼 수 없는 야생화를 한없이 바라볼 수도 있는 곳이다. 아이들이 놀기 좋은 놀이터가 있어 찾는 이가 많은 곳이다.

주소 전남 광양시 옥룡면 추산리 산 115-1 전화 061-797-2655~6 요금 성인 1,000원, 청소년 600원, 어린이 300원 시간 08:00~19:00(3~10월), 06:00~18:00(11~2월) 홈페이지 bwmt.gwangyang.go.kr 버스 광양 공용 버스 터미널 - 백운산 자연 휴양림 방면 버스 탑승 - 자연 휴양림 버스 정류장 하차(35분 소요)

Fun point

1. 어린이 놀이터, 숲 속 쉼터, 야생화 단지
2. 황토길에서의 삼림욕
3. 축구장, 물놀이장

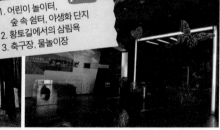

옥룡사지

⬤ 절 터 주변으로 쏟아져 내린 동백꽃이 묘한 기분을 만드는 곳

이곳의 제대로 된 이름은 옥룡사가 아니라 옥룡사지이다. 절은 없고 절 터만 있기 때문이다. 하지만 절 터를 보러 온다기보다는 동백 숲을 보기 위해 이곳을 찾는다. 옥룡사의 땅 기운을 보강하기 위해 심은 동백꽃이 주인이 되었다 해도 과언이 아니다. 이곳의 동백 숲은 천연기념물로 지정되어 있을 만큼 남다르다. 옥룡사지까지 가는 길의 동백 숲도 좋지만, 시간이 있다면 도선국사 천년 숲길을 등산해 보는 것도 좋다.

주소 전남 광양시 옥룡면 추산리 302 전화 061-797-2363 홈페이지 www.gwangyang.go.kr

중흥사

동백림과 같이 보면 좋은 절

산성에 둘러싸인 아담한 절이다. 학교 다닐 때 미술 시간에 본 국보 쌍사자 석등이 있는 곳이 바로 이곳 중흥사이다. 옥룡사 지가 살짝 아쉬웠다면 아쉬움을 달래는 정도로 찾으면 좋은 곳이다.

주소 전남 광양시 옥룡면 운평리 산 23 전화 061-763-6655 시간 일 출~일몰 버스 광양 공용 버스 터미널 – 백운산 자연 휴양림 방면 버스 탑승 – 삼정 버스 정류장 하차(25분 소요)

Fun point
1. 국보 제 103호 쌍사자 석등
2. 보물 제112호 삼층 석탑
3. 전라남도 유형 문화재 제142호 석조지장보살반가상

성불사

계곡이 좋은 사찰

성불사는 범종도 유명하지만, 무엇보다도 성불사 오르는 길에 쭉 뻗은 계곡이 정말 좋다. 중간중간 계곡에서 물놀이를 하는 모습도 쉽게 볼 수 있다. 계곡을 막은 건물들이 없고, 계곡 물이 흐르는 모습과 시원한 소리를 바로 들을 수 있 기 때문이다. 금천 계곡, 어치 계곡, 동곡 계곡 모두 좋긴 하지만, 좋은 자리마다 민박집과 산장이 있어 산장이나 민박집 소유인 것만 같은 느낌이다. 하지만 성 불 계곡은 절에 올라가는 길이라 그렇지 않다. 작은 계곡이지만, 계곡다운 계곡 에서 물놀이가 가능하다.

주소 전남 광양시 봉강면 조령리 859 전화 061-762-2882 버스 광양 공용 버스 터미널 – 봉강 면사무소 방면 버스 탑승 – 조령 버스 정류장 하차(40분 소요) – 도보 15분

Fun point
1. 성불 계곡
2. 엄청난 크기의 범종

광양항 홍보관

▶ 광양항의 정보를 한눈에 볼 수 있는 곳

1. 체험관 컨테이너 하역 시뮬레이션
2. 영상관 cctv

광양항 홍보관은 광양항의 과거부터 현재의 모습, 개발 과정, 현재의 역할 등을 설명하는 곳이다. 컨테이너 하역 시뮬레이션을 할 수 있는 체험관, 광양항을 소개하고 현재의 움직임을 보여 주는 영상 체험관이 있다. 엄청난 양의 컨테이너와 이를 운영하는 거대한 시설을 보기란 쉬운 일이 아니니 지나치지 말고 들러 보자.

주소 전남 광양시 황길동 1390 전화 061-797-4500 시간 예약제 홈페이지 www.kca.or.kr 버스 광양 공용 버스 터미널 – 중마 고등학교, 조선옥 방면 버스 탑승 – 강남 병원 버스 정류장 하차(33분 소요) – 진양 면사무소, 월드 마린 센터 방면 버스 탑승 – 인터내셔널 터미널 버스 정류장 하차(5분 소요) – 도보 5분

주의!

광양항 홍보관이 컨테이너 부두공단에서 여수 광양항만 공사 내로 옮겨졌다. 여기서 크게 달라진 점은 과거에는 예약 없이도 누구나 이곳 관람이 가능했지만, 이젠 꼭! 예약을 해야만 이용할 수 있다.

광양 제철소

▶ 단일 제철소로는 세계 최대 규모

태풍의 영향을 받지 않는 광양에 국토 종합 개발을 위해 세운 광양 제철소는 바다를 매립해 세웠고, 규모도 대단하다. 단일 제철소로는 세계에서 가장 큰 규모이며, 모두 5기의 고로에 연간 1,800만t의 조강 생산 능력을 보유하고 있다.

광양 제철소를 제대로 보는 방법은 견학을 하는 것이다. 단, 견학을 하려고 마음 먹었다면 꼭 3일 전에 예약하고 방문해야 한다. 만약 예약을 하지 못했다면, 해가 진 후 밤에 주변으로 가 보자. 낮에는 잘 보이지 않던 불기둥이 묘한 분위기를 자아내고, 지나다니는 큰 트럭들이 신기하기만 하다.

주소 전남 광양시 금호동 700 전화 061-790-0114 버스 광양 공용 버스 터미널 – 용지, 조선옥 방면 제철2문 버스 정류장 하차 (45분 소요) – 도보 18분

김 시식지

▶ '김'이라는 이름이 탄생한 곳

우리나라에서 최초로 김을 양식한 사람이 김여익이다. 원래 김을 '해의'라고 불렀는데, 김여익이 김을 양식하면서 '김'이라고 불리게 되었다. 광양에 산업 단지가 들어오기 전에는 김을 많이 생산했는데, 나무 등으로 만든 섶을 모내기하듯 바다에 꽂아 놓은 뒤, 거기에 걸린 김을 뜯어 씻고 말리는 방식으로 생산했다고 한다. 이곳에는 김 양식에 대한 다양한 정보와 기구들이 있으며, 김에 대한 설명을 해 주는 해설사도 있어서 과거 광양의 생활 모습도 재미나게 들을 수 있는 곳이다.

주소 전남 광양시 태인동 829-1 버스 광양 공용 버스 터미널 – 용지, 조선옥 방면 버스 탑승 – 제철2문 버스 정류장 하차(45분 소요) – 궁기 방면 버스 탑승 – 궁기 버스 정류장 하차(10분)

배알도 해변 공원

▶ 멋진 데크가 있는 넓은 해변 공원

이곳은 원래 망덕리 해수욕장이었지만, 이젠 해변 공원으로 변모하여 휴식 공간의 역할을 충실히 하고 있다. 운동 기구와 소나무 숲 사이로 나 있는 지압길, 광장, 해변을 따라 늘어선 멋스러운 데크까지 한가로운 해안 공원이라는 말이 딱이다. 바다를 바라보며 차를 마시기에도 좋고, 가족 단위로 가벼운 캠핑을 하기에도 좋다. 무엇보다도 최근 이곳을 찾는 중요 포인트는 바로 4대강 국토 종주 자전거길이다. 섬진강 종주 자전거길 4코스의 마지막 인증센터가 이곳에 위치하기 때문이다. 자전거길이 잘 조성되어 있으니, 자전거를 타지 않는 사람이라도 일부 구간을 걸어 보는 해안 산책을 추천한다.

주소 전남 광양시 태인동 1630-1 전화 061- 797-2114(광양시청 문화홍보과) 시간 해수욕장은 개장하지 않으며, 공원으로 이용 가능 버스 광양 공용 버스 터미널 – 외망 방면 외망 버스 정류장 하차(1시간 5분 소요) – 도보 26분

Fun point

1. 세미 캠핑 (고기 구워 먹기)
1. 해안 데크 따라서 산책
2. 4대강 국토 종주 자전거길

망덕 포구

▶ 벚굴도 맛보고 자전거길도 걷고

망덕 포구는 횟집이 즐비하게 늘어서 있는 횟집촌으로, 한적한 시골 포구에서 횟감을 맛보기에 좋은 곳이다. 망덕 포구는 벚굴(강굴)로 유명하니, 봄이라면 이곳의 벚굴을 한번 맛보길 권한다. 어린아이 팔뚝만큼 큰 굴인데, 크기에 따라 차이가 있지만 5kg이면 12개 정도가 된다. 벚굴은 구워 먹기도 하고 회로 먹기도 한다. 신선한 벚굴로 배가 든든해졌다면 자전거길을 걸어 보자. 4대강 종주 자전거길이 있어서 산책하기도 좋다.

주소 전남 광양시 진월면 망덕리 버스 광양 공용 버스 터미널 – 외망 방면 외망 버스 정류장 하차(1시간 5분 소요) – 도보 26분

Fun point
1. 손바닥만큼 큰 벚굴(강굴) 먹기
2. 배알도 해변 공원 산책

섬진강 매화 마을

▶ 시비가 즐비한 운치 있는 섬진강변 매화 농원

매화 하면 떠오르는 섬진강 매화 마을이 바로 이곳 광양에 있다. 매화 마을 정상에서는 섬진강이 내려다보이고, 중턱에는 초가 두 채가 매화 농원의 매화와 어우러져 그림 같은 광경을 연출한다. 잘 정비된 매화 농원 사이로 대나무 밭이 운치를 더한다. 중턱쯤에 오르면 200여 개의 항아리 단지가 눈길을 사로잡는다. 특히 봄에 더 아름다워지는 곳이다.

주소 전남 광양시 다압면 도사리 141 전화 061-772-4066 홈페이지 www.gwangyang.go.kr/maehwa, www.maesil.co.kr 버스 광양 공용 버스 터미널 – 화개, 하동 방면 매화 마을 버스 정류장 하차(30분 소요)

TRAVEL TIP

섬진강 두꺼비 전설

매화 마을에서 내려다보이는 섬진 나루터에는 두꺼비 전설이 내려온다. 일본 왜구가 이곳에서 자주 노략 질을 했는데, 어느날 두꺼비 수십만 마리가 섬진 나루터로 들어오늘 왜구를 향해 울어댔고, 왜구들은 이에 놀라 물러갔다늘 것이다. 그래서 '두꺼비 섬' 자를 따서 강 이름도 섬진강이라고 한다.

삼대 광양 불고기

삼대째 내려오는 불고기집으로 일단 규모가 크고, 눈에 띈다. 밑반찬의 종류도 많다.

주소 전남 광양시 광양읍 칠성리 959-11 전화 061-763-9250 요금 한우 불고기 2만 4천 원, 호주산 1만 6천 원, 갈비살 2만 2천 원 홈페이지 www.sdbulgogi.com

한국 식당

4대째 내려오는 광양 불고기집으로 관광공사에서도 추천한 집이다. 다른 곳보다 장아찌 류의 반찬이 많다.

주소 전남 광양시 광양읍 읍내리 206-1 전화 061-762-9292 요금 한우 불고기 2만 2천원

망덕 배알도 횟집

벚꽃 피는 계절에 망덕 포구에 가면 섬진강 주변에서만 나는 벚굴(강굴)을 맛볼 수 있다. 특히 망덕 배알도 횟집은 직접 채취한 벚굴을 대접한다.

주소 전남 광양시 진월면 망덕리 60 전화 061-772-3798 요금 5kg 기준 4만 원 (구이를 시키고 회로 먹겠다고 하면 구이 중에서 몇 개를 까 준다.)

필레모 호텔

그리스 신화에 등장하는 필레몬의 이름에서 따왔다고 한다. 친절한 서비스와 깨끗한 객실 그리고 좋은 전망 등으로 많은 사람이 찾는 호텔이다.

주소 전남 광양시 광양읍 인동리 412-1 전화 061-761-8700, 761-8720 요금 14만~28만 원 홈페이지 www.philemo.co.kr

양우당

염색과 도자기 체험을 할 수 있으며 직접 만드는 손두부를 맛볼 수 있다.

주소 전남 광양시 옥룡면 추산리 1148 전화 061-762-8934 요금 일반실 10만 원(성수기, 비수기), 인원 추가 시 추가 요금 있음 홈페이지 www.namdominbak.go.kr/minbak3/yangudang

백운산 자연 휴양림

자연 휴양림이 좋은 것은 이제 누구나 아는 사실이다. 저렴한 가격으로 자연을 최대한 만끽할 수 있고, 시설도 비교적 깔끔하기 때문이다. 그렇다 보니, 예약제이며 예약 기간에는 치열한 경쟁을 해야 한다.

주소 전라남도 광양시 옥룡면 백계로 337 전화 061-797-2655, 797-2656 요금 산막 1,2지구: 4만~14만 원 / 종합 숙박 동: 5만~14만 원 / 캐빈하우스: 5만~18만 원 / 야영장: 4천~7천 원 홈페이지 bwmt.gwangyang.go.kr/bmt

옥룡사지

남해

아름다운 풍광과
문화 예술이 가득한 보물섬

은모래 비치의 투명한 바다와 반짝이는 모래, 그곳에서 물을 즐기는 사람들과 해안을 따라 달리는 사륜 바이크, 바다 밖으로 시원하게 달리는 유람선에서의 멋진 풍경만으로도 충분히 멋진데, 남해의 풍광은 이것이 다가 아니다. 산세가 좋은 금산에 오르는 것도 즐거움이고, 보리암에 올라 바라보는 남해 바다의 아름다운 절경도 황홀하다. 바다를 내려다보고 있는 해수관음상에게 소원을 빌면 소원이 꼭 이루어진다니, 한 번쯤 소원도 빌어 보자.

남해에는 문화와 예술, 역사도 살아 숨 쉰다. 먼저, 남해 유배 문학관에 들러 보자. 유배 가는 상황에 대해 이해할 수 있게 된다. 직접 유배되는 사람이 되어 소달구지에 올라타 주변의 시선도 느껴 보고, 작은 방에 들어가 유배 당시의 심경을 직접 느껴 볼 수 있다. 이순신 장군이 순국한 곳인 관음포 유적지의 이순신 영상관, 남해 충렬사와 거북선까지 역사 유적도 돌아보자.

죽방렴에서 멸치잡이도 구경하고 멸치회와 멸치 쌈밥도 먹어 보자. 소박한 정원들이 모여 있는 원예 예술촌에서 차도 한잔 마시고, 저녁 무렵에는 정겨운 가천 다랭이 마을에서의 훈훈한 시간도 즐겁다. 다양한 즐거움을 간직한 남해안의 보물섬 남해로 떠나자.

🚗 교통

1. 대중교통

남해까지 대중교통으로 이동한다면 항공은 사천을 거쳐 가야 하고, 철도는 부산에서 이동이 가능하다. 반면, 고속버스 남해을 방문하는 여행객이 많아 위치상으로 멀리 있음에도 불구하고 버스 편이 제법 있는 편이다.

⛧ 항공

김포에서 사천까지 대한 항공이 2회(06:55, 19:00) 운항하며 소요 시간은 약 1시간이다.

요금 김포 – 사천: 정상 운임, 성수기, 비수기에 따라 8만 원~10만 원, 할인 운임 5만 원~10만 원선.

⛧ 철도

부산을 통해 남해로 가는 방법이 있다. KTX 2시간 45분, 새마을호 4시간 50분, 무궁화호 5시간 30분이 소요된다.

요금 서울(용산)–부산: KTX 59,800원, 새마을호 42,600원, 무궁화호 28,600원

⛧ 항공과 철도를 잇는 시외버스

사천공항 - 남해 소요 시간 약 3시간(사천공항 → 곤양 여객 자동차 공용 터미널 → 남해 터미널 이동
부산 - 남해 소요 시간 2시간 30분, 요금 11,300원

문의 부산 서부 버스 터미널(1577-8301), 곤양 여객 자동차 공용 터미널(안내 대표전화 853-0047), 남해 터미널(863-5056) , 남흥여객(863-3507)

홈페이지 http://tour.namhae.go.kr/03guide/02_02.asp

⛧ 고속버스

서울에서 남해까지 직행 버스는 남부터미널에서 출발한다. 1일 29회 운행하며 배차 간격은 40분이다. 소요 시간은 4시간 30분이다.

문의 서울 남부 터미널(02-521-8850)
홈페이지 www.nambuterminal.co.kr
요금 서울 – 남해: 우등 24,600원

2. 승용차

서울 – 경부 고속도로 – 천안논산 고속도로 – 호남 고속도로 – 악산포항 고속도로 – 순천 완주 고속도로 – 남해 고속도로 – 남해 시외버스 터미널(총 거리는 369.42km, 소요 시간은 약 5시간)

남해군 관광 안내
전화:1588-3415

남해

남해대교
거북선
충렬사
한려수도
유람선 선착장
19
전물 유허지
영상관

창선삼천포대교
횟집촌
남해군 수협
위판장 회센터
냉전 어촌 체험 마을

1024

박방사

법흥사
남해 시외버스 터미널
남해군청
남해 유배 문학관

해바리 마을

멸치랑 칼치
죽방렴
지촌 어촌 마을
청해 삼소리정

3

1024

원예 예술촌
독일 마을
물건 방조 어부림
해오름 예술촌
예술촌 회맛집

물건리 해수욕장

용문사
미국 마을

임진성
ICC

두곡 해변

사랑채

내산 산촌
체험 마을

금산

국립 남해 편백
자연 휴양림

물미 해안 도로

보리암

항도 몽돌 해변

3

초전 몽돌 해변

펜옥 비치 펜션
가천 다랭이 마을
보아스 홈

상주 은모래 비치

유람선 선착장
(러브 크루즈)

송정 솔바람
해변

19
설리 해변

미조 리조트

관음포 이충무공 전몰 유허지, 이순신 영상관

▶ 이순신 장군의 업적을 기리는 가슴 절절한 유적지

이곳은 이순신 장군이 순국한 곳이다. 소나무가 우거진 산 아래 쪽에는 이순신 장군의 유허비가 모셔져 있고, 정상에 서는 노량 해전의 마지막 격전지를 내려다볼 수 있다.

옆쪽으로는 이순신 영상관이 있는데, 이곳에 먼저 가 보 자. 이순신 장군에 대한 흥미진진한 내용들을 알 수 있다. 거북선을 형상화한 이순신 영상관 안으로 들어가면, 거북 선과 이순신 장군의 활약상이 펼쳐진다. 하나하나의 전시 물 앞에 서면 이순신 장군이 여러 가지 이야기를 들려 준 다. 무엇보다 인기 있는 것은 3D 관람인데, 해전의 느낌 을 살리고자 돔 형태의 지붕에 영상을 쏘고 누운 자세로 영상을 관람한다. 이순신 장군의 노량 해전의 모습을 생 생하게 볼 수 있다.

먼저, 이순신 영상관에 들러, 영상을 보고, 관음포 이충무공 전몰 유허지를 보면 유적지를 대하는 마음이 숙연해진다.

주소 경남 남해군 고현면 차면리 관음포 교통 남해 시외버스 터미 널 – 관음포 이충무공 전몰 유허지(농어촌 버스 약 40분)

남해대교

▶ 우리나라에서 가장 아름다운 현수교

남해대교는 1973년 개통된 지 30년이 지난 지금도 우리나라에서 가장 아름다운 다리라고 한다. 충렬사와 거북선, 유람선까지 이곳에서 가까워 한 번에 둘러보기에 좋다.

위치 경남 남해군 설천면 ~ 하동군 금남면(국도 19호선) 교통 남해 시외버스 터미널 ~ 노량 정류장(농어촌 버스 약 1시간 5분)

남해 충렬사

▶ 이순신 장군이 3개월간 모셔졌던 자리에 설치된 가묘

충렬사라고 하면 왠지 큰절이 있고, 이순신 장군과 관계된 여러 가지가 있을 것이라고 생각하는 사람도 있는데, 이곳은 이순신 장군이 돌아가신 후 3개월간 묻혔던 자리로, 가묘가 남아 있는 곳이다. 이순신 장군의 영정과 초상화 앞에서 묵념을 해 보자. 앞쪽으로 보이는 남해대교와 충렬사 아래쪽에 위치한 거북선도 함께 보면 좋다.

위치 경남 남해군 설천면 노량리 교통 남해 시외버스 터미널 ~ 노량 정류장(농어촌 버스 약 1시간)

거북선

실물 크기로 재현된 거북선

내부로 들어갈 수 있는데, 안에는 거북선 안에서 생활하던 모습을 볼 수 있다. 천자, 지자, 현자 총통 등을 비롯한 각종 무기류와 당시의 모습을 재현한 모형들이 있다. 그 외에도 장군의 옷도 입어 볼 수 있어 찾는 의미를 더한다. 거북선 안에 휴식 공간, 주방 등이 그대로 재현되어 있어 한 번쯤 들러 보면 좋다.

위치 경남 남해군 설천면 노량리 요금 1인 500원 시간 하절기(3~10월) 09:00~18:00 / 동절기 (11~2월) 09:00~17:00 / 매주 월요일 휴관 교통 남해 시외버스 터미널 – 노량 정류장(농어촌 버스약 1시간) / 충렬사 바로 아래 있음

남해 유배 문학관

유배 문학의 배경에 대해 잘 이해할 수 있는 곳

"어명이요!"라는 말과 함께 다그닥 다그닥 말이 뛰고 눈앞에 어명을 받는 이의 모습이 영상으로 펼쳐진다. 유배를 가는 이의 상황과 유배의 의미를 이해할 수 있도록 문학관에서 영상과 음향으로 보여 준다. 직접 유배되는 사람이 되어 소달구지에 올라 타 주변의 시선도 느끼고, 작은 방에 들어가 유배 당시의 심경을 직접 느끼게 해 준다. 이 자리에 앉으면 서포 김만중의 유배와 그가 쓴 작품《구운몽》이 어떤 작품인지 자연스럽게 이해할 수 있도록 구성되어 있다. 남해 유배 문학관은 아이와 함께 꼭 들러 보기를 권한다. 유배 문학에 대해 알게 되는 소중한 시간이 될 것이다.

위치 경남 남해군 남해읍 남해대로 2745 전화 055-860-8888 요금 어른 2,000원, 어린이 1,000원 시간 하절기(3~10월) 09:00~18:00 / 동절기(11~2월) 09:00~17:00 / 매주 월요일, 명절 당일 쉼 교통 남해 시외버스 터미널 – 해성 식당 정류장 하차(농어촌 버스 약 20분) 홈페이지 http://yubae.namhae.go.kr

가천 다랭이 마을

➤ 집 아래 지붕 그리고 다시 지붕 위에 집

가천 다랭이 마을은 다랭이 논 옆에 펼쳐진 바다가 시원스럽고 정겹다. 가천 다랭이 마을은 남면 해안의 멋진 절경을 품고 산비탈에 지어진 집들과 다랭이 논이 어우러져 이색적인 풍광을 자아낸다. 길은 아랫집 지붕과 맞닿고 지붕 위에서 자연스럽게 농작물을 말린다. 그 위에서 내려다보면 첩첩으로 쌓인 계단식 논과 멀리보이는 바다가 운치 있다. 아래쪽으로 내려가면 가천 암수바위가 있는데 아들을 기원하는 장소라고 한다. 기묘한 모양으로 전설과 재미를 더한다. 해안까지 닿아 있는 나무 데크를 따라 내려가 보면 바다가 바로 앞에 펼쳐지고 기암석 위에서 바다를 보며 생각에 잠기기에도 좋다.

해가 뉘엿뉘엿 지면 마을은 따스하게 소란해진다. 파전을 굽고 저녁을 하는 소리가 분주하다. 가천 다랭이 마을의 민박은 홈페이지를 통해 예약할 수 있는데, 하루쯤 경험해 볼 만하다. 또는 해가 질 때까지 머물 수 있도록 여행 시간을 계획해서 가자.

위치 경남 남해군 남면 홍현리 홈페이지 http://darangyi.go2vil.org 교통 남해시외버스터미널 – 가천정류장(농어촌 버스 약 1시간)

TRAVEL TIP

다랭이 마을에서 민박 즐기기

가천 다랭이 마을에서는 제대로 된 운치 있는 옛날식 민박을 경험해 볼 수 있다. 약간의 불편함 뒤에 훨씬
값진 경험을 느낄 수 있다. 4인 1박 4만~5만 원으로 홈페이지로 예약이 가능하니 이용해 보자. 마을 투어,
뗏목 타기, 손그물 낚시, 소 쟁기질, 시골 학교 캠프 파이어, 흥합 고동 잡기, 연 만들어 날리기, 집 공예 등
마을 체험도 1천~1만 원으로 이용할 수 있다.

홈페이지 http://darangyi.go2vil.org/

남면 해안도로(지방도 1024호선)

▶ 해안 절경을 보며 달릴 수 있는 도로

남해 시외버스 터미널에서 가천 다랭이 마을까지 이어
진 도로인데, 멋진 해안과 남해 곳곳의 풍광을 보면서
달릴 수 있다.

금산(보리암)

▶ 절벽 위 보리암에서 내려다보는 남해 바다

남해에 가면 금산에 꼭 들러 보아야 한다. 금산에서는 남해 바다
의 아름다운 절경을 마음껏 감상할 수 있다. 금산에 오르는 방법
은 2가지가 있다. 하나는 산 아래에서부터 걸어 올라가는 것이
고, 또 하나는 산 중턱까지 차를 타고 구불구불한 산길을 오르면
중간 지점에 차를 세우고 절까지 걸어가는 방법이다. 트레킹을
하기에도 좋으니 준비가 되었다면 산 아래부터 걸어서 올라가는
것도 좋다.
금산이 유명한 것은 수려한 산세 때문이기도 하지만, 금산 안에
자리한 보리암 때문이기도 하다. 보리암은 한려해상의 빼어난 경
치를 품고 금산 안에 폭 싸여 있다. 그래서인지 바다를 바라보고
암벽 위에 서 있는 보리암은 포근하다. 바다를 내려다보고 있는
해수관음상에게 소원을 빌면 소원이 꼭 이루어진다고 하니 소원
을 빌러 보리암에 가 보자.

위치 경남 남해군 상주면 보리암로 665 전화 보리암 종무소 055-862-6115, 862-6500 요금 어른 1,000원, 학생 무료
교통 남해 시외버스 터미널 – 신포탄 정류장(농어촌 버스 약 1시간 10분)

1. 보리암
2. 용굴
3. 〈1박 2일〉에서 엄태웅이
   108배를 한 곳

Fun point

상주 은모래 비치

남해 최고의 해변

남해 바다에서 최고의 해변을 꼽으라고 하면, 단연 상주 은모래 비치를 꼽을 것이다. 길고 넓은 해안을 따라 옥빛 바다와 부드러운 모래의 감촉이 기분 좋다. 물 빛과 모래 빛이 어우러져 한 폭의 그림 같은 풍광을 만들어 내고, 모래가 고와 그 위에서 4륜 바이크가 시원하게 해변을 달린다. 옆쪽으로 이동하면 유람선도 탈 수 있어, 남해 바다를 즐기기에 충분하다.

위치 경상남도 남해군 상주면 상주로 17-4 전화 상주 은모래 비치 번영회 055-863-3573 시설 샤워장, 탈의실, 파라솔, 튜브, 야영장 교통 남해 시외버스 터미널 – 상주 해수욕장(농어촌 버스 약 1시간)

사랑의 유람선(러브 크루즈)

Sighting

상주 은모래 비치 왼쪽 편에 조그마한 유람선 선착장이 있는데, 이곳이 상주 유람선 선착장이다. 특히 3층에서의 일몰 크루즈의 만족도가 높다. 남해군의 타 지역 유람선보다 가장 활성화되어 있다.

위치 경남 남해군 상주면 상주리 1624 요금 1인 15,000원 전화 055-862-0947 승선시간 일몰 크루즈, 일출 크루즈, 월별 크루즈 (변동되므로 전화로 미리 확인하는 것이 좋다.) 소요 시간 1시간 30분 코스 한려수도 남해 상주 지구 (남해 다도해 야생 염소 서식지, 암수바위, 비룡 계곡, 노도, 쌍용굴, 사랑의 바위, 미조항)

사륜 바이크

상주 은모래 비치에는 너른 모래와 시원한 바람을 체험하기에 좋은 사륜 바이크도 준비되어 있다. 해변이 넓고 길어 달리는 기분도 맘껏 느낄 수 있으니, 한 번 이용해 보는 것도 좋다.

송정 솔바람 해변

▶ 캠핑하기에 좋은 해변

남해에서 해변 하면 상주 은모래 비치가 단연 유명하지만, 솔바람 해변도 남해안의 해안 중 손에 꼽을 만큼 멋진 곳이다. 제법 넓고, 해안도 좋으며, 주변의 숙박과 주차 시설까지 편리하게 완비되어 있다. 은모래 해변이 너무 북적이거나 혹은 캠핑할 곳을 찾는다면 송정 솔바람 해변으로 가자.

위치 경남 남해군 미조면 송정리 1124 전화 송정 솔바람 해변 번영회 055-867-3414 시설 숙박 시설, 샤워장, 야영장, 음수대, 휴양소, 전망대 교통 남해 시외버스 터미널 - 송정 해수욕장(농어촌 버스 약 1시간 20분)

독일 마을

▶ 그림 같은 휴식이 있는 이국적인 마을

독일 마을은 이국적인 풍경 속에서 그림 같은 휴식을 할 수 있는 곳이다. 멋진 풍광과 하얀 집들이 어우러져 시원함을 더한다. 이곳은 본래 독일의 광부와 간호사로 떠나야 했던 우리의 산업 역군들의 한국 정착을 위해 마련된 공간이다. 독일 마을에는 음식점과 기념품숍도 있는데, 보통은 산책하듯 마을을 둘러보거나, 예약을 통해 1박을 하는 경우가 많다.

위치 경상남도 남해군 삼동면 독일로 64-7 전화 독일 마을 055-867-7783 교통 남해 시외버스 터미널 - 내동천 정류장/물건 마을 정류장(농어촌 버스 약 1시간10분)

철수네집

Sighting 📷

드라마〈환상의 커플〉에서 남자 주인공인 철수네 집이 독일 마을에 있다.〈1박 2일〉촬영팀이 이곳에 왔을 때 김종민의 미션은 철수네 집에서 여자 주인공 나상실이 좋아하던 음식인 자장면을 시켜 먹는 것이었다. 개인 사유지라 사람이 살고 있으며, 드라마 세트는 철거되고 현재는 집 앞에 간판만 남아 있다.

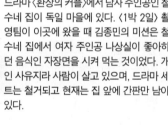

원예 예술촌

☘ 아름답고 아기자기한 집과 정원

아름답고 작은 꽃송이가 흩날리고, 화려한 꽃들이 지천으로 펼쳐지는가 하면, 소박한 정원의 모습도 보인다. 집과 정원이 각 나라의 느낌으로 조성되어 아름다운 마을을 이루고 있는데, 특히 탤런트 박원숙 씨의 집이 가장 잘 알려진 곳이다. 발길 눈길 닿는 곳마다 아름다움으로 무장한 원예 예술촌은 산책하기에도, 잠시 쉬어 가기에도, 수다를 떨기에도 좋은 곳이다. 아기자기한 미니숍에서 차 한잔을 하거나, 기념품숍에도 들러 보자. 독일 마을 주차장 안쪽으로 원예 예술촌 매표소가 있다.

위치 경남 남해군 삼동면 예술길 39 전화 관리사무소 055-867-4702 요금 어른 5,000원, 청소년, 군인 3,000원, 어린이 2,000원 시간 하절기(3~10월) 09:00~18:00, 동절기(11~2월) 09:00~17:30, 입장은 개방 시간 1시간 전까지 가능(매주 월요일 쉼) 교통 남해 시외버스 터미널 – 내동천 정류장/물건 마을 정류장(농어촌 버스 약 1시간10분) 홈페이지 http://www.housengarden.net/

물건 방조 어부림

▶ 마을을 보호하고 고기를 모아 주는 숲

물건 방조 어부림은 남해 12경 중 10경이다. 바람과 파도를 막아 주고, 고기를 모이게 해 주는 역할을 하는 고마운 숲이다. 약 300여 년 전 인공적으로 조성하여, 현재까지도 그 역할을 멋지게 수행하고 있다. 시원한 숲 그늘에서 쉬어 가는 여행자들이 많다.

위치 경남 남해군 삼동면 물건리 교통 남해 시외버스 터미널 – 내동천 정류장/물건 마을 정류장(농어촌 버스 약 1시간 10분)

물미 해안 도로

 Sighting

물건 방조 어부림에서 미조항까지를 잇는 바다를 낀 시원한 도로에서 드라이브를 하는 것도 멋진 추억이 될 것이다.

위치 경남 남해군 삼동면 전화 남해관광 1588-3415, 055-863-4025

죽방렴

▶ 과거의 방법대로 멸치를 잡는 곳

죽방멸치는 빠른 물살을 이용하여 멸치를 잡는 방식이다. 멸치가 다니는 길에 큰 나무로 된 죽방렴을 만들고, 그쪽으로 멸치를 몰아, 멸치가 모이면 그 멸치를 떠서 잡아내는 방식으로 멸치가 다치지 않고 뛰어난 품질의 멸치가 된다. 따라서 다른 지역에서는 먹기 힘든 멸치회와 멸치 쌈밥이 유명하다.

위치 경남 남해군 삼동면 지족리 전화 055-860-8601 교통 남해 시외버스 터미널 – 원시 어업 죽방렴/지족 갯마을(농어촌 버스 약 55분)

Fun point

1. 죽방렴 멸치잡이 체험
2. 죽방멸치 쌈밥과 멸치회
3. 지족 어촌 마을 체험

TRAVEL TIP

지족 어촌 마을 체험

조개잡이 체험, 갯벌 체험, 맨손 고기잡이 체험 등을 할 수 있다.

위치 경남 남해군 삼동면 삼이로 24번길 39
전화 마을 안내, 체험 문의 055-867-1277
선상 배낚시 4인승 기준 15만 원
조개잡이 대인(중등~성인) 1만 원, 소인(초등~유아) 5천 원
죽방렴 체험 대인(중등~성인) 2만 원, 소인(초등~유아) 1만 5천 원

해바리 마을

▶ 깜깜한 밤바다에서 하는 낙지잡이

갯벌 체험과 농촌 체험이 가능한 곳이 바로 남해의 해바리 마을이다. 큰 나무 아래 휴식 공간과 고깃배와 유자나무 그리고 경운기, 염소들이 마을의 첫인상이다. 이곳이 다른 체험 마을보다 유명해진 것은 밤에 불을 비추어 잡는 낙지잡이 때문이다. 이곳에는 횃불 낙지잡이만 있는 것이 아니다. 경운기를 타고 마을을 둘러보고, 마을을 둘러싸고 있는 유자나무에서 유자도 딸 수 있고, 낮에는 바지락도 캘 수 있다. 이곳에 들러 다양한 어촌 체험을 해보자.

위치 경남 남해군 창선면 지족리 전화 사무장 방현숙 010-4702-9990 / 위원장 양명용 010-3867-4884 교통 남해 시외버스 터미널 – 신흥 정류장 (농어촌 버스 약 55분)

Fun point
1. 역사 이해 체험 여행
2. 주변 등산로 이용

TRAVEL TIP

해바리 마을 체험 일정

4가지 체험 : 선상 어부 체험, 갯벌 생태 체험, 유자 비누 만들기, 경운기 트래킹 숲 체험

인원 120 명/1회 기준 (선착순 인터넷 예약 원칙)

참가비 어른, 어린이 공통 66,000원

홈페이지 http://haebari.go2vil.org/

냉천 어촌 체험 마을

▶ 양식장에서 하는 흥겨운 갯벌 체험

냉천 갯벌 체험은 참으로 특별하다. 너른 갯벌에 웃음소리가 끊이지 않고, 무언가 부지런히 잡아내는 기술 없이도 즐겁기만 하다. 물론 이유는 있다. 이곳은 키조개, 바지락 양식장이기 때문이다. 갯벌 체험을 하기 위해 사람들이 줄을 잇고 다른 이들과 함께하는 즐거움이 갯벌 체험을 더욱 즐겁게 만든다. 이곳에서 체험할 수 있는 것은 쏙, 조개, 굴(석화), 고동, 미역, 파래, 후릿그물이며, 본인이 채취한 것은 다 가져 갈 수 있다. 기왕 갯벌 체험을 할 것이라면 이곳에서 해 보자.

위치 경남 남해군 창선면 당항리 230-4 전화 055-867-5220 / 010-6429-9020 요금 쏙 잡이 입장료: 어른(중학생 이상) 5,000원, 어린이(초등학생 이하) 3,000원, 장화 대여비 2,000원, 쏙 잡이 붓, 된장 대여비 각각 1,000원 / 바지락 입장료: 어른(중학생 이상) 8,000원, 어린이(초등학생 이하) 5,000원, 장화 대여비 2,000원 교통 남해시외버스 터미널 - 냉천 어촌 체험 마을(농어촌 버스 약 1시간 30분) 홈페이지 www.getbeol.com

창선삼천포대교(횟집촌, 활어 위판장)

▶ 창선삼천포대교 아래에서 취하는 맛있는 휴식

삼천포대교, 초양대교, 늑도대교, 창선대교, 단항교 이렇게 5개 다리로 이루어진 이곳은 야경이 단연 멋진 곳으로 대한민국의 가장 아름다운 길로도 뽑힌 곳이다. 멋진 야경을 보며 신선한 회를 즐기는 것은 매우 즐거운 일이다. 이곳에서 멋과 맛을 함께 느껴 보자.

위치 경남 남해군 남해읍 창선대교 타운 전화 창선삼천포대교 관광안내소 055-867-5238 교통 남해 시외버스 터미널 – 창성대교 정류장(농어촌 버스 약 1시간 30분)

횟집촌
삼천포대교 아래 횟집촌이 즐비하다. 여기저기 호객 행위를 하는 아주머니도 있고, 흥정을 하는 이들도 신이 나는 곳이다.

남해군 수협 위판장 회센터
창선삼천포대교 아래 횟집촌이 즐비한데 그중에 범선 모양의 큰 건물이 단연 눈에 띈다. 이곳이 남해군 수협 위판장 회센터이다.

멸치랑 칼치

남해에 가면 꼭 맛봐야 하는 것이 멸치 쌈밥이다. 이곳의 멸치가 유명한 이유는 바로 죽방렴 때문이다. 죽방렴에 들렀다가 질 좋은 멸치를 맛보자. 이곳에서만 먹을 수 있는 음식이다. 멸치 쌈밥은 멸치조림을 상추에 싸서 먹는 형태인데, 색다른 별미다. 오동통 살 오른 멸치를 맛보러 가자.

위치 경남 남해군 삼동면 금송리 1410-3 전화 055-867-0028 요금 멸치 회 무한 리필 1만 5천 원 홈페이지 http://blog.naver.com/sug4584

사랑채 식당

남해의 멸치 쌈밥으로 유명한 곳 중 하나다. 다른 곳보다 밑반찬이 조금 더 많고 2012 여수 국제엑스포 지정 업체이다. 멸치 쌈밥집은 대부분 비슷하니, 어디서든 꼭 멸치 쌈밥을 경험해 보길 바란다.

위치 경남 남해군 이동면 신전리 1079-3 전화 055-863-5244 요금 멸치 쌈밥 정식 1만 3천 원, 멸치 쌈밥 9천 원

동천 반점(1박2일 김종민 자장면)

독일 마을에서 드라마 〈환상의 커플〉 촬영을 했고 현재도 주인공 김철수의 집이 남아 있는데, 〈1박 2일〉에서 '김철수의 집에서 자장면 먹기'라는 미션을 받은 김종민이 시켜 먹었던 자장면 집이다. 그래서인지 독일 마을에 들어서자마자부터 김종민 자장면집이라고 크게 홍보하고 있다.

위치 경남 남해군 삼동면 동천리 1023-4 전화 055-867-8008 요금 짜장면 4천 5백 원

독일 마을

독일식 건축물로 지어진 아름다운 집에서 숙박을 할 수 있다.

위치 경남 남해군 삼동면 독일로 64-7 전화 독일 마을 055-867-7783 요금 8만~22만 원 홈페이지 http://www.germanvillage.co.kr/

미국 마을(아메리칸 빌리지)

재미교포들이 미국 생활을 완전히 청산하고 대한민국 국적을 취득해야 입주할 수 있는 곳으로, 민박형 펜션을 운영하는데, 주택 구조가 미국풍의 목재 구조로 되어 있어 미국의 작은 마을을 옮겨 온 듯한 착각이 들게 하는 곳이다.

위치 경남 남해군 이동면 용소리

가천 다랭이 마을

조금은 불편할 수도 있는 민박이다. 하지만 요즘은 경험하기 힘든 과거의 낭만을 만끽하기에 충분한 곳이다. 불편함을 감수하면 우리 시골 마을에서의 하룻밤이 행복해진다.

위치 경남 남해군 남면 홍현리 전화 010-9809-2660 요금 5만 원 홈페이지 http://darangyi.go2vil.org

통영

한려해상 국립공원과
맛있는 충무김밥

통영 하면 연상되는 것은 단연 한려해상국립공원이다. 한려해상국립공원을
즐기는 방법에는 2가지가 있다. 첫 번째는 유람선 관광이고, 두 번째는 한려
수도 조망 케이블카를 타는 것이다. 또한, 달아 공원, 통영 수산 과학관의 조
망 포인트에서 멋진 경관을 살펴볼 수 있다. 그림 같은 한려해상국립공원의
풍광을 보는 것만으로도 충분히 몸도 마음도 청량해진다.

통영의 시내 구경도 할 만하다. 충무김밥을 처음 만든 할머니의 불친절한 김밥을 먹어 보는 것도 재미있고, 통영의 오미사 꿀빵도 맛있는 경험이다. 주변에 있는 전혁림 미술관에 들러 아름다운 색채를 보면 기분은 더 좋아진다. 발걸음을 조금 더 힘차게 움직이면 드라마 〈빠담빠담〉 촬영지인 동피랑 벽화 골목에 도착한다. 좁은 골목 사이사이를 물들인 개성 있는 벽화를 구경하며 산책을 즐겨 보자.

이순신 장군과 관련된 역사 유적지인 세병관과 충렬사도 돌아보고, 청마 유치환 선생의 시에도 폭 빠져 보자.

🚐 교통

1. 대중교통

통영까지 대중교통으로 이동한다면 항공은 사천을 거쳐 가야 하고, 철도는 부산에서 이동이 가능하다. 항공 이용이 불편하지 않은 사람이라면 통영은 공항에서 1시간 거리로 비교적 가까워 항공을 이용해 볼 만도 하다. 철도는 부산까지의 소요 시간과 부산에서 통영까지 가는 소요 시간이 길어 특별한 경우가 아니라면 철도를 제외하는 것이 좋다. 고속버스는 통영까지 바로 갈 수 있으며, 비교적 통영을 방문하는 여행객이 많아 위치상으로 멀리 있음에도 불구하고 버스 편이 제법 있는 편이다.

🔖 항공

김포에서 사천까지 대한 항공이 2회(06:55, 19:00) 운항하며 소요 시간은 약 1시간이다.

요금 김포 – 사천: 정상 운임, 성수기, 비수기에 따라 8만 원~10만 원, 할인 운임 5만 원~10만 원선

🔖 철도

부산을 통해 남해로 가는 방법이 있다. KTX 2시간 45분, 새마을호 4시간 50분, 무궁화호 5시간 30분이 소요된다.

요금 서울(용산) – 부산: KTX 59,800원, 새마을호 42,600원, 무궁화호 28,600원

🔖 항공과 철도를 잇는 시외버스

사천 공항– 통영 소요 시간 1시간, 요금 5,400원, 약 1시간 간격

부산 – 통영 소요 시간 3시간, 요금 9,800원

문의 1544-7788, 1588-7788, 1544-8545
홈페이지 info.korail.com

🔖 고속버스

서울에서 남해까지 직행 버스는 남부터미널에서 출발한다. 1일 12회 운행하며 배차 간격은 30분~1시간 30분이다. 소요 시간은 4시간 30분이다.

문의 서울 남부 터미널 (02-521-8550)
홈페이지 www.nambuterminal.co.kr
요금 우등 23,700원

2. 승용차

서울 – 경부 고속도로 – 통영대전 중부고속도로 – 북통영 IC – 남해안 도로 – 통영 시외버스 터미널 (총 거리 374.04km, 소요 시간 약 5시간)

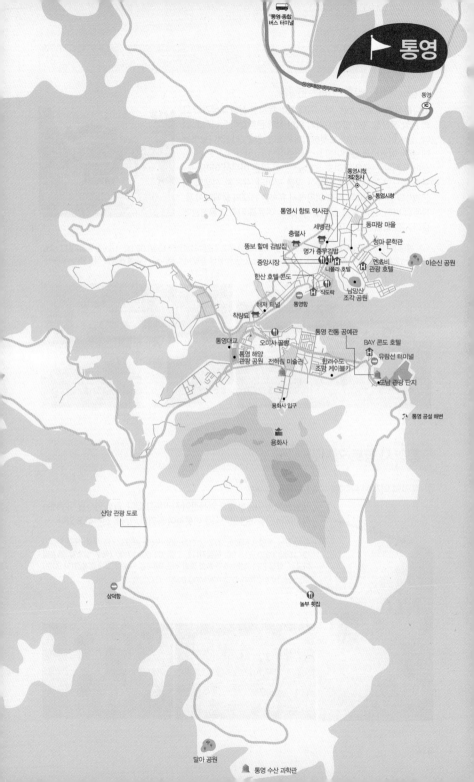

통영

통영 종합
버스 터미널

통영대전중부 고속

통영 IC

통영시청
제2청사

통영시청

통영시 향토 역사관
세병관
동피랑 마을
충렬사
청마 문학관
뚱보 할매 김밥집
명가 충무김밥
엔초비
관광 호텔
이순신 공원
중앙시장
나폴리 호텔
한산 호텔 콘도
식도락
남망산
조각 공원
해저 터널
통영항
착량묘
통영 전통 공예관
통영대교
오미사 꿀빵
BAY 콘도 호텔
통영 해양
관광 공원
전혁림 미술관
한려수도
조망 케이블카
유람선 터미널
용화사 입구
도남 관광 단지
통영 공설 해변
용화사
산양 관광 도로
삼덕항
놀부 횟집
달아 공원
통영 수산 과학관

청마 문학관

▶ 청마 유치환 선생을 기리는 문학관

바다를 내려다보는 높은 계단 위에 청마 유치환 선생의 생가와 그의 문학 정신을 계승 발전시키기 위한 청마 문학관이 자리하고 있다. 찾는 이가 많지 않아 호젓하기까지하다. 항구가 내려다보이는데, 왠지 아련하게 동떨어진 느낌을 준다.

청마 유치환 선생은 몰라도 '그것은 소리 없는 아우성'이라는 시구를 들으면 '아~' 하는 사람이 많을 것이다. 유치환 선생의 시 〈깃발〉의 한 부분이다. 바로 이곳에서 유치환 선생의 생애와 유품, 작품의 변천, 평가 등을 살펴볼 수 있다. 여유를 가지고 문학관에 들러 시를 음미하고 느껴 보자.

위치 경남 통영시 정량동 836-1 전화 055-650-4591 요금 무료 시간 하절기(3~10월) 09:00~18:00, 동절기(11~2월) 09:00~17:00 홈페이지 http://www.tongyeong.go.kr 교통 통영 종합 버스 터미널 – 공설 운동장 정류장(약 40분)

통영시 향토 역사관

▶ 통영의 역사에 관해 볼 수 있는 작은 역사관

세병관 옆에 아담한 향토 역사관이 자리하고 있다. 향토 역사관 내부에는 통영에서 만들어진 고가구를 비롯하여 통영의 역사를 전시하고 있다.

위치 경남 통영시 태평동 372-2 전화 055-650-4593 요금 무료 시간 하절기(3~10월) 09:00~18:00, 동절기(11~2월) 09:00~17:00 (매주 월요일, 공휴일 다음날, 명절 기간 휴관) 교통 통영 종합 버스 터미널 – 토성 고개 정류장(약 30분) 홈페이지 http://history.tongyeong.go.kr

이순신 공원(한산대첩 기념 공원)

⬚ 이순신 장군의 동상이 인상적인, 전망 좋은 넓은 공원

이곳은 참으로 넓은 공원이다. 공원을 한 바퀴 도는 것만으로 시간이 훌쩍 간다. 천천히 산책하는 마음으로 공원을 둘러보자. 조경도 잘되어 있고, 이순신 동상이 서 있는 곳에서 보는 바다 풍광도 멋지다.

위치 경남 통영시 멘데해안길 205 (정량동) 전화 공원 관리 사업소 055-650-6560 요금 무료 교통 통영 종합 버스 터미널 – 중앙시장 정류장(약 1시간)

세병관(통제영지)

⊁ 이순신 장군이 수군을 진두지휘하던 곳

세병관은 조선 수군의 통제를 일원화하면서, 이순신 장군이 부임하고 만들어진 것이다. 사방이 뻥 뚫린 세병관의 내부에는 화려한 단청이 빛바랜 운치를 더하고, 세병관에서 내려다보는 바다는 전쟁의 아픔을 전하는 듯 고요하기만 하다. 조용하고 운치 있는 세병관에서 이순신 장군의 활약상을 상상해 보자.

위치 경남 통영시 문화동 62-1 전화 세병관 055-650-5365, 4590 요금 어른 3,000원 교통 통영 종합 버스 터미널 – 토성 고개 정류장(약 30분)

Fun point

1. 국보 제305호
2. 충렬사, 통영시 향토 역사관과 함께 보기

충렬사

🔹 이순신 장군을 추모하기 위해 세운 사당

노량해전에서 "나의 죽음을 적에게 알리지 말라."고
하신 이순신 장군이 순국하고, 충청남도 아산의 현충
사로 운구되기 전에 가묘로 사용된 곳이다. 충렬사에
가면 이순신 장군의 사당이 있고, 그의 업적을 기리
는 역사관이 함께 있다. 역사관에서는 이순신 장군의
업적과 유품 등이 전시되어 있고, 이를 설명해 주는
해설사도 있으니 설명도 들어 보자.

위치 경남 통영시 여황로 251(명정동) 전화 055-645-3229
요금 어른 1,000원, 청소년 700원, 어린이 500원 시간 하절
기 09:00~18:00, 동절기 09:00~17:00 교통 통영 종합 버
스 터미널 – 토성 고개 정류장(약 30분) 홈페이지 http://
www.tycr.kr

중앙시장(중앙 활어 시장)

▶ 400년 된 활어 시장

통영에서 회를 먹으려거든 중앙시장으로 가자. 다른 곳에 비해 싸고 저렴하고 역시 회도 신선하다. 물론, 흥정의 기술이 좀 필요하며, 흥정을 잘하는 사람은 보다 싸고 저렴하게 먹을 수 있다. 활어집 맞은편에 있는 초장집에 가면 회를 떠 주는데, 채소와 양념은 1인 3천 원, 매운탕은 5천~1만 원이다.

위치 경남 통영시 중앙동 38-4 전화 통영 중앙시장 상인회 055-649-5225 홈페이지 http://www.tyjamarket.com/

동피랑 벽화 마을

▶ 좁은 골목, 낮은 담, 아름다운 벽화를 볼 수 있는 곳

높은 언덕에 좁은 길을 걸어서 마을 곳곳을 살펴볼 수 있는 곳이 동피랑 마을이다. 마을 전체가 뿜어내는 분위기와 벽화 그리고 내려다보이는 통영의 강구항과 바다가 이곳을 더욱 눈부시게 만든다.

본래 이곳은 철거 예정이었는데, 한 미술 단체에서 '동피랑 옷 입히기'라는 공모전을 열고, 대학생 18개 팀이 참가하여 낡은 동피랑 마을에 알록달록 아름다운 옷을 입혔다. 곧이어 그 아름다움이 사람들에게 입소문이 났고, 현재의 동피랑 마을로 유지될 수 있었다. 그림이 소리 없이 해낸 멋진 일이다. 동피랑 마을로 벽화 구경을 가 보자.

동피랑 마을은 굽이굽이 그림을 그려 놓은 곳이라 큰길만 따라가면 몇 개의 작품만 볼 수 있다. 그러니 마을 슈퍼에 들러 물어보고, 천천히 마을 전체를 둘러보자.

위치 경남 통영시 정량동 및 태평동 일대 산비탈 동피랑길 마을 전화 푸른통영21사무국 055-649-2263 홈페이지 http://www.dongpirang.org

남망산 조각 공원

▶ 음악이 울리는 그림 같은 공원에서의 휴식

남망산 조각 공원은 동피랑 벽화 마을 바로 앞에 있다. 넓은 부지에 세계 유명 조각가들의 작품을 전시하고 있다. 전시품들을 하나하나 감상해 보자. 공원 정상에 가면 이순신 장군이 먼 바다를 보며 늠름하게 자리하고 계시니, 천천히 공원을 제대로 즐겨보자. 충무김밥을 사서 이곳에서 소풍을 즐기듯 먹는 것도 좋다.

위치 경남 통영시 남망공원길 29 (동호동) 전화 통영 관광안내소 055-650-4681

해저 터널

▶ 동양 최초의 해저 터널

1932년에 만들어진, 통영과 미륵도를 연결하기 위해 건설된 동양 최초의 바다 밑 터널이다. 최신의 해저 터널이 아닌, 최초의 해저 터널임을 인지할 필요가 있다. 해저 터널이라는 어감 덕분에 적지 않은 사람들이 아쿠아리움 같은 곳을 연상하고 이곳을 찾는다. 하지만 이곳은 최초의 해저 터널로 바다 양쪽을 막는 방파제를 설치하여 생긴 공간에 콘크리트로 터널을 만들고 다시 방파제를 허물어 만든 형태이다. 따라서 물고기는 보이지 않고 그냥 터널일 뿐이다. 터널 안쪽은 걸어 갈 수 있게 되어 있고, 터널 중간에는 터널을 만든 방법, 공사 장면 등을 설명해 놓았다. 지나가는 길에 한 번 들러 보자.

위치 경남 통영시 당동~미수동 전화 해저 터널 관광안내소 055-650-4683 요금 무료 시간 24시간 교통 통영 종합 버스 터미널 – 윤이상 기념관 / 해저 터널 정류장 하차 (약 30분)

착량묘

▶ 이충무공의 사당이자 지방민의 학교

이충무공이 노량해전에서 순국하자, 그의 공을 기리고자 착량 언덕에 초옥을 짓고 위패를 모신 것을, 이후 지금의 모습으로 새로 짓고 교육의 역할도 병행하게 되었다. 소담한 동백꽃도 멋지고 착량묘에서 내려다보는 풍광도 멋지다. 해저 터널 옆에 있으니 해저 터널과 함께 둘러보자.

위치 경남 통영시 착량길 27 전화 055-645-7761 요금 무료 시간 09:00~18:00

통영대교

▶ 미륵도와 연결된 야경이 아름다운 다리

해저 터널과 같이 미륵도와 연결된 다리이다. 모습이 아름답고 야경이 멋져서 찾는 이가 많다.

위치 경남 통영시 미수1동 , 미수2동~당동(국지도67호선) 전화 통영관광안내소 055-650-4680~3 요금 없음

통영 해양 관광 공원

Sighting

통영대교 아래쪽에는 통영 해양 관광 공원이 조성되어 있는데, 통영시 주민들의 휴식처로서의 역할을 하고 있다. 도심의 공원과 어우러진 배들의 모습이 이색적이다.

위치 경남 통영시 미수동 통영대교 밑 전화 통영 관광 안내소 055-650-4680~3

산양 관광 도로(미륵도 일주 도로)

▶ 한려해상국립공원의 풍광을 따라 달리는 도로

통영대교를 거쳐 산양 관광 도로에서 해안선을 따라 달릴 수 있는데, 그냥 지나치기에 아까운 멋진 풍광이 연출된다. 산양 관광 도로를 따라가다, 달아 공원과 통영 수산 과학관에도 들러 보자.

위치 경남 통영시 산양읍 영운리~남평리(지방도 1021호선) 전화 관광 안내소 055)650-4681, 4680 교통 버스

드라이브 코스

1) 원문 검문소를 지나면서 우회전 – 산복도로 – 통영대교 – 산양읍 – 산양 관광 도로
2) 원문 검문소를 지나면서 우회전 – 산복도로 – 충무교 – 도남 관광지 – 산양 관광 도로

달아 공원

산양 관광 도로 중간에 위치해 지나치기에 아쉬운 멋진 경관을 감상하기에 좋다. 달아 공원으로 오르는 데크를 따라 올라 환상적인 섬들의 모습을 감상해 보자. 이곳에는 달아 마루라는 카페테리아도 있으니, 쉬어 가기에도 좋다.

위치 경남 통영시 산양읍 산양일주로 1115 전화 통영시 관광안내소 055-650-4681

통영 수산 과학관

산양 관광 도로를 더 달려 가면 통영 수산 과학관이 있다. 통영 수산 과학관은 해양과 관련된 여러 가지를 접할 수 있는 과학관이다. 물속 친구들을 직접 손을 넣어 만져 볼 수 있고, 직접 누르고 만져볼 수 있도록 과학관 안을 가득 채워 놓았다. 게임하듯 항해 체험도 해 볼 수 있고, 3D 영상관에서 보여 주는 15분 남짓한 영상물도 인기가 좋다.

위치 경남 통영시 산양읍 척포길 628-111 전화 통영수산과학관 055-646-5704, 8785 전화 1544-3303(안내 2번) 요금 어른 2,000원, 어린이 1,500원 시간 09:00~18:00(매표 마감 17:30) / ※ 7, 8월 09:00~19:00(매표 마감 18:30) 홈페이지 http://muse.ttdc.kr

도남 관광 단지(미륵도 관광 특구)

▪ 한려해상국립공원을 만끽할 수 있는 통영의 대표 관광지

미륵도 관광 특구는 해양 관광 휴양 도시, 통영의 이미지가 단번에 느껴지는 곳이다. 아름다운 한려해상 바다를 즐기는 여러 가지 방법이 이곳에 전부 있다. 가장 인기 있는 방법은 케이블카를 타고 미륵산 정상에 올라 한려해상을 한눈에 시원하게 내려다보는 것이고, 또 다른 방법은 산도 · 비진도 · 매물도 · 거제 해금강을 운항하는 유람선을 타고 아름다운 경관 속에 빠져 드는 것이다. 이것으로도 아쉬움이 남는다면 수상 스포츠도 즐겨 보자.

위치 경남 통영시 도남동 전화 관광과(도남관광지 관리) 055-650-5490 교통 버스

유람선 터미널

다른 곳보다 비교적 큰 배를 타고 안정적으로 4시간 정도의 코스를 돌아보는 즐거운 바람 나들이가 바로 이곳의 유람선이다. 한려해상의 멋진 풍광과 시원한 바람을 만끽하기에 충분한 코스이다. 해금강, 매물도, 제승당까지 경유하는 코스로, 제승당에서 1시간 정도 시간을 보낼 수 있어 더욱 좋다. 섬에 도착하면 해변을 둘러 산책할 수 있는 길이 나오는데, 이 길은 한적함이 여유를 가져다 준다.

위치 경남 통영시 도남동 634 전화 055-645-2307 요금 어른 12,000~14,000원, 어린이 9,000~10,000원 시간 동절기 10:00~16:00 하절기 9:00~17:00 수시 운항 홈페이지 www.uram.or.kr/new/center.php

한려수도 조망 케이블카

통영 케이블카, 혹은 미륵산 케이블카, 한려수도 조망 케이블카라고 부르는 멋진 케이블카이다. 미륵산을 질주하듯 정상에 올라 전망대에 내려 주는데, 전망대에 오르면 한려해상이 한눈에 내려다 보인다. 섬을 휘감은 바다안개가 푸른 바다 사이로 묘연한 분위기를 뿜어낸다.
휴일인 경우 표를 구매하고 2~3시간 정도 기다려야 하는데, 이때 드라이브로 달아 공원까지 달려도 좋고, 멍게 비빔밥을 먹으러 가도 좋다.

위치 경남 통영시 도남동 산 63-26 전화 1544-3303 요금 왕복 성인 11,000원, 소인 7,000원 편도 성인 7,500원, 소인 5,000원 시간 동절기 10~2월 09:30~17:00(하부 탑승 완료 16:00) / 하절기 4~8월 09:30~19:00(하부 탑승 완료 18:00) / 춘추계 3월, 9월 09:30~18:00(하부 탑승 완료 17:00) 홈페이지 www.ttdc.kr/main.php

통영 전통 공예관

통영 전통 공예관은 통영에서 만들어지는 공예품들을 전시하고 판매하는 곳이다. 특별하다기보다는 수수함이 있다. 눈에 띄면 잠시 들를 만하다.

위치 경남 통영시 도남로 281(도남동) 전화 055-645-3266 시간 09:00~18:00 홈페이지 tyeshop.com

전혁림 미술관

▶ 시원한 타일이 돋보이는 미술관

시원한 가로숲길 안쪽으로 전혁림 화백의 미술관이 자리 잡고 있다. 안쪽으로 고개를 내밀면 바로 반짝반짝 빛나는 시원한 타일로 장식된 전혁림 미술관이 보인다. 그의 작품을 이용해 만든 나비 문양의 타일도 재미있고, 파란색 타일도 멋지기만 하다. 전혁림 미술관은 그 외관만 봐도 전혁림 화백의 그림 느낌을 알 수 있는 곳이다.

전혁림 화백은 정식 미술 교육을 받지는 않았지만, 국전 입선에 2002년 국립 현대 미술관 올해의 작가로 뽑히기도 하였으며, 노무현 전 대통령이 그의 그림을 감상하고 청화대 인왕홀에 전시하여 화재가 되기도 하였다. 동양의 피카소라고 불리는 전혁림 화백의 그림을 보러 가자. 전혁림 화백의 작품 외에도 신진 작가의 미술품이 기획 전시된다.

올라갈 때 케이블카를 타고 올라가서 내려올 때 미륵산 용화사에 들르고, 전혁림 미술관으로 가는 것도 좋은 방법이다.

위치 경남 통영시 봉평동 189-2 전화 055-645-7349 요금 무료(자율 요금제) 시간 11~2월 10:00~17:00, 3~10월 10:00~17:30 홈페이지 www.jeonhyucklim.org/main.htm

미륵산(용화사)

> 미래를 관장하는 미륵불이 사는 조용한 산사

미륵산의 케이블카를 타고 정상으로 오르다 보면 아래쪽으로 절이 보이는데, 그곳이 바로 용화사이다. 통영 사람들이 산을 찾아 가는 곳이 바로 미륵산인데, 케이블카가 있어 번잡한 미륵산과는 또 다른 모습으로 사람들을 맞이한다.

산은 조용하고 쉴 수 있는 공간을 내어 준다. 처음부터 용화사 입구로 올라 등산을 즐기며 절을 찾아도 좋고, 미륵산 케이블카를 타고 정상에 올라 풍광을 감상한 후 내려가면서 들러도 좋다. 길이 잘 정비되어 있어서 오르는 데 힘들지 않은 편이다.

미륵불은 현재는 보살로서, 가난하고 어려운 사람들에게 자비를 베풀어 중생의 어려움을 살피고, 미래(사바 세계)에는 부처님으로 중생을 찾는 분이다. 즉 깨끗하고 아름다운 모든 것이 정리된 사바 세계의 부처이다.

용화 세계는 미륵불이 현재의 부처인 석가모니 입멸 후 56억 7천 만 년이 지나 중생의 곁으로 오시기 전까지 계시는 곳이다. 즉 미래를 기리는 산과 그 산의 주인인 미륵불이 계시는 곳이 용화사라는 뜻이다. 봄에는 용화사 광장 일원에서 벚꽃길 축제를 즐길 수 있다.

위치 경남 통영시 봉평동 , 산양읍 전화 통영시청 관광과 055-650-4550, 용화사 055-645-3060 등산로 용화사 광장 – 관음사 – 도솔암 – 미륵재 – 정상 – 미래사 – 띠밭등 – 용화사 광장(약 2시간 소요)

식당 & 숙박

뚱보할매 김밥집

충무김밥은 누구나 한 번쯤은 먹어 봤을 음식이다. 그 충무김밥의 원조가 바로 통영의 뚱보할매 김밥이다. 불친절하기로 소문이 났지만, 충무김밥의 원조라는 것만으로도 충분한 만족감을 주는 곳이다.

위치 경남 통영시 중앙동 129-3 전화 055-645-2619 요금 1인분 5,000원(포장은 2인분부터 가능)

오미사 꿀빵

통영의 별미인 오미사 꿀빵은 윤기가 반질반질한 빵을 한 입 베어 물면 입안에 달달함이 가득 차는 꿀빵이다. 통영 여기저기 꿀빵 가게가 많고 제과점에서도 꿀빵을 팔지만 이곳이 원조이다. 큰 건물 안에 꿀빵이 가득 찬 달달한 가게이다.

위치 경남 통영시 봉평동 124-7 전화 055-646 요금 6천~1만 원 전화 055-646-3230 홈페이지 www.omisa.co.kr

엔쵸비 관광 호텔

통영 유일의 관광 호텔답게 시설이 갖추어져 있다. 무궁화가 3개인 호텔로 편안하고 안락하다. 가격 대비 착한 숙박 시설이다.

위치 경남 통영시 정량동 1376-1 전화 055-642-6000 요금 방의 규모에 따라 8만~35만 원, 성수기 9만~50만 원 홈페이지 http://www.anchovyhotel.com/

BAY 콘도 호텔(팜비치 리조텔)

팜비치 리조텔은 콘도이다. 최고의 장점은 객실에서 바로 바다가 보이고 창을 열면 통영의 짭짤한 바다가 온몸으로 스민다는 것이다. 한려해상 케이블카와 5분 거리에 있고, 야간에 분수 공원에서 훌륭한 데이트를 할 수 있다는 장점이 있다. 시설은 조금 낡았지만 깨끗하다.

위치 경남 통영시 도남로 257-41 유람선 터미널 옆 전화 055-648-8863~4, 1588-8743 요금 주중: 6만~22만 원, 주말: 10만~30만 원 / 성수기 14만~35만 원 홈페이지 www.pambeach.co.kr

한산 호텔 콘도

저렴하고 바다가 보이고 게다가 깔끔하다. 전 객실에 컴퓨터가 설치되어 있어서 좋다. 호텔은 비싸고, 모텔은 가족 여행에서 아쉬운 느낌이 든다면 이곳에서 1박을 해 보자.

위치 경남 통영시 항남동 151-86 전화 055-642-3374 요금 비수기 주중: 5만~12만 원, 주말: 8만 5천 원~20만 원 / 성수기 10만~27만 원 홈페이지 http://www.hotelhansan.com/

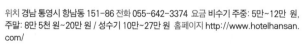

거제

유람선을 타고 즐기는
남해의 아름다운 풍광

거제는 풍광이 멋진 곳이다. 부산과 연결된 거가대교는 파란 하늘과 바다 사이로 하얀 날개를 펼치고 있어 거제로 향하는 마음을 산뜻하게 만들어 준다. 거제의 포인트는 자연을 충분히 만끽하는 것이다. 흔히 볼 수 없는 검은 흑진주 반짝이는 몽돌 해변과 와현 모래숲 해변에서 해수욕을 하는 것에도 좋고, 수선화가 피어나는 언덕 곳곳이 트레킹과 거제 자연 휴양림에서의 삼림욕, 거제 자연 예술 랜드의 수변 레저와 수석을 보는 것도 색다른 경험이다.

한려해상국립공원 사이를 달리는 유람선을 타고 외도 보타니아에서 이국적
인 풍광에 사로잡혀 있노라면 시간이 흐르는 것도 잊을 법하다. 겨울이면 빨
간 동백꽃으로 뒤덮인 지심도를 찾는 것도 좋다. 한려해상의 멋진 기암괴석
과 해금강의 풍경이 시원한 풍광을 선사한다.

멀게만 느꼈던 크루즈도 타 보자. 칠천도 크루즈와 미남 크루즈가 그것이다.
먼저, 칠천도 크루즈는 돌고래 출몰지에 가볼 수 있다는 장점이 있고, 미남
크루즈는 최고의 시설을 구비한 크루즈선에서 디너를 할 수 있다는 장점이
있다. 자녀가 있다면 조선소 견학을 미리 신청하여, 대우조선해양 혹은 삼성
조선소 견학에 참여해 보는 것도 좋다.

1. 대중교통

거제까지 대중교통으로 이동한다면 항공은 사천을 거쳐 가야 하고, 철도는 부산에서 이동이 가능하다. 고속버스는 거제까지 바로 갈 수 있으며, 비교적 거제를 방문하는 여행객이 많아 위치상으로 멀리 있음에도 불구하고 버스 편이 제법 있는 편이다.

항공

김포에서 사천까지 대한 항공이 2회(06:55, 19:00) 운항하며 소요 시간은 약 1시간이다.

요금 김포 – 사천: 정상 운임, 성수기, 비수기에 따라 8만 원~10만 원, 할인 운임 5만 원~10만 원선

철도

부산을 통해 가는 방법이 있다. KTX 2시간 45분, 새마을호 4시간 50분, 무궁화호 5시간 30분이 소요된다.

요금 서울(용산) – 부산: KTX 59,800원, 새마을호 42,600원, 무궁화호 28,600원

항공과 철도를 잇는 시외버스

사천공항 – 거제(고현 터미널) 소요 시간 1시간 30분, 요금 8,500원, 약 1시간 간격
부산 – 거제 소요 시간 1시간 30분, 요금 7,400원 10~20분 간격으로 수시 운행한다.

문의 부산 서부 버스 터미널(1577-8301), 사천 시외버스 터미널 055-853-4407, 거제 고현 시외버스 터미널(ARS안내) 1688-5003, (사무실) 635-5102
홈페이지 www.geoje.go.kr/index.sko

고속버스

서울에서 거제(고현)까지 직행 버스는 남부터미널에서 출발한다. 1일 31회 운행하며 배차 간격은 30분이다. 소요 시간은 4시간 20분이다.

문의 서울 남부 터미널(02-521-8850)
홈페이지 www.nambuterminal.co.kr
요금 서울-거제: 일반 23,000원, 우등 34,200원

2. 승용차

서울 – 경부고속국도 – 신갈JC – 안성IC – 대전IC – 비룡JC – 통영~대전 · 중부 고속 국도 – 판암IC – 통영IC – 국도14호선 – 거제시청(총 거리는 368.98km, 소요 시간은 약 4시간)

거제

포로 수용소 유적 공원

▶ 실감 나는 밀랍 인형으로 채워진 포로 수용소

6·25 전쟁 때 유엔군의 포로가 되었던 공산군을 수용하던 장소에 민족 전쟁의 아픔과 당시의 포로 생활을 보여주기 위해 조성한 공원이다.

철모로 만든 방향 표시도 인상적이고, 탱크 모양의 건물도 시선을 잡아끈다. 안쪽으로 들어가면 포로들이 생활하던 모습을 밀랍인형으로 묘사해 두었다. 넓은 공원에 충실하게 조성된 곳에서 민족의 아픔과 역사를 공부하는 것도 좋은 경험이 된다.

주소 경남 거제시 고현동 산 362 전화 포로 수용소 유적 공원 055-639-0625 시간 09:00~18:00 요금 어른 7,000원, 청소년 5,000원, 어린이 3,000원 홈페이지 www.pow.or.kr 버스 고현 시외버스 터미널 – 포로 수용소 유적 공원(약 20분 소요)

Fun point
1. 역사 이해 체험 여행
2. 주변 등산로 이용

바람의 언덕

▶ 한려해상을 내려다보며 시원한 바람을 맞을 수 있는 언덕

TV 드라마 〈이브의 화원〉과 〈회전목마〉의 드라마 촬영지로 처음 알려졌지만, 풍광이 아름다워 지금까지도 찾는 이가 많은 곳이다. 낭만적인 언덕에 오르면, 탁 트인 바다와 시원하게 부는 바람이 사람들의 마음에 여유를 가져다주고, 언덕과 풍차 그리고 멋진 바다의 전경은 황홀하다 할 만하다. 다만, 유명세만큼이나 바람의 언덕 앞의 교통 상황이 복잡하니 참고하자.

주소 경남 거제시 남부면 도장포 마을 전화 거제 관광 안내소 055-639-3399, 634-5454 버스 고현 시외버스 터미널 – 도창포 정류장 하차(약 2시간 소요)

신선대

▶ 신선들이 노니는 그곳

MBC 드라마 〈회전목마〉, 영화 〈범죄의 재구성〉, 영화 〈종려나무숲〉의 촬영지이다. 바람의 언덕과 길 하나를 사이에 두고 멋진 풍광이 펼쳐지는 곳이 바로 신선대이다. 신선대는 신선들이 노는 곳이라 하여 붙여진 이름인 만큼 한려해상국립공원의 아름다운 바다를 보기에 그만인 곳이다. 데크를 따라 걷는 동안에도 주변의 바람과 풍광이 아름답고, 전망대에서의 풍경이 절정에 이른다.

주소 경남 거제시 남부면 갈곶리 전화 거제관광 055-639-3000 버스 고현 시외버스 터미널 – 도창포 정류장 하차(약 2시간 소요)

거제 자연 휴양림

눈도 몸도 마음도 시원해지는 곳

새소리와 물소리 그리고 빼곡한 나무 사이로 산책을 해 보자. 거제 자연 휴양림에서는 숙박도 가능하지만, 세미나와 야영도 가능하다. 숲 속에서의 하룻밤은 색다른 경험이 되기에 충분하다. 산 정상에 오르면 한려해상 국립공원이 한눈에 들어온다.

주소 경남 거제시 동부면 거제중앙로 325 전화 055-639-8115~6 시간 09:00~18:00 요금 어른 1,000원, 청소년 700원, 어린이 500원 / 숲 속의 집: 50,000~140,000원 / 야영장: 10,000원 홈페이지 www.geojehuyang.or.kr 버스 고현 시외버스 터미널 – 거제 자연 휴양림(약 55분)

Fun point

1. 캠핑
2. 숲 속 트레킹
3. 전망대

학동 흑진주 몽돌 해변

동글동글한 돌로 가득 채워진 해변

해변을 흑진주 같은 몽돌이 가득 채우고 있고, 몽돌에 파도가 부서져 반짝거린다. 흔히 보지 못하는 몽돌이 가득 찬 해변인지라 사람들이 보자마자 탄성을 자아낸다. 경치를 감상하며 시간을 보내는 사람들이 이곳을 많이 찾는다.

주소 경남 거제시 동부면 학동리 전화 동부면사무소 055-639-4132 요금 샤워장 1회 어른 1,000원, 어린이 400원 버스 고현 시외버스 터미널 – 거제 자연 휴양림(약 1시간)

거제 해금강

⫸ 한려해상국립공원 누비기

한려해상국립공원을 보는 방법은 몇 가지가 있다. 육지에서 내려다보는 방법과 직접 한려해상 사이를 누비는 방법이 그것이다. 유람선을 타고 한려해상을 가까이 보면 섬 사이사이를 누비며 보는 기암석들이 멋지고, 파도와 함께 부는 바람마저도 색다르다. 해금강은 명승 제2호로 지정되었다. 이곳에서 유람선을 타고 외도로도 갈 수 있다.

주소 경남 거제시 남부면 해금강3길 전화 관광과 055-639-3107 요금 외도 입장료: 어른 11,000원, 청소년 8,000원, 어린이 5,000원 버스 고현 시외버스 터미널 – 한일 비치 정류장, 거제 세관 정류장 하차(약 1시간)

TRAVEL TIP

1. 해금강 유람선

주소 경남 거제시 남부면 갈곶리 산 2-28

전화 055-633-1352, 3079

시간 하절기 07:00~17:00, 동절기 09:00~15:00(부정기선으로 운항 시간은 전화 문의)

1코스 해금강 선착장 – 해금강 – 외도 주변(선상) / 60분 / 성인 1만 4천 원, 어린이 8,000원

2코스 해금강 선착장 – 해금강 – 우제봉 – 외도기착 / 130분 / 성인 1만 6천 원, 어린이 8,000원

3코스 해금강 선착장 – 해금강 – 우제봉 – 병대도 – 매물도 / 120분 / 성인 1만 9천 원, 어린이 1만 원(단체 예약시 가능)

4코스 해금강 선착장 – 외도기착 – 우제봉 – 병대도 – 매물도 / 220분 / 성인 2만 5천 원, 어린이 1만 3천 원(단체 예약시 가능)

5코스 해금강 선착장 – 해금강 – 우제봉 – 병대도 – 소매물도 – 대매물도 – 홍도 / 220분(선상) / 성인 2만 5천 원, 어린이 1만 3천 원(단체 예약시 가능)

6코스 해금강 선착장 – 외도기착 / 110분 / 성인 1만 3천 원, 어린이 7,000원

홈페이지 www.hggtour.net/main

지심도

동백나무로 가득 찬 자연 휴양림

지심도는 동백섬이라고 부를 만큼 동백나무로 가득 차 있다. 인위적으로 조경을 통해 만든 곳이 아닌 원시림을 그대로 간직한 자연 휴양림이 있는 곳이다. 동백 숲에 들어서면 한낮에 들어가도 어둑어둑할 만큼 나무로 빼곡하다. 화려하게 치장하지 않은 단아한 모습의 섬이라 더욱 좋다. 그러니, 깨끗하고 편리한 아름다움보다는 섬마을 친구에게 들르는 마음으로 둘러보자. 민박도 하고 낚시도 하고 돌멍게도 맛보고 쉬엄쉬엄 쉬어 갈 수 있는 곳이다. 특히 동백이 지천에 떨어져 흰색과 짙은 녹색 그리고 바다의 푸른색이 조화를 이루어 환상적인 경치를 이루는 겨울에 찾는 것이 좋다.

TRAVEL TIP

2. 지심도

주소 경남 거제시 일운면 지세포리
전화 055-639-3000
홈페이지 http//www.jisimdoro.com/

장승포항 지심도 터미널
위치 경남 거제시 장승포동 702-3
전화 055-681-6007
요금 왕복 어른 12,000원, 어린이 6,000원
지심도 도선 운항 시간
장승포 출발 - 8:30부터 16:30까지 2시간 간격(주말은 1시간 간격)
지심도 출발 - 8:50부터 16:50까지 2시간 간격(주말은 1시간 간격)

외도

⚓ 정원과 바다가 어우러지는 황홀한 풍경

외도는 도착하자마자부터 발걸음을 옮기기가 아쉬울 정도로 조경이 멋지다. 조경만 멋진 것이 아니라 바다와 어우러진 풍광이 황홀경을 연출한다. 푸른 바다와 녹음에 눈이 시리고, 여린 듯 하늘거리는 바다의 꽃잎은 묘한 미소를 띠게 만든다. 푸른 바다와 어우러진 유럽식 정원은 더욱 아름다워 보인다. 전망대에 올라 바람을 맞으면 온몸으로 청명함을 느낄 수 있다.

주소 경남 거제시 일운면 와현리 산109번지 전화 070-7715-3330 요금 어른 11,000원, 청소년 8,000원, 어린이 5,000원(입장권은 외도 입장료와 유람선 승선비를 통합하여 유람선 매표소에서 발권함) 휴무일 설 전날과 당일 홈페이지 www.oedobotania.com

TRAVEL TIP

3. 외도 유람선

외도로 들어가는 유람선은 장승포, 와현, 구조라, 학동, 해금강 등의 유람선 선착장에서 출발하며, 코스는 외도만 왕복하는 코스, 외도와 해금강을 선상 관광하는 코스, 1시간 30분의 외도 상륙 관광과 해금강 선상 관광을 포함한 코스 등이 있다. 유람선 요금은 선착장, 코스, 성수기·비수기, 주말·평일 여부에 따라 조금씩 다른데, 외도 상륙 관광이 포함된 코스의 경우 16,000~18,000원(대인 기준)이며 여기에 외도 입장료 11,000원을 더하여 통합 결제하게 된다.

장승포 유람선 1688-5535, bluecitygeoje.com 와현 유람선 055-682-0114, www.oedocruise.com 구조라 유람선 055-681-1188, www.oedopang.com 학동 유람선 055-636-7755 해금강 유람선 055-633-1352 도장포 유람선 055-632-8787 외도 유람선 실시간 예약 센터 1688-8788, www.oedoticket.com

공곶이

▶ 능선을 따라 오르는 농원

거제 8경 중 하나로 수선화가 만발하는, 규모 12만m² 의 농원으로 노부부가 40년 동안 가꾼 곳이다. 낮은 산 하나를 오르고 내리며 좌우로 동백꽃 터널, 수선화 등 여러 가지 식물로 조경을 해 두었다. 공곶이 끝에는 몽돌 해변이 기다리는데, 바다를 바라보면서 쉬어 가기에 제법 좋다. 공곶이를 오르기 위해서는 편한 운동화와 물이 필수이다.

주소 경남 거제시 일운면 와현리 산 96 요금 무료 버스 고현 버스 터미널 – 예구 종점 정류장 하차(약 1시간 40분)

와현 모래숲 해변

▶ 인프라가 잘되어 있는 해변

쾌적하고 너른 해변에 샤워장과 화장실, 해변 옆 산책로까지 깔끔하게 정비되어 있어 해수욕을 즐기기에 좋다. 주변에 숙박 시설도 많아 찾는 사람이 더욱 많다.

주소 경남 거제시 일운면 와현리 334-1 버스 고현 버스 터미널 – 와현 정류장 하차(약 1시간)

거제 조선 해양 문화관(어촌 민속 전시관, 조선 해양 전시관)

▶ 해양 문화와 조선에 대해 이해할 수 있는 규모 있는 전시관

어촌 민속 전시관과 조선 해양 전시관을 통합해 '조선 해양 문화관'이란 이름으로 운영하고 있다. 조선 해양 문화관은 조선소의 이미지를 전면적으로 보여 준다. 아이들이 재미있게 놀 수 있는 실내 놀이터와 소망을 종이 배에 띄운 벽면이 아기자기하다. 조선소가 어떻게 구성되어 있는지 선박의 역사, 대륙별 조선 산업의 특징까지 흥미롭게 설명해 준다. 특히 4D 입체 영상이 단연 인기가 있다.

어촌 민속 전시관은 남해안의 어류, 거제의 어촌의 하루 등을 전시하며, 영상실에서 영상도 볼 수 있다. 바다와 배에 대해 알아보는 좋은 기회가 된다.

주소 경남 거제시 일운면 지세포리 해변길 316(해안로 41) 전화 055-639-8270, 8271 시간 관람 시간 09:00~18:00 요금 어른 3,000원, 어린이 1,000원 홈페이지 www.geojemarine. or.kr 버스 고현 버스 터미널 – 신촌 정류장 하차(약 1시간 20분)

조선소 견학

▶ 직접 보는 조선소 견학

거제 조선 해양 문화관에서 간접적으로 여러 가지 지식을 얻고, 직접 현장에 가 본다면, 그 의미는 남다를 것이다. 대우조선해양과 삼성조선소는 미리 예약을 통해 견학이 가능하다. 실제로 조선소를 견학해 보는 것은 큰 경험이고 신기한 볼거리로 가득하다. 흔하지 않은 경험이니 꼭 해 보기를 추천한다. 세계 최강의 조선 중공업의 기술을 가지고 있는 대한민국의 긍지를 느낄 수 있다.

대우조선해양 옥포 조선소   Sighting

주소 경남 거제시 거제대로 3370 전화 견학 문의 055-680-2278 시간 평일(월~금) 09:00~15:00 / 방문 4일 전에 예약해야 관람 가능(주말, 공휴일 쉼) 홈페이지 www.dsme. co.kr 버스 고현 버스 터미널 – 옥포 사거리 하차(약 40분)

삼성중공업 거제 조선소   Sighting

주소 경남 거제시 신현읍 장평리 530 전화 거제 조선소 홍보 파트 055-630-3330, 8600, 6015 시간 단체 견학 10:00~16:00, 개인 견학 10:30, 14:00(주말, 공휴일 쉼) 홈페이지 http://shi.samsung.co.kr 버스 고현 버스 터미널 – 장평 오거리 하차(약 20분)

능포양지암 조각 공원

▶ 잠시 쉬어 가기에 좋은 공원

대우조선 사원 아파트 맞은편에 있는 공원으로 지역 주민들의 쉼터가 되는 곳이다. 공원 전망이 좋고, 국내 미술협회 소속 조각가들의 작품 21점과 잔디 광장 등이 있어 여행 중간 잠시 쉬어 가기에 좋다. 조각품과 조경이 어우러져 아름답고, 바다 전망을 느끼기에도 좋다.

주소 경남 거제시 능포동 버스 고현 버스 터미널 – 능포 APT(약 1시간 10분)

옥포대첩 기념 공원

▶ 시원한 풍광이 아름다운 공원

이순신 장군의 옥포대첩 승전을 기념하기 위해 조성된 공원이다. 이순신 장군이 앞서는 기념탑이 인상적인데, 탑쪽으로 있는 전망대에서 바라보는 전망이 아름답다. 거북선과 이순신 장군 사당도 있다. 조용하게 한 번 둘러볼 만한 곳이다.

주소 경남 거제시 옥포동 1 전화 055-639-8129 시간 평일 09:00~18:00(동절기 17:00까지) 요금 1,000원 버스 고현 버스 터미널 – 옥포 중학교(약 1시간 10분)

Fun point

1. 이순신 장군에 대한 공부
2. 앞쪽 바위에서의 낚시

거제 자연 예술 랜드

▶ 개인이 모은 수석과 분재를 전시한 공원

수상 레저와 자연 예술 공원이 함께 있는 곳으로 수변을 따라 산책도 해보고, 벤치에서 여유를 가져 보자. 오리 보트를 타고 낭만에 휩싸여 보는 것도 좋다. 자연 예술 공원은 개인이 평생을 거쳐 모은 여러 가지 수석, 분재 등을 전시한 곳이다.

주소 경남 거제시 동부면 구천리 452 전화 055-633-0002 시간 여름 08:00~20:00, 겨울 09:00~18:00 요금 성인 6,000원, 중고생 3,000원, 초등학생 2,000원 홈페이지 www.geojeart.com 버스 고현 버스 터미널 – 자연 예술 랜드(약 1시간)

김영삼 전 대통령 기록 전시관 · 생가

▶ 김영삼 전 대통령의 일생을 볼 수 있는 기록 전시관

김영삼 전 대통령의 생가 옆에 김영삼 전 대통령의 일생을 볼 수 있게 마련해놓은 공간이다. 찾는 사람이 많지는 않으나, 특별히 관심 있는 사람들은 한 번 둘러볼 만하다. 앞쪽으로 자그마하게 건어물 시장이 있다.

주소 경남 거제시 장목면 외포리 1371 전화 055-634-0303 시간 09:00~18:00(월요일 휴관) 버스 고현 버스 터미널 – 대계마을하차(약 1시간 10분)

거가대교

📌 파란 하늘과 바다 사이를 가로지르는 하얀 다리

부산과 거제를 연결하는 다리로, 거제도를 육지와 연결하는 2개의 다리중에 하나이다. 하늘과 바다 그리고 다리가 연출하는 경관이 아름다워 건너면서부터 기분이 좋아진다.

주소 경남 거제시 장목면 유호리 전화 1644-0082 요금 경차 5,000원~특대형차 30,000원

TRAVEL TIP

크루즈 즐기기

1. 미남 크루즈

대형 크루즈 '미남호'는 1층에 200명 규모의 연회장, 2층에 200명 규모의 베트남 요리 전문 식당, 3층의 간단한 스넥 코너와 전망 관람 공간, 50명 규모의 세미나룸 등 최고의 시설을 갖추고 있다.

주소 경남 거제시 신현읍 고현리 고현동 986 전화 1588-3235, 055-634-3000 시간 주간 코스: 1항차 11:00~12:40, 2항차 13:30~15:10 요금 주간 코스: 대인 1만 9천 원, 어린이 1만 2천 원 홈페이지 www.yeosucruise.co.kr 버스 고현 버스 터미널 - 걸어서 이동 가능 코스 주간 코스: 제항차 고현 출발 - 삼성중공업 - 성포 - 성포/가조 연육교/고개도 - 신거제대교 경유

2. 칠천도 크루즈

돌고래 출몰지에 가 볼 수 있는 크루즈이다.

주소 거제시 하청면 어온리 587 전화 1688-3390 요금 기본 코스 비수기 주중 16,000 주말 17,000 성수기 18,000원 시간 10:00, 14:00, 16:00 정기 운항 / 08:00, 12:00, 18:00 수시 운항(20:00 주말 정기 운항, 평일 수시 운항) 홈페이지 www.geojecruise.kr 버스 고현 버스 터미널 - 와항 떡치 공장 정류장(약 1시간) 기본 코스(2코스) 칠천도 - 돌고래 출몰지 - 저도 - 거가대교 - 칠천도

예이제 게장백반

장승포항 여객선 터미널 근처에 위치한다. 예이제 게장백반 정식 하나면 간장 게장, 양념게장, 충무김밥, 생선구이 등을 푸짐하게 먹을 수 있다.

주소 경남 거제시 장승포동 535-3 전화 010-6768-5326 요금 게장 백반: 성인 1만 4천 원, 초등학생 6천 원, 성게 비빔밥 1만 5천 원

원조 해물나라

장승포항 여객선 터미널 근처에 있으며, 해물뚝배기가 맛있다고 소문난 집이다.

주소 경남 거제시 장승포동 531-15 전화 055-682-4255 요금 멍게 비빔밥 1만 3천 원 홈페이지 www.haemulnara.net/default

삼성 거제 호텔

피트니스 센터와 수영장, 초고속 인터넷 등이 제공된다.

주소 경남 거제시 장평동 530 전화 055-631-2114 요금 28만~260만 원 홈페이지 www.sghotel.co.kr

관광 호텔 상상 속의 집

전 객실에 오션뷰, 객실 창가에 욕조 설치, 야외 스파 시설, 개인 주차 시설, 촛 불 이벤트, 풍선 이벤트, 프러포즈 이벤트 등 이용 가능하다. 커피하우스에서 수제 소고기 햄버거를 판매하는데, 크고 맛좋기로 유명하다.

주소 경남 거제시 일운면 소동리 2-2 전화 055-682-5252 요금 29만~80만 원(성수기 기준) 홈페이지 www.inspirationpoint.co.kr/NewInspiration/Main.php

거제 자연 휴양림 숲 속의 집(산림 문화 휴양관)

휴양림 내에 야영장, 방갈로 16동 등이 설치되어 있다.

주소 경남 거제시 동부면 거제중앙로 325 전화 055 -639-8115~6 요금 5만~10만 원(성 수기 기준) 홈페이지 www.geojehuyang.or.kr

게장 백반